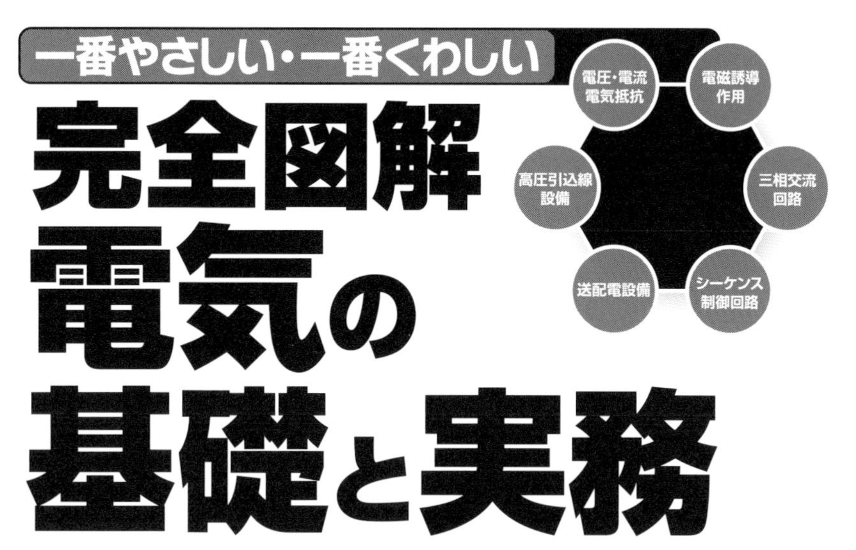

ELECTRICITY: BASICS and PRACTICES

大浜庄司 Ohama Shouji

日本実業出版社

はじめに

この本は電気について基礎となる知識を習得した後に、電気に関する実務知識が得られるように体系化した**完全図解**による**“電気の基礎・実務入門書”**です。

初めての人にも電気を容易に理解できるように次のような工夫をしております。

(1) 電気の基礎および実務に関するテーマを細分化して**“1ページ毎にテーマを設定”**することで、学習の要点を明確にしております。

(2) ページ毎のテーマに対して、下欄で解説した内容を上欄に絵と図で詳細に示し、すべてのページを完全図解して理解を容易にしてあります。

(3) 電気を初めて学ぶ人で、実際の機器・設備を見たことがない人のために、これらを立体的に描いております。

また、この本は、第1編基礎編と第2編実務編から構成されており、電気を段階的に理解できるように工夫してあります。

(1) 基礎編は、電気理論、電気回路、制御回路について、その基礎となる知識を説明してあります。

- 電気理論は、静電気の性質、電流・電圧・電気抵抗とオームの法則、磁石と磁気、電流の磁気作用、電磁誘導作用について示してあります。
- 電気回路は、直流回路として電気抵抗の直列回路、並列回路、交流回路として単相交流回路、三相交流回路を示してあります。
- 制御回路は、論理回路、半導体回路、そして開閉接点によるシーケンス制御回路を示してあります。

(2) 実務編は、電気が生まれ、需要家に送られ、その電力を活用する設備と非常用電源について説明してあります。

- 発電設備は、水力発電、火力発電、原子力発電、風力発電、太陽光発電を、送配電設備は、架空送配電線および地中送配電線を示してあります。
- 高圧需要家における高圧引込線、自家用高圧受電設備、そして低圧需要家の低圧引込線と低圧屋内配線、低圧屋内幹線、低圧屋内配線工事を示してあります。
- 電力活用設備は、例として電動機設備、照明設備、防災設備を、また非常用電源は自家発電設備、蓄電池設備、無停電電源装置を示してあります。

この本を多くの人々が講読され、一日も早く電気技術者として活躍されるならば、筆者の最も喜びとするところです。

オーエス総合技術研究所・所長　　大浜庄司

〈完全図解〉
電気の基礎と実務
●もくじ●

第2編　実務編

電気に関する実務知識

本文デザイン・DTP ● 一企画
カバーデザイン ● 冨澤崇（EBranch）

第1編　基礎編
電気に関する基礎知識

基礎編の内容

この編では、電気の基礎である**電気理論**と**電気回路**、そして**制御回路**について、完全図解により示し、次のような内容になっております。

(1) 物質を摩擦すると静電気が生まれ、静電気間では力が働くのが**静電気の性質**で、電荷間で働く静電力を示したのが静電力に関する**クーロンの法則**です。

(2) 電流と電圧そして電気抵抗との関係を示したのが**オームの法則**です。

(3) 電線に電流が流れると磁界を生じるのが**電流の磁気作用**で、また磁界中で電流が流れると力が働き、そして電線が磁界中で動くと起電力を生じるのが**電磁誘導作用**です。

(4) 電気回路には**直流回路**と**交流回路**があり、直流回路は電気抵抗の直列回路、並列回路を、また、交流回路は単相交流回路と三相交流回路について示してあります。

- 単相交流回路は電気抵抗回路、コイル回路、コンデンサ回路を、また三相交流回路はスター結線回路、デルタ結線回路について記してあります。

(5) 制御回路には**論理回路**、**半導体回路**そして**シーケンス制御回路**があります。

- 論理回路はAND回路、OR回路、NOT回路、NAND回路、NOR回路を、また半導体回路は、例としてダイオードのスイッチング動作、トランジスタのスイッチング動作について説明してあります。
- シーケンス制御回路は、例としてメーク接点回路・ブレーク接点回路・切換え接点回路、自己保持回路と、電動機の始動制御回路について記してあります。

第1章 静電気

1 すべての物質は電気をもっている

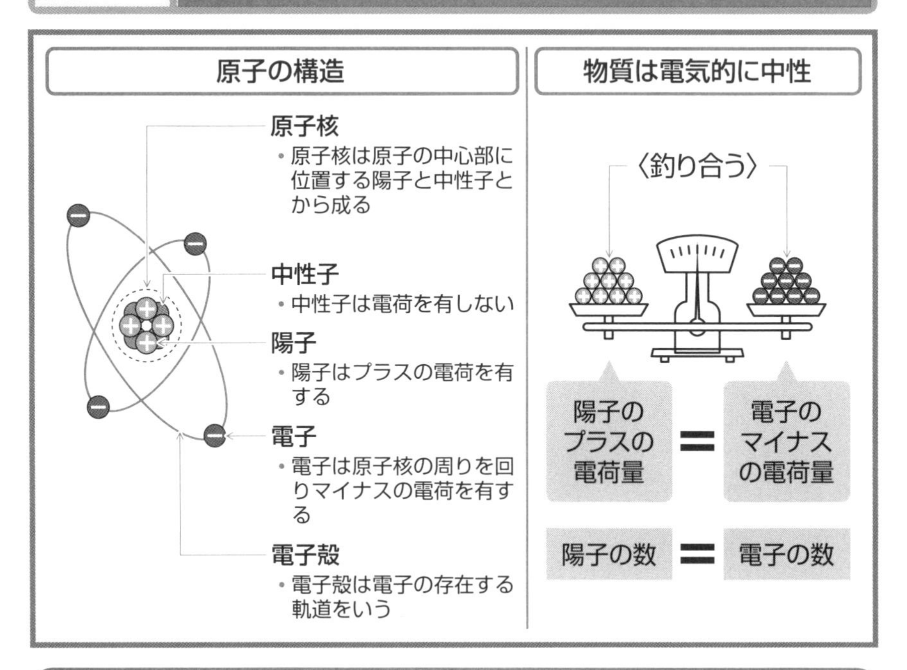

物質は正電荷をもつ原子核（陽子）と負電荷をもつ電子からなる ―原子―

★すべての物質は、極めて小さい原子の集まりで、さらに原子は原子核と電子という微粒子から成り立っています。

原子は、原子核を中心として、電子が一定の軌道をもつ電子殻の上を自転しながら回っている構造になっています。原子の原子核は、正電荷をもつ陽子と、電荷をもたない中性子からなり、陽子は負電荷をもつ電子と同じ数になっています。

電荷とは、物質が帯びている静電気の量であり、すべての電気現象を起こす源となります。

陽子１個のもつ正電荷の量と、電子１個のもつ負電荷の量の絶対値は、等しいことが知られています。

物質は、陽子の数と電子の数が同じですので、物質中の陽子全体がもつ正電荷の量と電子全体がもつ負電荷の量が同じとなります。

そのため、普通の状態の物質では、物質の外部には電気の性質が現れないことになります。

2 正電荷と負電荷はどうして生まれるのか

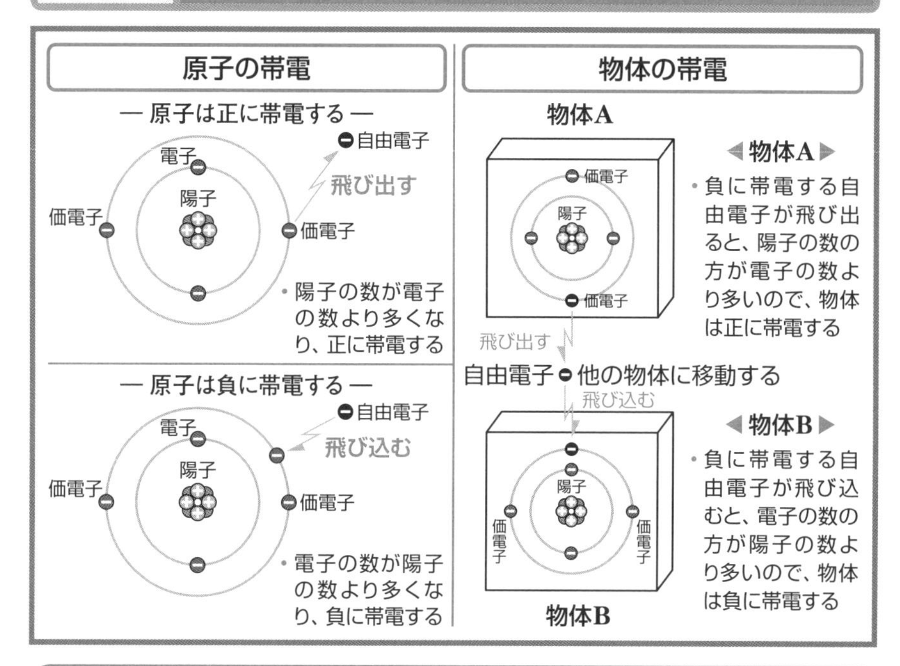

原子は自由電子の過不足により正電荷・負電荷に帯電する

★原子において、電子が原子核の周囲を回る軌道を**電子殻**といい、原子の一番外側の電子殻を最外殻といい、最外殻を回る電子を**価電子**といいます。

価電子は、原子核から最も離れている（電子外径の5万倍）ので、原子核との吸引力が弱いため、熱や光、摩擦などの外部からの刺激が加わると、電子殻から外れて飛び出す電子があり、この電子を**自由電子**といいます。

原子から負電荷をもった電子が飛び出ると、原子は正電荷をもつ陽子の数が電子の数より多くなるので、原子は“**正に帯電**”します。

原子の最外殻に、外部から自由電子が飛び込んでくると、原子は負電荷をもつ電子の数が、正電荷をもつ陽子の数より多くなるので、原子は“**負に帯電**”します。

帯電とは、物体が電気を帯びる現象をいいます。

物体における原子が正に帯電すると物体は正に帯電し、原子が負に帯電すると物体は負に帯電します。帯電した物体を**帯電体**といい、これにより、正電荷、負電荷をそれぞれ分離して、蓄えることができます。

3 摩擦すると電気が生じる

ガラス棒と絹布を摩擦する

こする

ガラス棒：正に帯電する

・ガラス棒は静電序列で正に帯電する序列が絹布より上位にある

絹布：負に帯電する

・絹布は静電序列で負に帯電する序列がガラス棒より上位にある

エボナイトと毛皮を摩擦する

こする

エボナイト棒：負に帯電する

・エボナイト棒は静電序列で負に帯電する序列が毛皮より上位にある

毛皮：正に帯電する

・毛皮は静電序列で正に帯電する序列がエボナイト棒より上位にある

ファラデーの静電序列

正に帯電しやすい　　**負に帯電しやすい**

正上位 ⟵ ⟶ 負上位

毛皮　水晶　雲母　鉛　ガラス　木綿　紙　絹布　木材　ゴム　琥珀　ビニール　シリコン　エボナイト

物質を摩擦するとファラデーの静電序列により正・負に帯電する

★ガラス棒を絹布でこすると、摩擦エネルギーによって、ガラス棒表面の原子の自由電子（**価電子**）が、引き離されて絹布に移動します（2項参照）。

その結果、絹布は自由電子の数が陽子の数より多くなるので負に帯電し、ガラス棒は自由電子の移動によって陽子の数が電子の数より多くなって正に帯電します。

これは、正に帯電するガラス棒は自由電子を手放しやすい性質をもち、負に帯電する絹布は自由電子を取り込もうとする性質があるからです。

このように、摩擦によって生じる電荷を“**摩擦電気**”といいます。

また、ガラス棒、絹布のように帯電した物体が、絶縁されていれば、帯電した電荷は動かないので、“**静電気**”といいます。

2種類の物質を摩擦したときに、正と負のどちらに帯電するかは、物質の種類とその組合せによって相違します。

正に帯電しやすい物質、また負に帯電しやすい物質の順序をまとめたものを“**ファラデーの静電序列**”といいます。

4 身近に発生する静電気

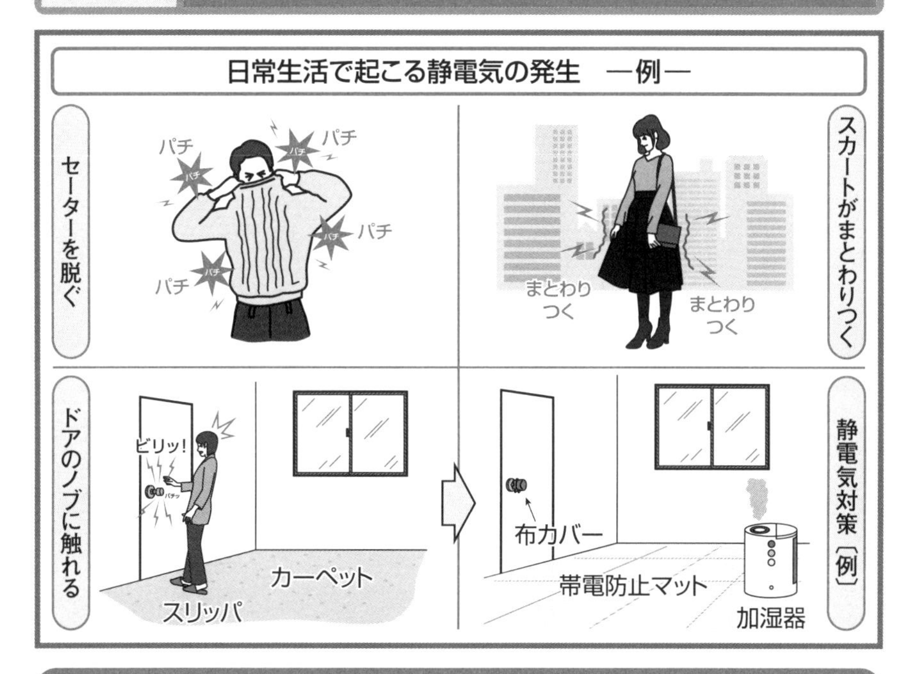

日常生活で起こる静電気の発生とその対策 ―例―

★静電気の発生は、いろいろなところで見ることができます。

私達がセーターやシャツを脱ぐときパチパチと音がしたり、暗やみでは火花を見ることがあったり、そして女性のスカートが体にまとわりつくのも、静電気の発生によるものです。また、人が歩くときの衣服との摩擦、カーペットを敷いた床とスリッパなどとの摩擦により、人体に静電気が蓄えられます。

この状態で、部屋のドアの金属製ノブやベランダの手すりなどに触れると、瞬時に放電し、手にビリッと電気ショックを受けることがあります。

この静電気の放電電荷は、極めて小さいので感電することはありませんが、気になる人は、ドアのノブに布カバーを付けるとか、床のカーペットに帯電防止剤を散布するか、帯電防止マットを敷くなどすると、静電気の発生を和らげることができます。

静電気は、冬季などで空気が乾燥しているほど発生するので、加湿器を設置して湿度を高くすると静電気が逃げやすくなって帯電が起こりにくくなります。

5 電荷間に働く力を静電力という

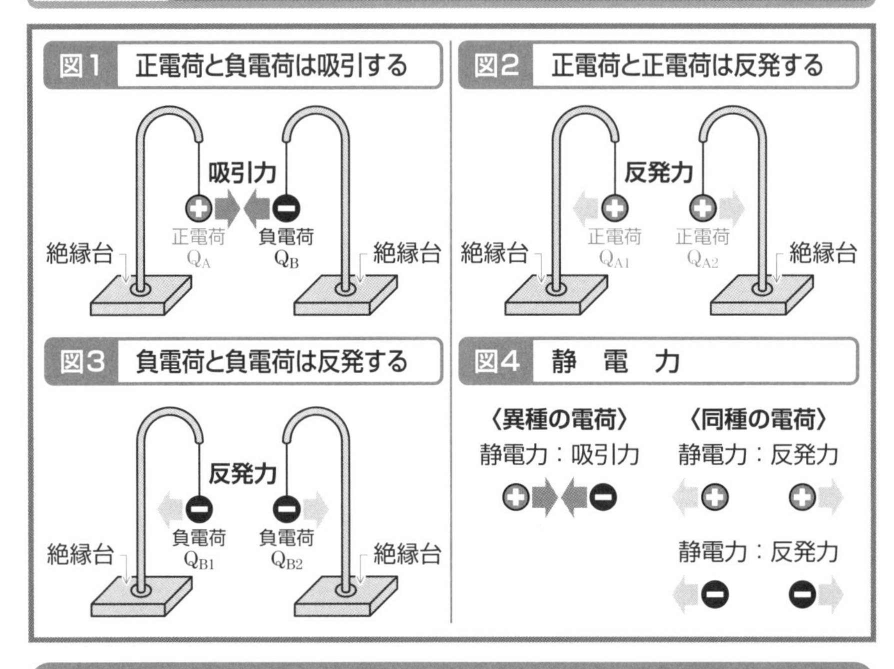

異種の負荷は吸引し同種の電荷は反発する —静電力—

★摩擦などにより電気を帯びた物体を**帯電体**といい、帯電した電気を“電気を荷う”という意味で**電荷**といい、電荷の記号はQ、単位はクーロン〔C〕です。

★正電荷をもつ帯電体と負電荷をもつ帯電体には、次のような性質があります。

図１のように正電荷をもつ帯電体Q_Aと負電荷をもつ帯電体Q_Bを絶縁物の台に乗せて近づけると、二つの帯電体Q_AとQ_Bは互いに吸引する力が働き接近します。

図２のように共に正電荷をもつ帯電体Q_{A1}と帯電体Q_{A2}を絶縁物の台に乗せて近づけると、二つの帯電体Q_{A1}とQ_{A2}は互いに反発する力が働き遠ざかります。

図３のように共に負電荷をもつ帯電体Q_{B1}と帯電体Q_{B2}を絶縁物の台に乗せて近づけると、二つの帯電体Q_{B1}とQ_{B2}は互いに反発する力が働き遠ざかります。

このように、電荷には“**異種の電荷間では吸引し、同種の電荷間では反発する**”という性質があります。

この電荷間で働く力を“**静電力**”といいます。

6 静電気に関するクーロンの法則

真空中のクーロンの法則

$+Q_1$〔C〕 $+Q_2$〔C〕

F〔N〕 ⊕ 真空中 ⊕ F〔N〕

r〔m〕

・静電力 $F \propto \frac{Q_1 Q_2}{r^2}$〔N〕

比例定数 $K = \frac{1}{4\pi\varepsilon_0}$

ε_0：真空中の誘電率

$\varepsilon_0 = 8.855 \times 10^{-12}$〔F/m〕

$$F = \frac{1}{4\pi\varepsilon_0} \cdot \frac{Q_1 Q_2}{r^2}$$

$$= \frac{1}{4 \times 3.14 \times 8.855 \times 10^{-12}} \cdot \frac{Q_1 Q_2}{r^2}$$

$$\fallingdotseq 9 \times 10^9 \frac{Q_1 Q_2}{r^2} \text{〔N〕}$$

誘導体中のクーロンの法則

$+Q_1$〔C〕 $+Q_2$〔C〕

F〔N〕 ⊕ 誘電体中 ⊕ F〔N〕

r〔m〕

・静電力 $F \propto \frac{Q_1 Q_2}{r^2}$〔N〕

比例定数 $K = \frac{1}{4\pi\varepsilon} = \frac{1}{4\pi\varepsilon_r\varepsilon_0}$

ε：誘電体の誘電率（$\varepsilon = \varepsilon_r\varepsilon_0$）

ε_r：誘電体の比誘電率

$$F = \frac{1}{4\pi\varepsilon_r\varepsilon_0} \cdot \frac{Q_1 Q_2}{r^2}$$

$$= \frac{1}{4\pi\varepsilon_0} \cdot \frac{Q_1 Q_2}{\varepsilon_r r^2}$$

$$\fallingdotseq 9 \times 10^9 \frac{Q_1 Q_2}{\varepsilon_r r^2} \text{〔N〕}$$

静電力は電荷量の積に比例し、その距離の２乗に反比例する

★電荷間に働く静電力に関しては、フランスの科学者であるクーロンが実験により確かめた、次のような法則があります。

“二つの電荷間に働く力は、両電荷の量の積に比例し、その距離の２乗に反比例する” これを**静電気に関するクーロンの法則”** といいます。

クーロンの法則は、次の式で表されます。

真空中に電荷Q_1〔C〕、Q_2〔C〕を距離r〔m〕の位置に置くと静電力Fは

$$F = K\frac{Q_1 Q_2}{r^2} = \frac{1}{4\pi\varepsilon_0} \cdot \frac{Q_1 Q_2}{r^2} = \frac{1}{4 \times 3.14 \times 8.855 \times 10^{-12}} \times \frac{Q_1 Q_2}{r^2}$$

$\fallingdotseq 9 \times 10^9 \frac{Q_1 Q_2}{r^2}$〔N〕 となります。Kは比例定数で $K = \frac{1}{4\pi\varepsilon_0}$ です。

ε_0は真空中の誘電率で、ε_0の値は$\varepsilon_0 = 8.855 \times 10^{-12}$〔F/m〕です。

誘電率とは、誘電体（絶縁体）が電荷を蓄える性質をいいます。

静電力Fの単位はニュートン〔N〕です。

7 導体に電荷を生じる静電誘導

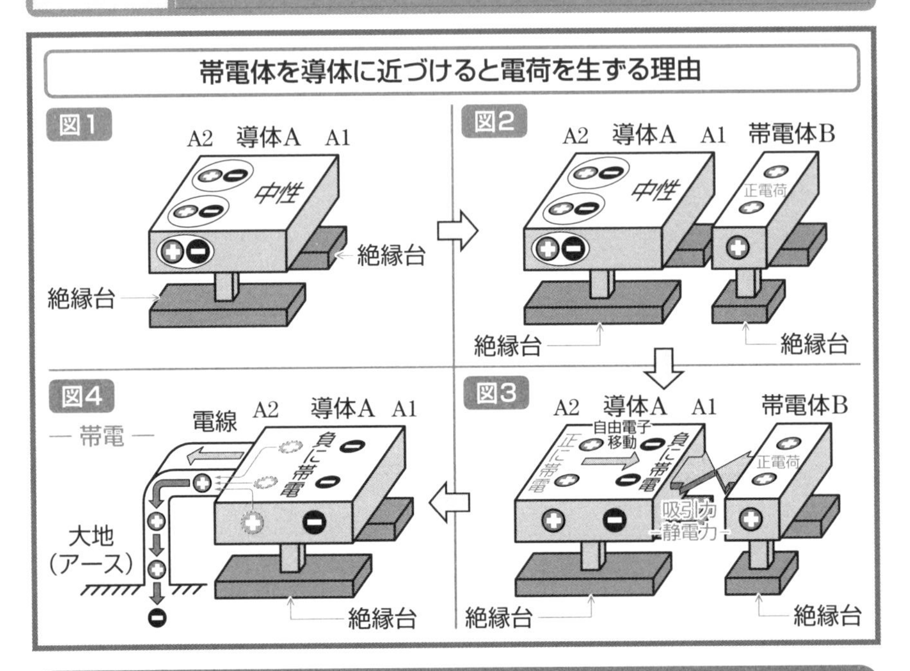

帯電体により導体に電荷を生じる現象を静電誘導という

★図１のように、中性の導体Aを絶縁物の台に乗せ、図２のように、正電荷をもつ帯電体Bを近づけると、図３のように、導体Aの帯電体Bに近い端A1に負電荷が現れ、遠い端A2に正電荷が現れます。

これは、導体Aの中の負電荷をもつ自由電子が、クーロンの法則による静電力により、帯電体Bの正電荷に吸引されて帯電体Bに近い端A1に集まるので負に帯電し、遠い端A2には正電荷をもつ陽子が反発されて集まるので正に帯電します。

このような現象を“**静電誘導**”といいます。静電誘導では、電気的に中性な導体に帯電体を近づけると、帯電体に近い方に帯電体と異種の電荷が現れ、遠い方に同種の電荷が現れます。

図３の導体Aの端A1に負電荷が、端A2に正電荷が帯電している状態で、図４のように導体Aの遠い端A2を電線で大地につなぐと、大地の自由電子の負電荷と導体の端A2の正電荷が中和し、あたかも導体Aから正電荷が流れたように消滅します。大地との電線を外すと導体Aに負電荷が残り、導体Aは負に帯電します。

8 雷雲は静電誘導により地表を帯電する

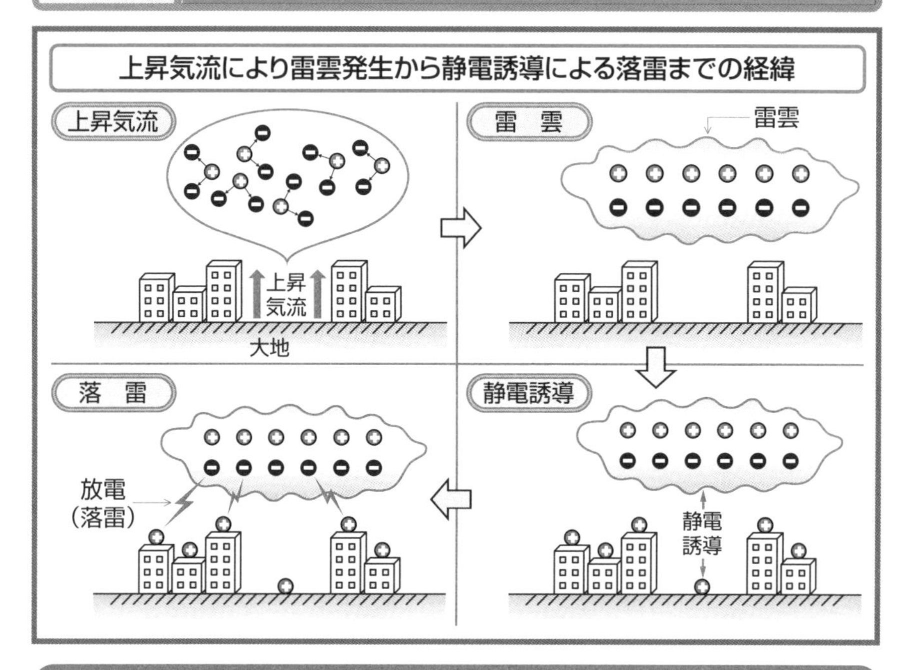

雷雲から静電誘導による地表面電荷への放電が落雷である

★大気が地表で暖められることにより発生した上昇気流は雲になり、雲の中の水滴は上空の低温により氷の粒子になります。その氷の粒子が急速な上昇気流により、互いに激しくぶつかり合って摩擦が繰り返されることにより静電気が発生し、正電荷をもった粒子と負電荷をもった粒子に帯電します。

雲の上層には正電荷が蓄積され、下層には負電荷が蓄積されて雷雲になります。雷雲の下層に負電荷が蓄積されると、静電誘導により地表に正電荷が生じ、地表は正に帯電します。

★雷雲の負電荷と地表上の正電荷が吸引し合い、その間の電位差（15項参照）が拡大し限界値を超えると、空気が絶縁破壊を起こし、雷雲の負電荷（自由電子）が地表に向かって流れ放電します。これが**落雷**です。

放電する際に発生する光が稲妻で、音が雷鳴です。稲妻の形が直線でないのは、放電するときに空気中の少しでも流れやすい経路を通ろうとするからです。

雷鳴は放電により、空気が熱せられ体積が急増し周囲の空気が振動し生じます。

9 平行金属板電極に電圧を加えると電荷を蓄える

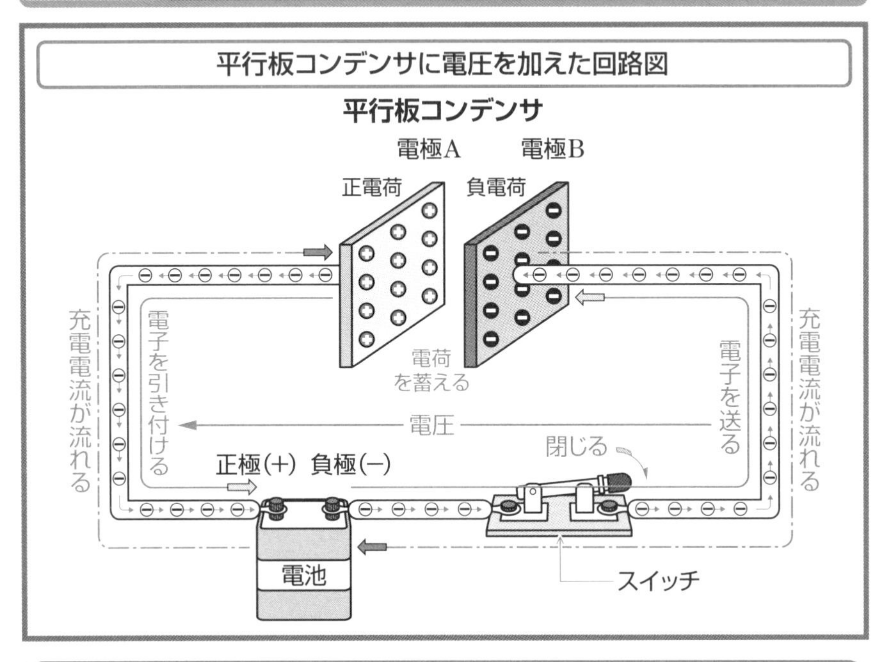

平行板コンデンサに電圧を加えると充電電流が流れ電荷を蓄える

★金属板Aと金属板Bを電極として、空気中に平行に向かい合わせ、固定したものを**平行板コンデンサ**といいます。平行板コンデンサの電極Aを電池の正極に、また電極Bをスイッチを介して、電池の負極に接続します。

スイッチを閉じると、電池の正極は電極Aにある負電荷をもつ電子を引き付けます。また電極Bには電池の負極から負電荷をもつ電子が送られてきます。

その結果、電極Aは電子が不足して正に帯電し、電極Bは電子が過剰になって負に帯電し、平行板コンデンサの電極Aに正電荷が、電極Bに負電荷が蓄えられます。

電池の正極が電極Aから電子を1個引き付けると、電池の負極は電極Bへ電子1個を供給し、電池の正極と負極は同じ数の電子をやり取りするので、電極Aは正電荷を、また電極Bは負電荷を同じ量だけ蓄えることになります。

電流の流れる方向は、電子の移動の向きと反対ですから、電池の正極から電極Aに電流が流れ、電極Bから電流が電池の負極に流れます。

この電流を平行板コンデンサの**充電電流**といいます。

10 電荷を蓄える能力を静電容量という

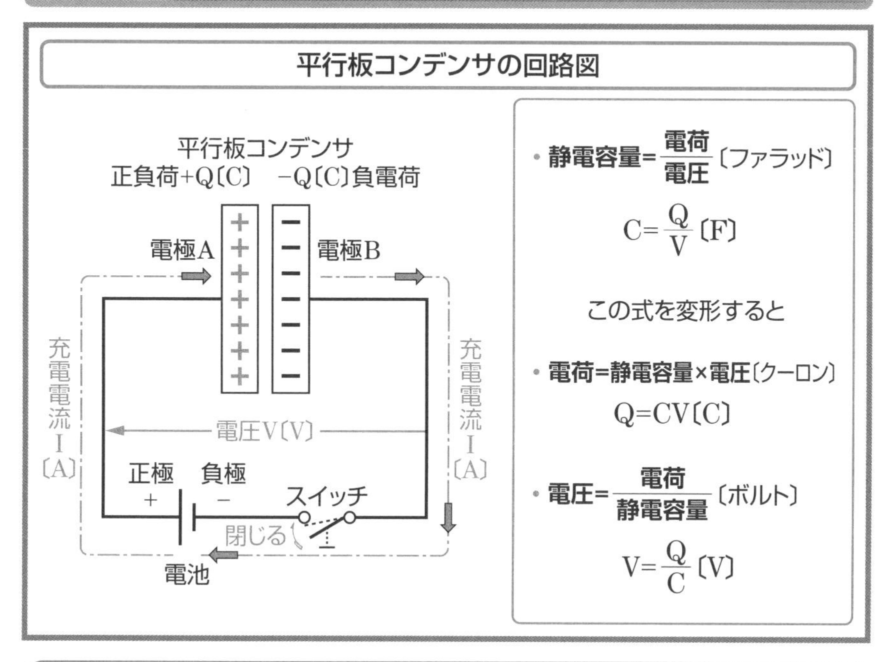

静電容量は加える電圧と蓄える電荷の比をいう

★平行な金属板を電極にした平行板コンデンサに電池を接続し、スイッチを閉じて電圧を加えると、充電電流が流れます。

それにより、電池の正極に接続した電極Aには、正電荷＋Q〔C〕が蓄えられ、また電池の負極に接続した電極Bには負電荷－Q〔C〕が蓄えられます（9項参照)。

この電極Aの電荷＋Q〔C〕と電極Bの電荷－Q〔C〕は、大きさが等しく、正・負のみが異なります（9項参照)。

★両電極に蓄えられる電荷Q〔C〕と、加えた電圧V〔V〕との比を、平行板コンデンサの**静電容量**といいます。

静電容量の量記号はCで表し、その単位はファラッド〔F〕です。

$$\textbf{静電容量}=\frac{\textbf{電荷}}{\textbf{電圧}}〔ファラッド〕\qquad C=\frac{Q}{V}〔F〕$$

静電容量Cは、平行板コンデンサの電極間の電圧が1〔V〕のときの電荷量をいい、平行板コンデンサの電荷を蓄える能力を表します。

11 平行板コンデンサの静電容量の求め方

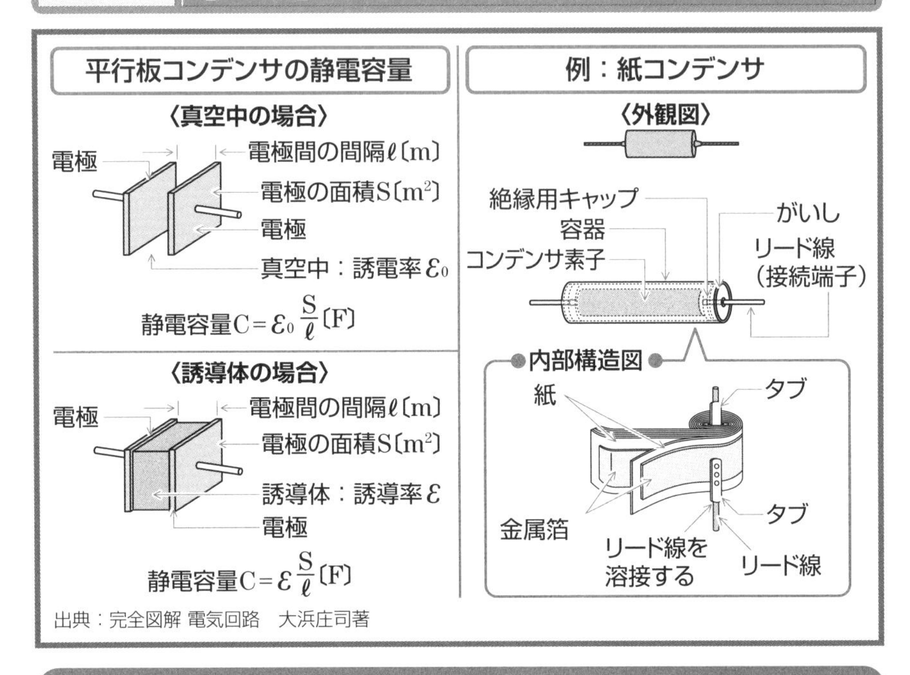

出典：完全図解 電気回路　大浜庄司著

平行板コンデンサの静電容量は電極の面積に比例し間隔に反比例する

★平行板を電極にした平行板コンデンサに蓄えられる電荷Q〔C〕は、加える電圧V〔V〕と平行板電極の面積S〔m²〕に比例し、平行板電極の間隔ℓ〔m〕に反比例して多くなります。

電荷$Q=\varepsilon_0\frac{S}{\ell}V$〔C〕　　ε_0は真空中の誘電率（6項参照）

平行板コンデンサの静電容量Cは、電荷Qと電圧Vの比ですから、上式より

静電容量$C=\frac{Q}{V}=\varepsilon_0\frac{S}{\ell}V\times\frac{1}{V}=\varepsilon_0\frac{S}{\ell}$〔F〕

静電容量C〔F〕を大きくするには、電極の面積S〔m²〕を広くし、電極間の間隔ℓ〔m〕を狭くすることです。

一般に、コンデンサは誘電体（絶縁物）を金属板電極によりはさんで、電荷を蓄える性質をもたせた機器をいい、使用する誘電体により、いろいろな種類のコンデンサがあります。

12 静電力が働く場を電界という

電界の強さ

〈電界の方向〉

+Q〔C〕　+1〔C〕を置く

r〔m〕　電界の方向

P点

・+Q〔C〕と+1〔C〕は同種の電荷であるから、静電力は反発力となり、力の方向が電界の方向となる。

〈電界の大きさ〉

+Q〔C〕　+1〔C〕

E〔V/m〕

r〔m〕　電界の大きさ

P点

・+1〔C〕に対する力の大きさが、電界の大きさとなる。クーロンの法則により、真空中の電界Eの大きさは

$$E=\frac{1}{4\pi\varepsilon_0}\cdot\frac{Q\times 1}{r^2}\fallingdotseq 9\times 10^9\times\frac{Q}{r^2}〔V/m〕$$

半径rの球面上の電界の強さ

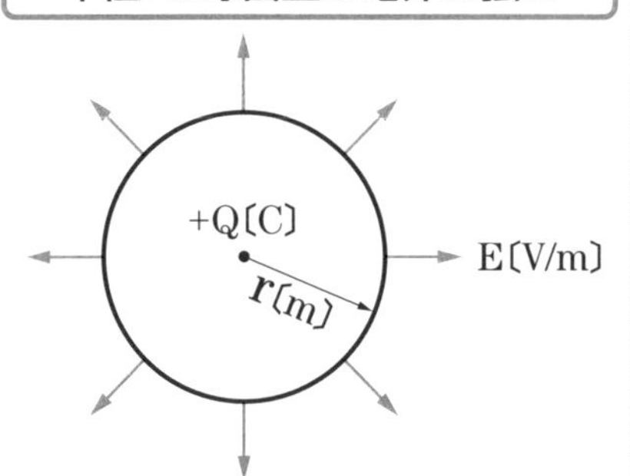

・半径r〔m〕の球面上の電界の大きさは、距離が同じなので等しく、電界の方向は放射状となる

・真空中の電界Eの大きさは

$$E=\frac{1}{4\pi\varepsilon_0}\cdot\frac{Q\times 1}{r^2}$$
$$\fallingdotseq 9\times 10^9\times\frac{Q}{r^2}〔V/m〕$$

電界の強さはその点における静電力の大きさと方向で表す

★電荷の周りに他の電荷を近づけると静電力を受けることは、電荷の周囲には電気的な勢力を及ぼす空間があることを示しており、これを**電界**といい、電界の量記号をE、単位をボルト毎メータ〔V/m〕とします。

電界内に+1〔C〕の単位正電荷を置いたとき、これに働く静電力の大きさを電界の大きさとし、その方向を電界の方向とします。

真空中に+Q〔C〕の正電荷を置いたとき、これからr〔m〕離れたP点の電界Eの大きさは、P点に置かれた+1〔C〕の単位正電荷に働く力の大きさですから、クーロンの法則（6項参照）により

静電力の大きさFは　$F=\frac{1}{4\pi\varepsilon_0}\cdot\frac{Q\times 1}{r^2}\fallingdotseq 9\times 10^9\frac{Q}{r^2}$〔N〕　となりますので

電界の大きさEは　$E=\frac{1}{4\pi\varepsilon_0}\cdot\frac{Q}{r^2}\fallingdotseq 9\times 10^9\frac{Q}{r^2}$〔V/m〕　です。

電界の方向は、共に正電荷ですから電荷Qから放射状に外向きになります。

13 電気力線は電界の状態を表す

単独電荷による電気力線分布

〈単独のプラスの点電荷による電気力線〉

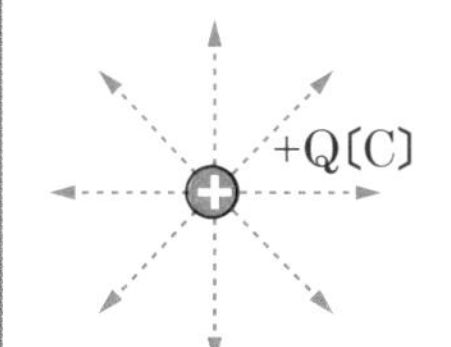

・電気力線は無限遠点へ行く
・電気力線の本数
$\frac{Q}{\varepsilon_0}$〔本〕
(真空中)

〈単独のマイナスの点電荷による電気力線〉

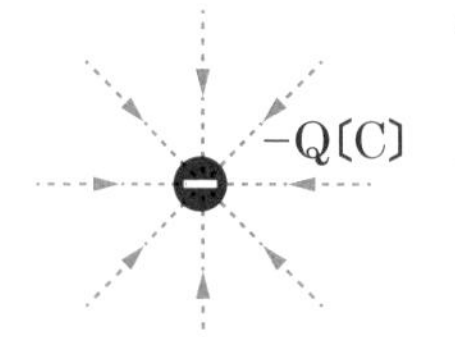

・電気力線は無限遠点から来る
・電気力線の本数
$\frac{Q}{\varepsilon_0}$〔本〕
(真空中)

電荷間の電気力線分布

〈プラスとマイナスの点電荷による電気力線〉

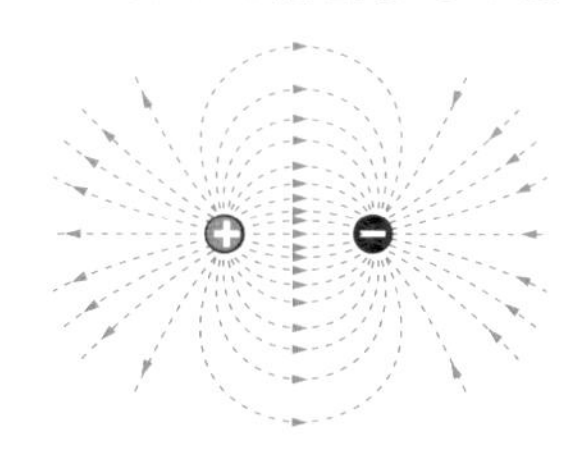

〈二つのプラスの点電荷による電気力線〉

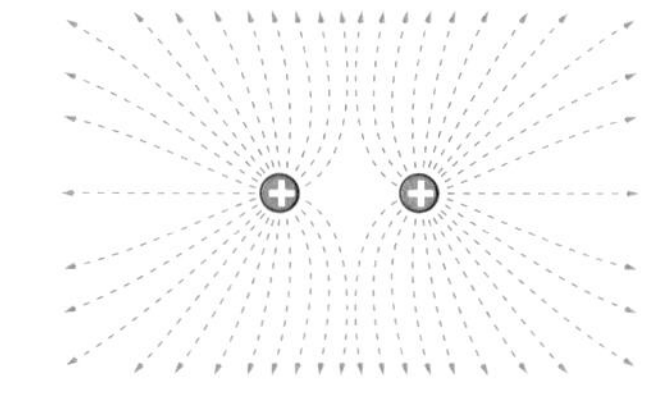

出典：電気理論と電気回路の基礎知識早わかり　大浜庄司著

電気力線に電界の状態を表すためにもたせた性質

★電界は、空間のどの点にも大きさと方向をもって連続して存在しており、電界の連続性を表す手法として仮想した線を“**電気力線**”といいます。

電気力線には、電界の状態を表すため、次のような性質があるものとします。

・電気力線は無限遠点に行くものと無限遠点から来るものがある　・電気力線は正電荷から出て負電荷に入る連続した線である　・電気力線は等電位面に垂直に出入りする　・電気力線の接線の方向がその点の電界の方向である　・電界の大きさは垂直な断面積1m^2当たりの電気力線密度で表す

★真空中における+Q〔C〕の正電荷から出る電気力線の本数を調べてみます。

+Q〔C〕を中心にした半径r〔m〕の球面上の電界の大きさEはすべて等しく、$E=Q/4\pi\varepsilon_0 r^2$〔V/m〕(12項上欄右図参照)、電界の大きさは電気力線密度に等しく、球の表面積が$4\pi r^2$〔m^2〕ですから、球面を通る全電気力線数Nは

N=**電気力線密度×球表面積**$=\frac{1}{4\pi\varepsilon_0}\cdot\frac{Q}{r^2}\times 4\pi r^2=\frac{Q}{\varepsilon_0}$〔本〕　となります。

14 電位は電界の＋1〔C〕に対する位置のエネルギーをいう

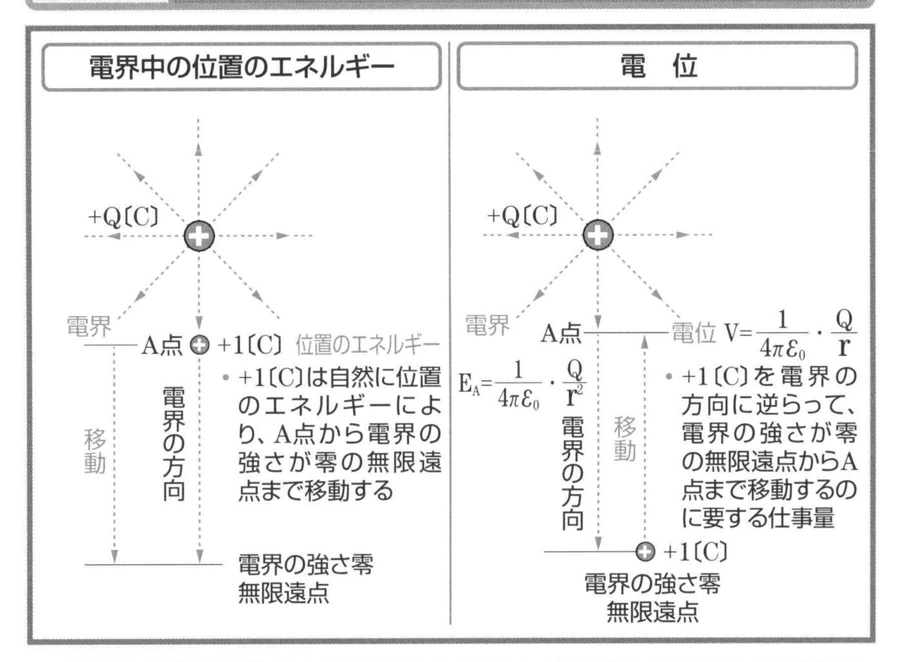

電位は＋1〔C〕が電界に逆らって移動するのに要する仕事量を示す

★電荷の周りに他の電荷を置くとその電荷に静電力が働く場を**電界**といいます。

そこで正電荷＋Q〔C〕によってつくられる電界中のA点に単位正電荷＋1〔C〕を置けば、クーロンの法則による反発力により、自然とその方向に移動して、電界の強さが零の無限遠点まで移動します。

これを言い換えれば、単位正電荷＋1〔C〕は、電界の強さが零の無限遠点から反発力に逆らって、A点まで移動するだけの位置のエネルギー（仕事量）をもっていることになります。これを電位といい量記号はVで、単位はボルト〔V〕です。

★正電荷＋Q〔C〕からr〔m〕離れたA点の電位E_Aは、少々むずかしくなりますが、電界E_A〔V/m〕を距離rから無限遠点までを積分し求めます。

電位 $$E_A=\int_r^{\infty}E\,dr=\int_r^{\infty}\frac{1}{4\pi\varepsilon_0}\cdot\frac{Q}{r^2}dr$$

$$=\frac{1}{4\pi\varepsilon_0}\cdot\frac{Q}{r}\fallingdotseq 9\times10^9\frac{Q}{r}\text{〔V〕}$$ となります。

〈MEMO〉

第2章

電圧・電流・電気抵抗

15 電圧とは電位の差をいう

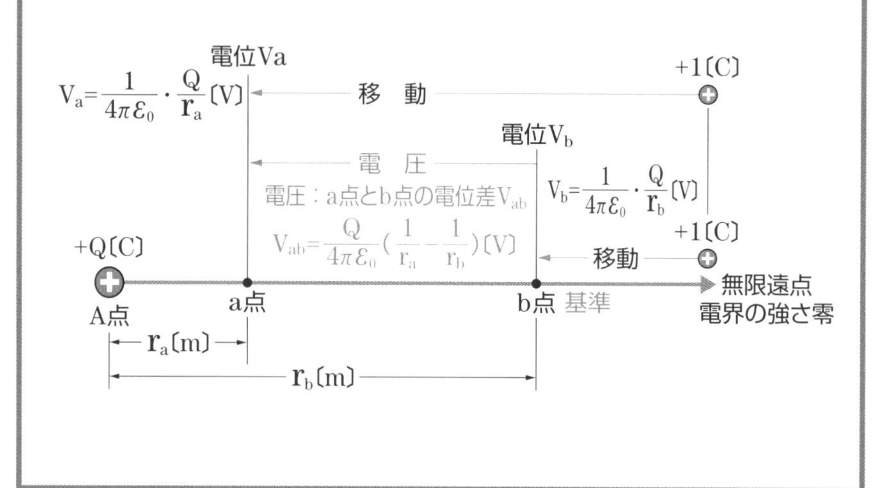

電圧は電界内の２点間における電位差をいう

★真空中のA点に正電荷＋Q〔C〕を置いたとき、A点からr_a〔m〕離れたa点の電位V_a（14項参照）は　$V_a=\frac{1}{4\pi\varepsilon_0}\cdot\frac{Q}{r_a}$〔V〕　となります。

また、A点からr_b〔m〕離れたb点の電位V_b（14項参照）は

$V_b=\frac{1}{4\pi\varepsilon_0}\cdot\frac{Q}{r_b}$〔V〕　となります。

★a点とb点の電位の差V_a-V_bをab間の電位差V_{ab}といいます。

b点の電位を基準にすると、電位差V_{ab}は　$V_{ab}=V_a-V_b=\frac{1}{4\pi\varepsilon_0}\left(\frac{1}{r_a}-\frac{1}{r_b}\right)$〔V〕

電位差V_{ab}は、電界内において、単位正電荷＋1〔C〕を電界の方向に逆らって、b点からa点まで移動するに要する仕事量をいいます。

この電界内の2点間の電位差を“**電圧**”といいます。

16 電圧の単位をボルトという

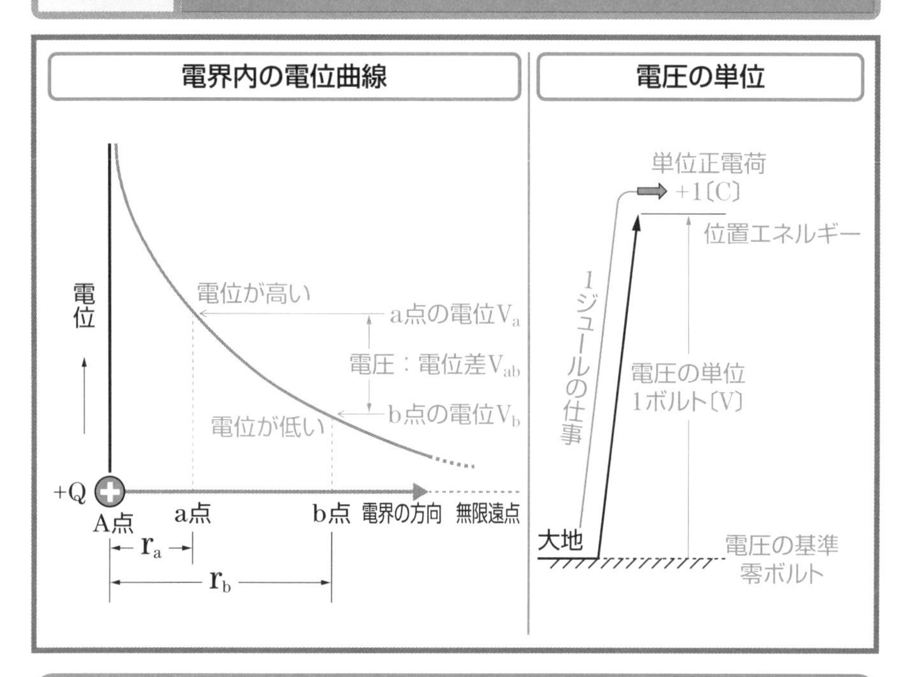

電圧は大地（アース）との電位差をいう

★電界内における2点間の電位差を電圧といい、1クーロンの正電荷がもつ位置のエネルギーをいいます（15項参照）。

電界内に正電荷＋Q〔C〕を置いたとき、a点は無限遠点からの距離がb点より離れているため、無限遠点から1クーロンの正電荷を移動するのにb点より多くの仕事量を要するので、a点はb点より位置のエネルギーが多いことから、a点はb点より電位が高いといいます。

1クーロンの電気量が、ある2点間を移動したとき、1ジュールの仕事をした場合、この2点間の電位差つまり電圧を1ボルト（記号V）といいます。

★普通、電位の基準としての無限遠点は、地球に取っており、大地を零電位としています。これは、地球が非常に大きな導体と考えられることから、たとえ地球に電荷が入っても出ても、地球の電位が変わらないからです。したがって、大地を零ボルトとして、この大地との電位差を**電圧**といいます。たとえば、電圧100ボルトとは大地（アース）との電位差が100ボルトということです。

17 自由電子の移動を電流という

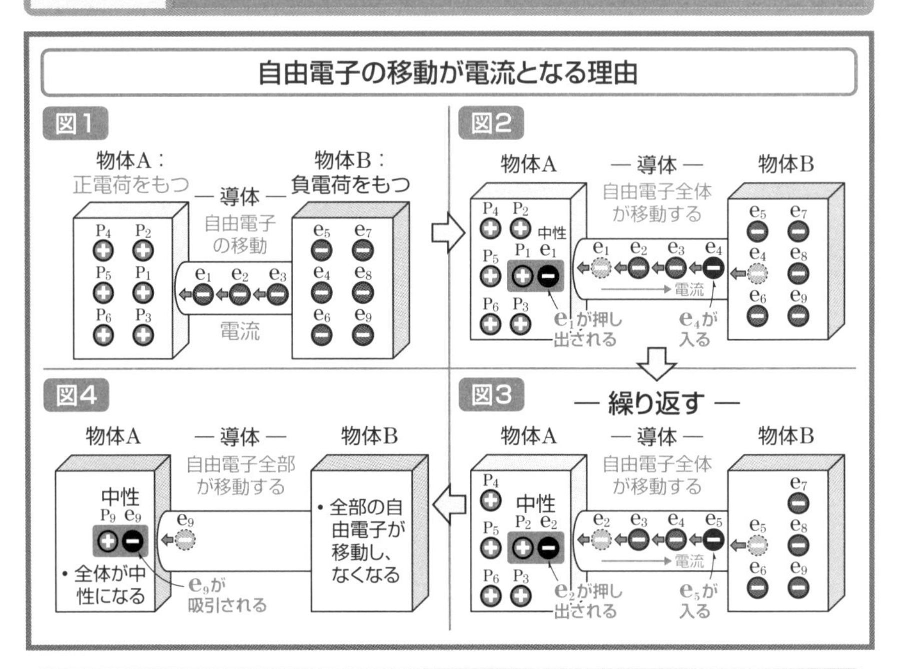

自由電子が物体内を玉突き状態で移動し電流となる

★正電荷をもつ物体Aと負電荷をもつ物体Bを導体でつなぐと、物体Bから導体を通って物体Aに自由電子が移動します。

★この自由電子の移動を**電流**といい、自由電子の移動は次のように行われます。

導体内の負電荷をもつ自由電子e_1が、物体A内の正電荷をもつ原子（陽子）P_1との吸引力で移動することで、導体内の自由電子e_1、e_2、e_3は一斉に移動します（図１）。

それにより、導体内の物体Aに一番近い自由電子e_1が押されて、物体A内の正電荷をもつ原子（陽子）P_1に飛び込み、原子（陽子）P_1を電気的に中性にし、それと共に物体B内の自由電子e_4が導体内に引き入れられます（図２）。

それにより、導体内の自由電子e_2が押し出されて、物体A内の原子（陽子）P_2に飛び込み、原子（陽子）P_2を電気的に中性にします（図３）。

物体Bから自由電子を補充し、物体Aの原子（陽子）と１組ずつ電気的に中性になる動作を繰り返し、物体B内の自由電子がなくなるまで行うことで、電流として流れます（図４）。

18 電流は自由電子の移動の方向と逆に流れる

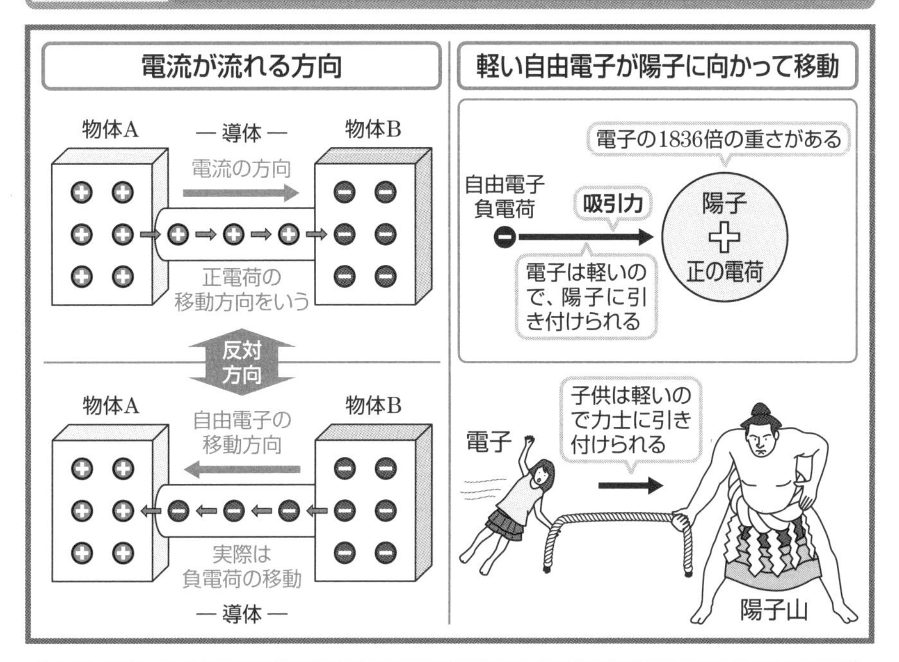

自由電子は陽子より軽いので自由電子が陽子に吸い寄せられる

★電流は、正から負に流れるとされ、電流の流れる方向は、正電荷の移動する向きと定義されています。

これは、18世紀の初め頃、電気には正電荷と負電荷の2種類あることがわかり、電流は正から負に流れると定めたからです。

その後、電子の存在がわかり、電流の正体が負電荷をもつ自由電子の移動であることを知り、電流の方向が自由電子の移動の向きと逆だと知ったのです。

電流の方向の定義をそのままにしているのは、正電荷が負電荷に向かっても負電荷が正電荷に向かっても電荷の安定状態の中性になるのは同じだからです。

★正電荷をもつ陽子と負電荷をもつ自由電子が引き合ったとき、なぜ、自由電子の方が移動するのかといいますと、陽子の正電荷量と自由電子の負電荷量は同じでも、陽子の重さが自由電子の重さの1836倍もあるので、重い陽子は動かず、軽い自由電子が静電力に引き寄せられて、移動することになるのです。

そのため、自由電子の移動の向きと、電流の流れる方向が逆というわけです。

19 電流の単位をアンペアという

1アンペアの定義

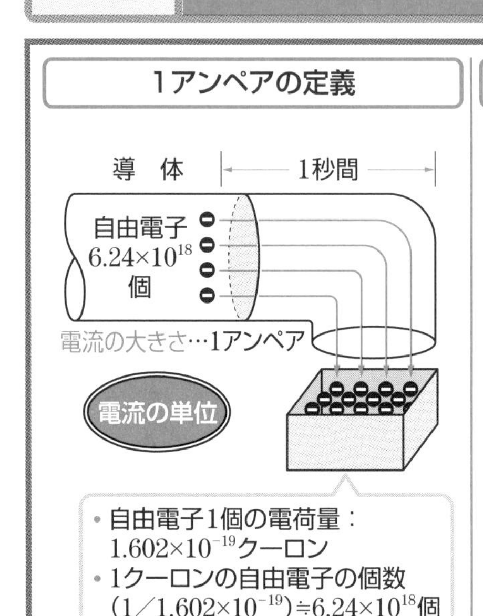

- 自由電子1個の電荷量：1.602×10^{-19}クーロン
- 1クーロンの自由電子の個数 $(1/1.602\times10^{-19})\fallingdotseq6.24\times10^{18}$個

国際単位系の定義

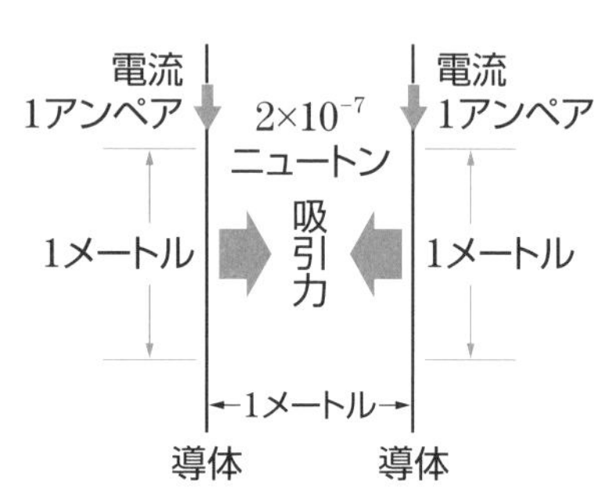

- 同一方向に流れる電流相互間には吸引力が働き、反対方向に流れる電流相互間には反発力が働く。これを**電流力作用**という

1アンペアは1秒間に1クーロンの電荷量の移動をいう

★導体の均一な断面を単位時間に通る電荷の量を**電流**といいます。

電流の量記号は、Iで表し、単位はアンペア（記号A）を用います。

1アンペアとは、1秒間に1クーロン〔C〕の電荷量が移動することをいい、**クーロン**とは、電荷量を測る単位をいいます。

電子1個の電荷量は、負の1.602×10^{-19}クーロンですから、1クーロンは約6.24×10^{18}個の自由電子に相当する電荷量です。したがって、1アンペアの電流は、1秒間に約6.24×10^{18}個の自由電子の移動をいいます。

★また、国際単位系（SI単位）では、**1アンペア**は“真空中に1メートルの間隔で平行に置かれた無限に細い円形断面を有し、さらに、無限に長い2本の直線状の導体のそれぞれを流れると共に、これらの導体の長さ1メートル毎に2×10^{-7}ニュートン〔N〕の力を及ぼし合う一定の電流の強さ”と定義されています。

1ニュートンの力とは“質量1キログラムの物体に作用して、1m/(秒)^{2}の加速度を生じさせる力”をいいます。

20 電流は電位の高い方から電位の低い方に流れる

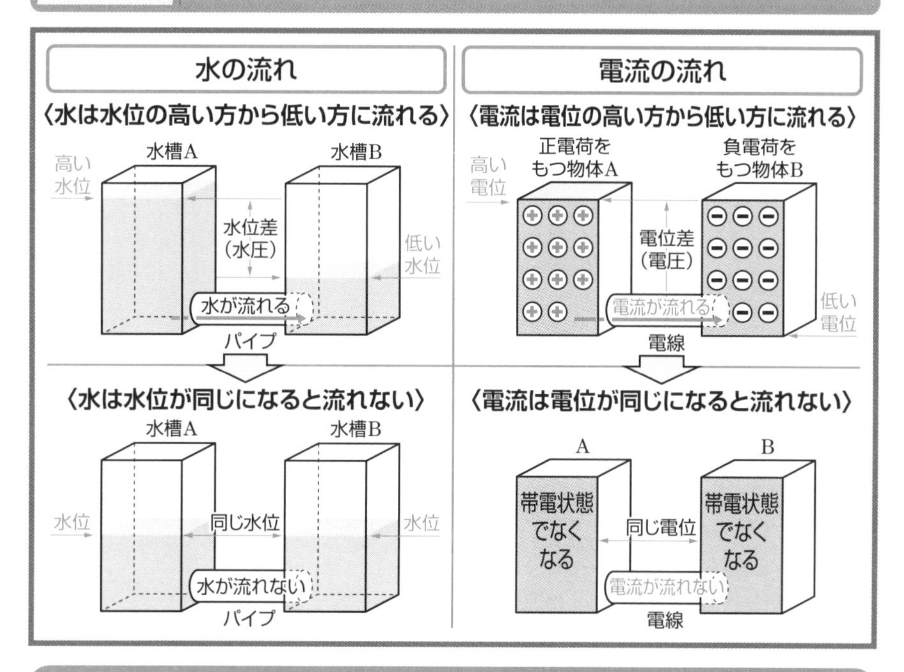

電流と水流の類似性 ―電位・水位、電位差・水位差、電圧・水圧―

★電流の流れは、水の流れに似ていますので、対比して説明しましょう。

水位の高い水槽Aと水位の低い水槽Bをパイプでつなぐと、水槽Aの水は重力により水槽Bに向かって流れ、両方の水槽の水位が同じになると流れは止まります。

すなわち、水は水位の高い方から水位の低い方に流れ、両水槽の水位差が大きいほど、水のもつ位置エネルギーが大きく、生じる水圧も大きくなります。

★電流の流れの場合は、電位の高い正電荷をもつ物体Aと電位の低い負電荷をもつ物体Bを電線でつなぐと、負電荷（自由電子）が正電荷（陽子）に引かれて移動し、電流は自由電子の移動の方向と反対に物体Aから物体Bに流れます。

そして、すべての負電荷（自由電子）が移動して正電荷（陽子）と結合し、電気的に中性になると、電流は流れなくなります。

すなわち、電流は電位の高い方から電位の低い方に流れるということです。

物体Aと物体Bの電位差が大きいほど、電荷のもつ電気的な位置のエネルギーの差が大きく、電流を流そうとする圧力、つまり電圧も大きくなります。

21 電池には電流を流し続ける力がある

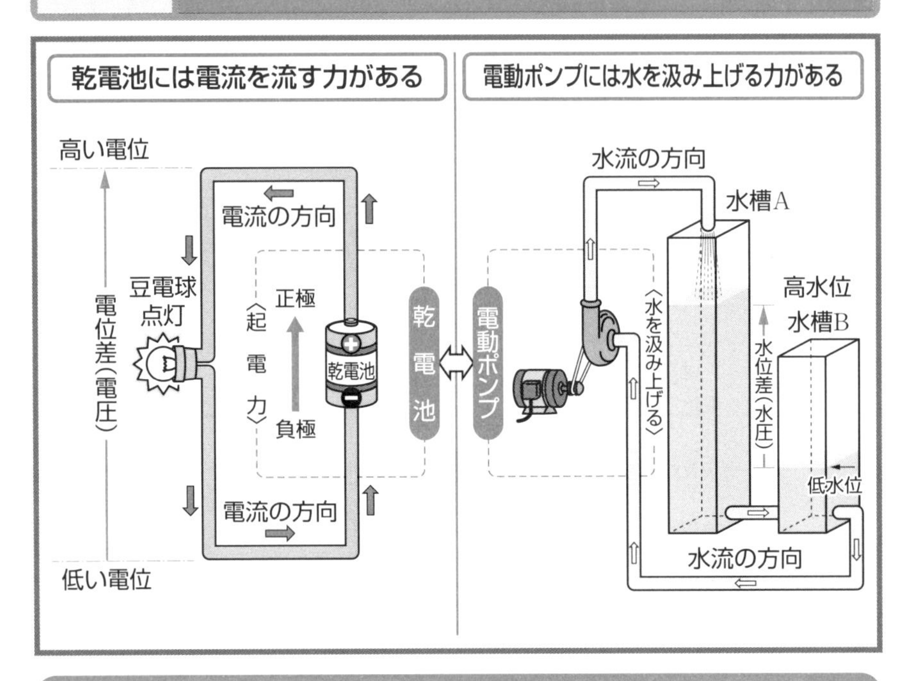

電池がつくり出す電圧を起電力という

★水位の高い水槽Aから水位の低い水槽Bに水は流れますが、水槽Aの水位と水槽Bの水位が同じになれば、水は流れなくなります。

水槽Bと水槽Aの間に電動ポンプを取り付けますと、水は水槽Aから水槽Bに流れ、水槽Bの水は電動ポンプによって、水槽Aに汲み上げられることにより水槽Aの水位が上がり、水は連続して流れます。

★正電荷をもつ物体Aと負電荷をもつ物体Bを電線でつないでも、すべての正電荷と負電荷が結合して、電気的に中性になれば、電流は流れなくなります。

乾電池の正極（＋）と負極（－）の間に豆電球を電線でつなぐと、電流が流れ豆電球が点灯し続けるのは、乾電池が電動ポンプの役割をしているからです。

乾電池は電流が流れて、正電荷と負電荷が電気的に中性になっても、内部の電気化学作用によって新しく補充し、電位の差、つまり電圧を消滅させずに維持する働きがあるからです（第23章参照）。

この電池がつくり出す電圧を**起電力**といい、量記号はE、単位はボルト〔V〕です。

22 電気抵抗は電流の流れを妨げる

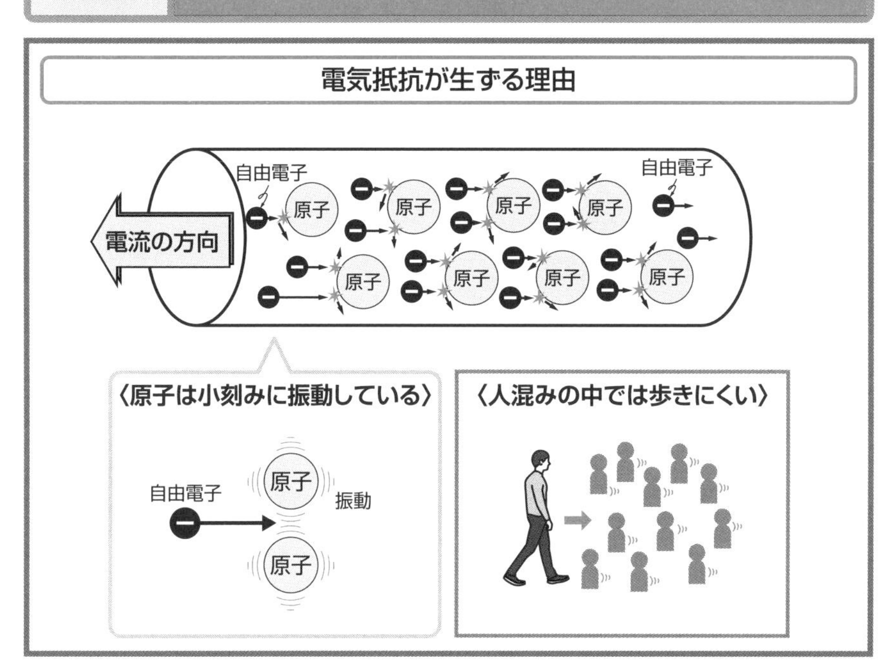

電気抵抗は自由電子と原子との衝突により電流の流れを妨げる

★導体、たとえば金属の両端に電圧をかけると、金属内に電界が生じ、負電荷をもつ自由電子は電界による静電力を受けて移動し、これが電流の流れとなります。

導体は原子で構成されているので、自由電子は進行方向に存在する原子と衝突しながら移動します。自由電子は原子との衝突により運動エネルギーを失い、その分だけ単位時間に移動する自由電子の量が少なくなり電流が流れにくくなります。

これは人混みの中では、他の人が邪魔になって歩きにくいのと同じです。

また、原子は常に小刻みに振動しているので、これも自由電子の移動を妨げます。人混みで前を歩く人がフラフラしていると、歩きにくいのと同じです。

★これらは自由電子の移動、つまり電流の流れを妨げる作用となり、電流の流れを妨げる電流の流れにくさを**電気抵抗**、単に**抵抗**といい、量記号はRです。

物質ごとに原子の並び方、密度が違うので物質により電気抵抗は異なります。

電流を流れにくくする程度を抵抗の大きさといい、単位はオーム〔Ω〕です。

1オームとは、1アンペアの電流を流すのに1ボルトの電圧を要する抵抗です。

23 電気抵抗は物質の形状により異なる

電気抵抗は長さに比例する

・同じ物質で長さと断面積が同じ

〈長さが2倍の場合〉

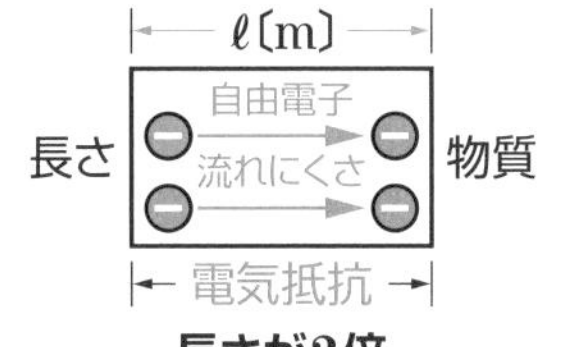

長さが2倍

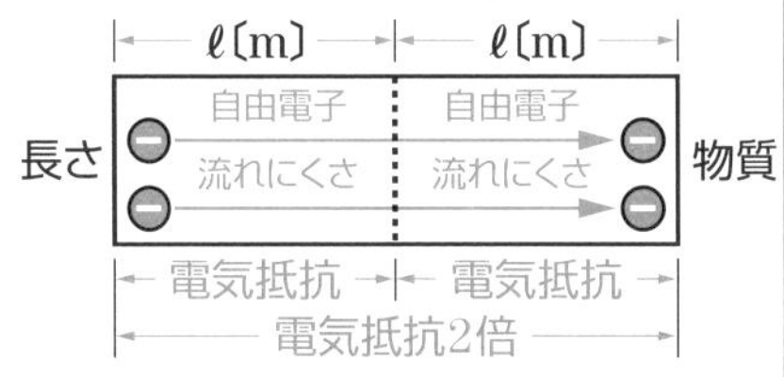

・**長さが2倍になると電気抵抗は2倍になる**

電気抵抗は断面積に反比例する

・同じ物質で長さと断面積が同じ

〈断面積が2倍の場合〉

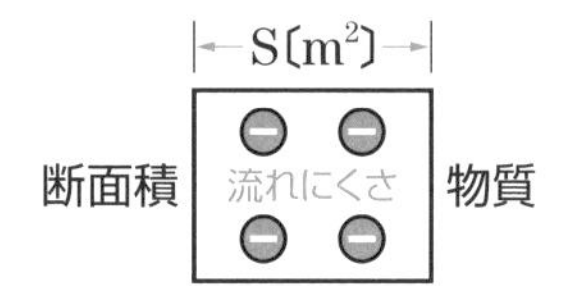

断面積が2倍

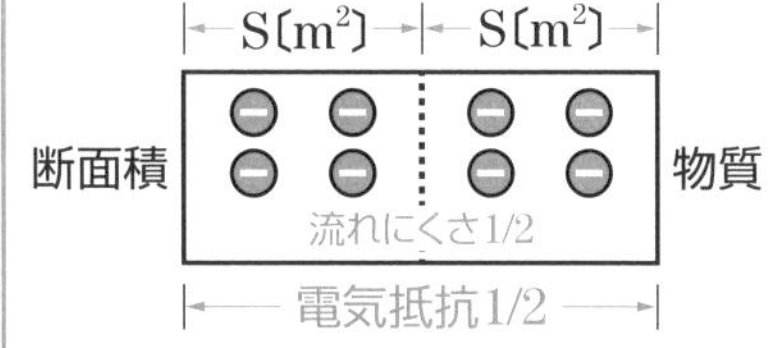

・**断面積が2倍になると電気抵抗は1/2になる**

電気抵抗は物質の長さに比例し断面積に反比例する

★電気抵抗は、物質の種類によりそれぞれ異なる固有の大きさがありますが、物質が同じでも、物質の長さと断面積によって、次のように変わります。

・同じ種類の物質で長さと断面積が同じ棒が、1本の場合と2本縦につないだ場合では、2本の場合は長さが2倍になりますので、1本に比べて自由電子は途中の原子と2倍衝突して移動することになり、流れにくさ、つまり、電気抵抗は2倍になります。すなわち、電気抵抗は物質の長さに比例します。

・同じ種類の物質で長さと断面積が同じ棒が、1本の場合と2本横に並べた場合では、2本の場合は自由電子が通る断面積が2倍になるので、1本に比べて自由電子の流れる数が2倍になることから、流れにくさが2分の1、つまり電気抵抗は2分の1になります。電気抵抗は物質の断面積に反比例します。

したがって、物質の電気抵抗はその長さに比例し、断面積に反比例します。

$$\textbf{電気抵抗} = \textbf{比例定数} \times \frac{\textbf{長さ}}{\textbf{断面積}} = \rho \frac{\ell}{S} \,〔\Omega〕$$

比例定数 ρ：物質の抵抗率

24 電流・電圧・電気抵抗の関係を表すオームの法則

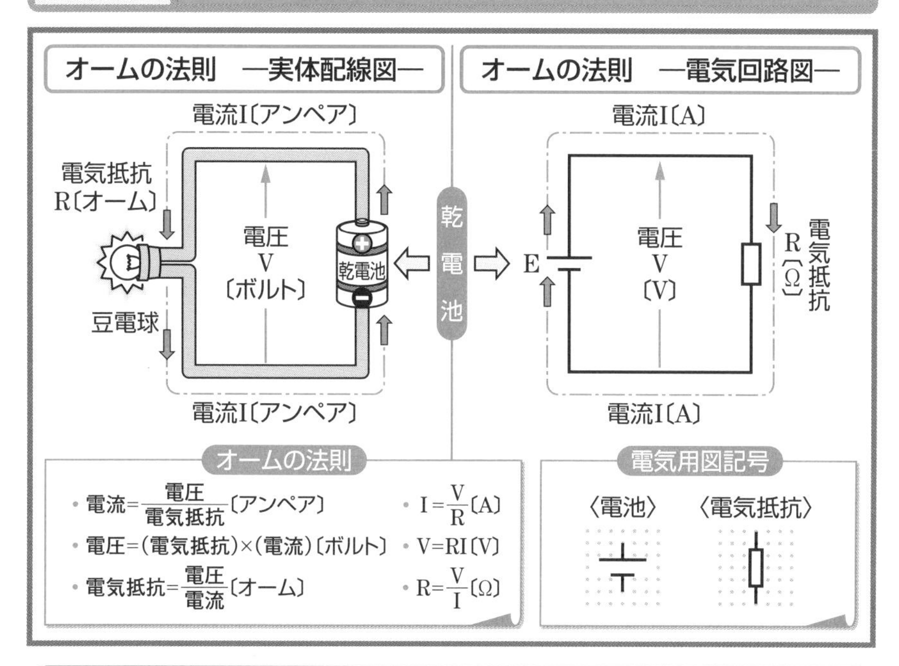

電流は電圧に比例し電気抵抗に反比例する —オームの法則—

★ドイツの科学者であるオームは、電気回路における電圧・電流・電気抵抗の三つの関係に、法則があることを実験により確かめました。

その法則とは“**電気回路に流れる電流は、回路に加えた電圧に比例し、回路の電気抵抗に反比例する**”ということです。これを**オームの法則**といいます。

電流が電圧に比例するとは、電圧が高いほど電流は多く流れ、電圧が低いほど電流が少なく流れるということです。

また、電流が電気抵抗に反比例するとは、電気抵抗が大きいほど電流は少なく流れ、電気抵抗が小さいほど電流は多く流れるということです。

★オームの法則は、R〔オーム〕の電気抵抗に、V〔ボルト〕の電圧を加えたとき、流れる電流I〔アンペア〕は

$$\textbf{電流I} = \frac{\textbf{電圧V}}{\textbf{電気抵抗R}} \text{〔アンペア〕} \qquad I = \frac{V}{R} \text{〔A〕}$$

ということです。

25 電気抵抗に電流を流すと発熱する

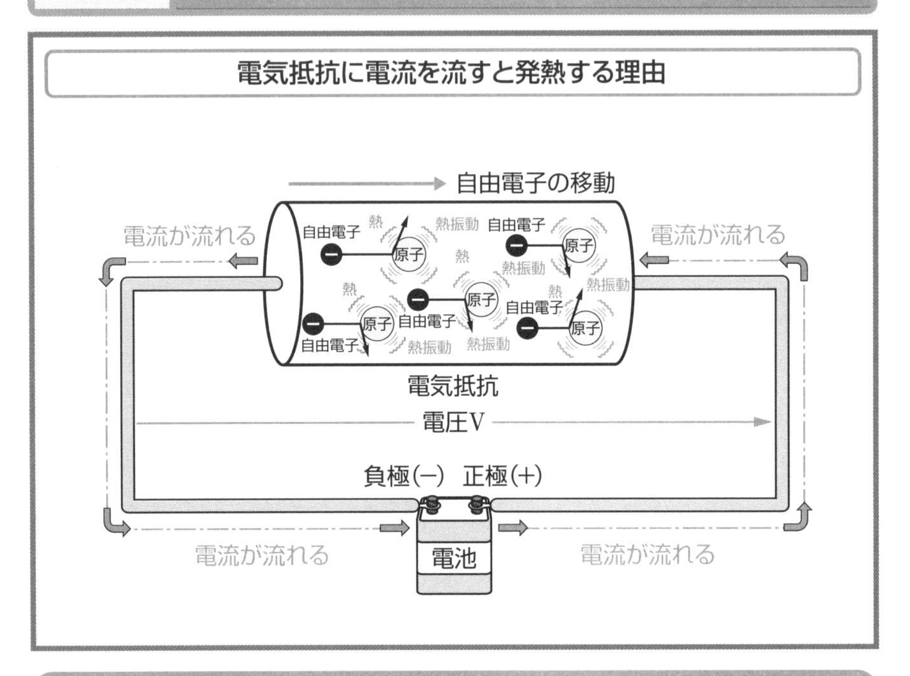

電流の流れである自由電子が原子に衝突し熱振動により発熱する

★物質を構成する原子は、基準となる位置を中心として振動運動をしており、この振動を**熱振動**といいます。

熱は実体がなく、原子の振動の激しさをいいます。熱は熱振動の運動のエネルギーのことであり、熱振動の大きさは温度という尺度で測られます。

★物質の両端に電圧を加えると、物質内に電界を生じ、自由電子は電界から力を受けて移動します。これが電流です。

電流の流れとして、自由電子が移動するとき、物質内の原子と衝突し、原子はその運動のエネルギーを受けて、激しく振動します。

熱は原子の振動の激しさをいうことから、自由電子の衝突により激しく振動することで熱が発生し、その結果、物質の温度が上昇します。

電気抵抗は、自由電子が原子と衝突することで移動を妨げられることですから、電気抵抗が存在する物質に自由電子の移動である電流が流れると発熱するのです。

この現象を**電流の発熱作用**といいます。

26 発熱量に関するジュールの法則

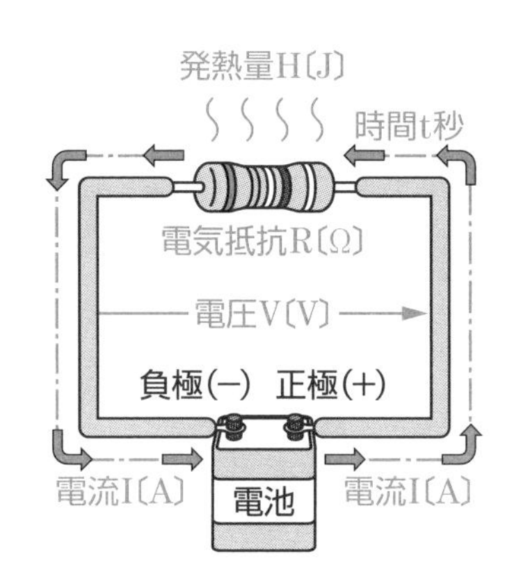

発熱量を求める式

★ジュールの法則による発生熱量H〔J〕は

H=電圧V×電流I×時間t

=VIt〔J〕

- オームの法則より　$I=\dfrac{V}{R}$〔A〕から

$H=VIt=V\dfrac{V}{R}t=\dfrac{V^2}{R}t$〔J〕

H=(電圧)^2×時間／電気抵抗〔ジュール〕

- オームの法則より　V=IR〔V〕から

$H=VIt=IRIt=I^2Rt$〔J〕

H=(電流)^2×電気抵抗×時間〔ジュール〕

発熱量は電圧と電流と時間の積に等しい ―ジュールの法則―

★電流の発熱作用の現象は、イギリスの科学者であるジュールが、実験により証明した法則です。

その法則とは“**電気抵抗R〔Ω〕に電圧V〔V〕を加え、電流I〔A〕がt秒間流れたときに、発生する熱量H〔J〕は、電圧Vと電流Iと時間tの積で表される**”というものです。これを**ジュールの法則**といい、発生する熱を**ジュール熱**といいます。

熱量の量記号をH、単位をジュール〔J〕とします。

発生する熱量H＝電圧V×電流I×時間t〔ジュール〕

電気抵抗に加える電圧が高くなると、自由電子は電界により受ける力が大きくなり原子と衝突する力が強くなって熱振動を激しくするので発熱量が増えます。

電気抵抗に流れる電流が大きくなると、原子に衝突する自由電子の数が多くなり、それにより熱振動を起こす原子の数が多くなるので、発熱量が増えます。

電流を流す時間が長くなると、それだけ多くの自由電子が原子と衝突するので、熱振動を起こす原子の数が多くなって、発熱量が増えます。

27 ジュール熱の利用と弊害

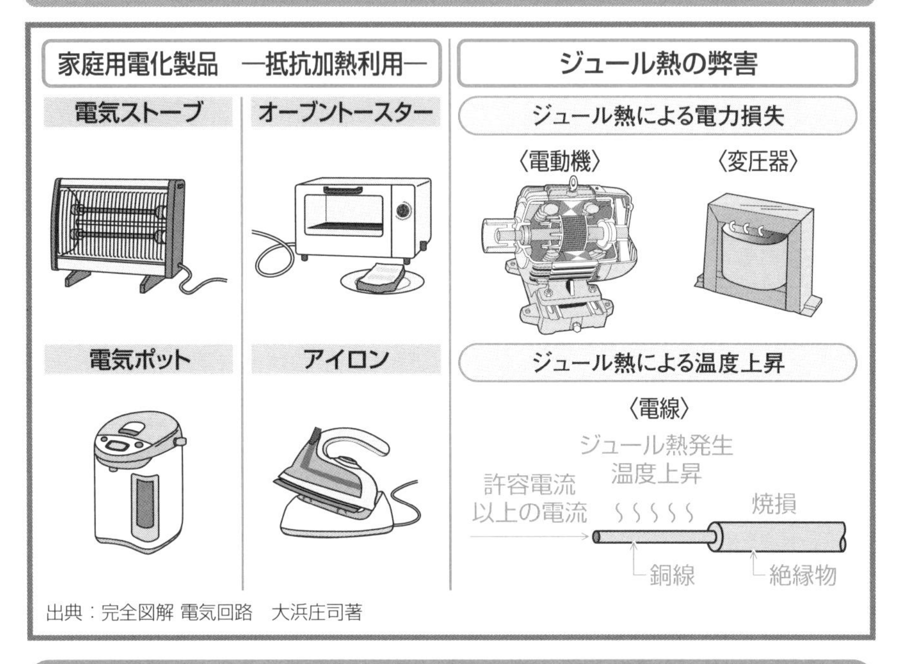

出典：完全図解 電気回路 大浜庄司著

ジュール熱の利用には抵抗加熱があり、弊害には電力損失・温度上昇がある

★電気抵抗をもつ物質に電流を流すことで生ずる発熱（ジュール熱）を利用して加熱する方法を“**抵抗加熱**”といいます。

抵抗加熱は、電気エネルギーを熱エネルギーに効率よく換えることができるので、多くの電気機器に使用されています。

抵抗加熱を利用した電気機器のうち、家庭用電化製品の例としては、電気ストーブ、オーブントースター、電気ポット、アイロンなどがあります。

★ジュール熱は、電気抵抗が存在するものに電流が流れると発生するので、発生した熱を利用しない場合は、熱の発生に使用した電力は損失、障害となります。

電動機、変圧器などはコイルに銅線を用いていますので、電気抵抗があり、電流が流れるとジュール熱が発生し、これに要する電力は損失となります。

コードを含め電線は、銅線が使用されていますので、許容電流を超えるとコードの温度が高くなり焼損する危険があります。すべての電気抵抗をもつ電気機器はジュール熱による損失で効率が低下し、温度上昇に伴う障害を生じます。

28 電気はいろいろと姿を変えて仕事をする

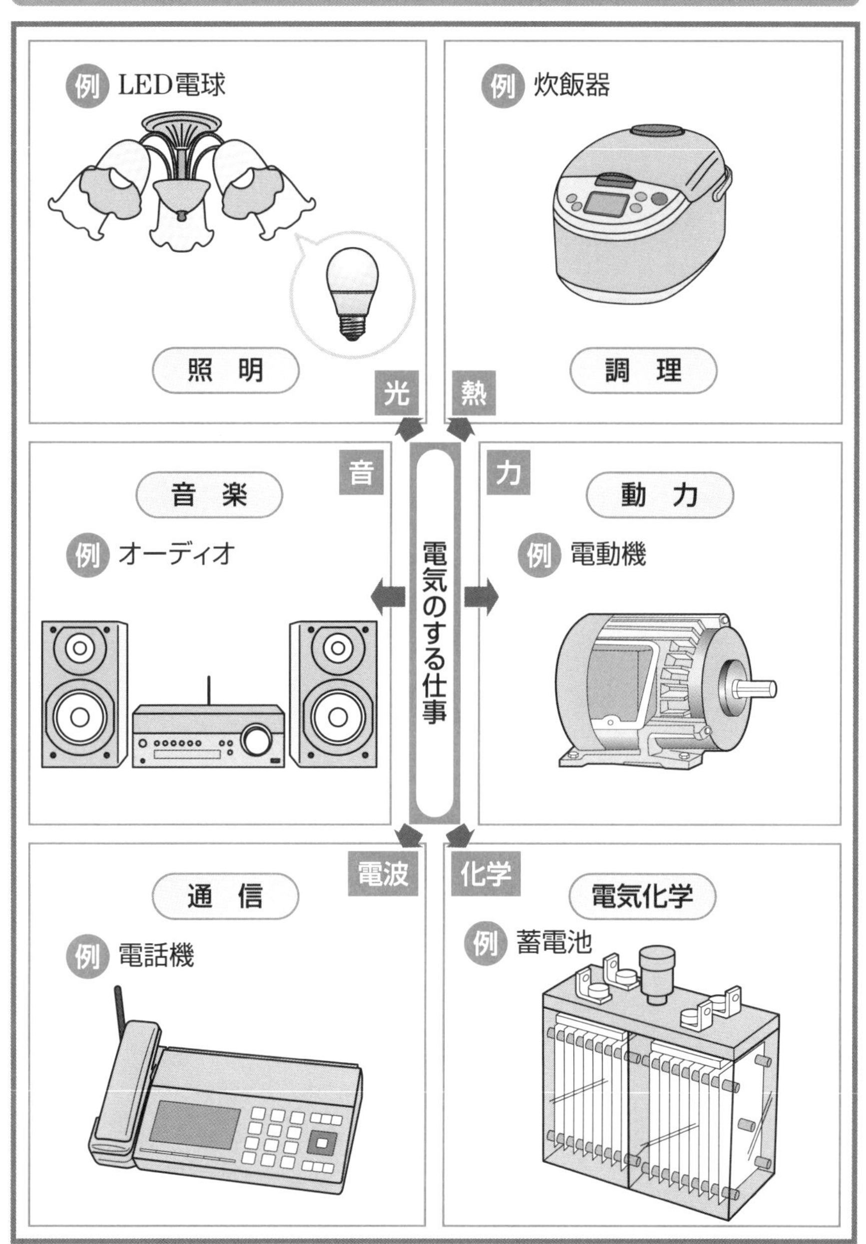

〈MEMO〉

第3章

磁石と磁気

29 磁石とは磁気を有する物質をいう

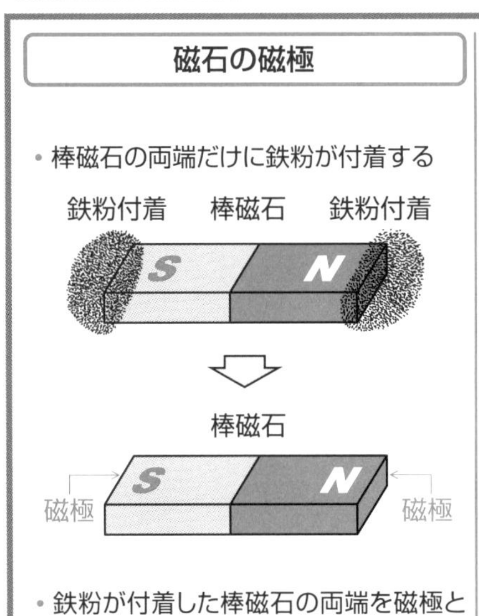

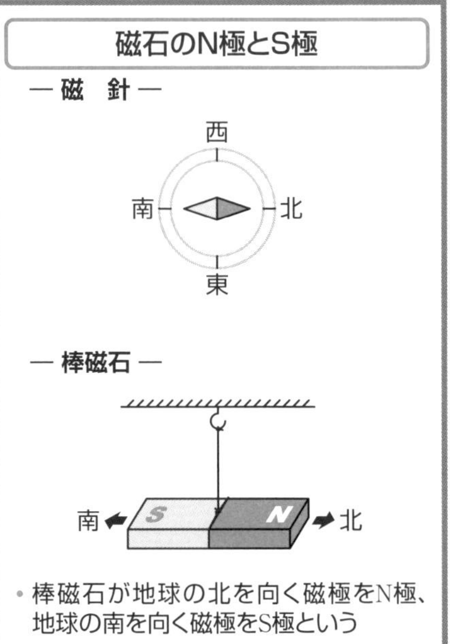

磁石の磁極が北を向くのがN極、南を向くのがS極である

★天然の磁鉄鉱という鉱石は、鉄を吸引する性質をもっており、このような性質を**磁性**といい、磁性による作用を**磁気**といいます。

磁気をもっている物質を**磁石**といい、鉄などに磁気を与えることを“**磁化する**”といいます。鉄、ニッケルなど磁化できる物質を**磁性体**といい、磁化がほとんど生じない物質を**非磁性体**といいます。

★棒磁石などで鉄粉を吸引させますと、鉄粉は棒磁石の両端に近い部分にだけ付着します。この部分を**磁極**といいます。

棒磁石の中央を糸で水平につるすと、一方の磁極は地球の“北”を向き、他方の磁極は地球の“南”を向いて静止します。

地球の“北”を向く棒磁石の磁極を北極（North pole）、その頭文字をとってN極といいます。また、地球の“南”を向く棒磁石の磁極を南極（South pole）、その頭文字をとってS極といいます。

棒磁石が南北を向いて静止するのは、地球そのものが大きな磁石だからです。

30 磁石は電子の自転で磁気をもつ

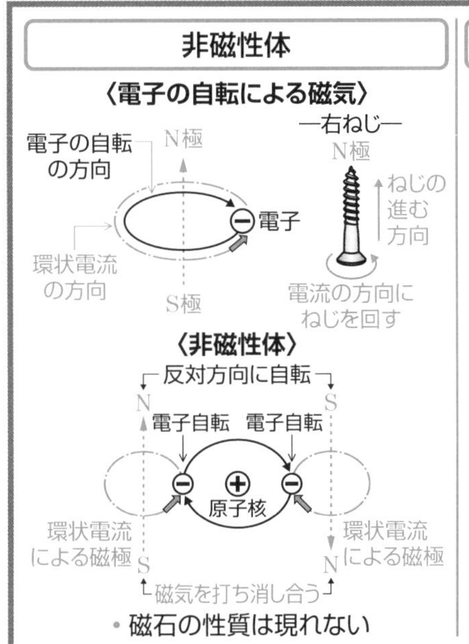

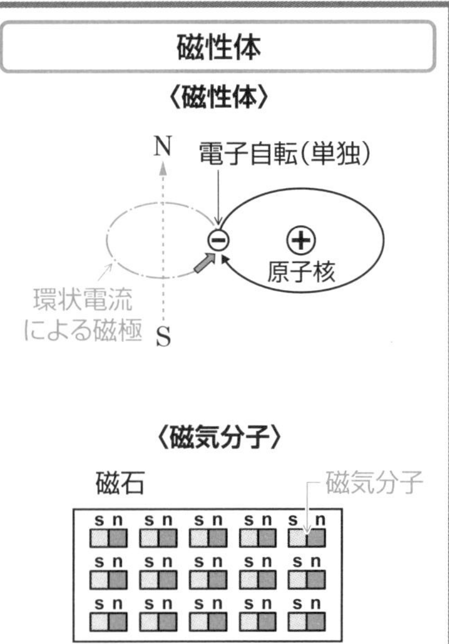

磁性体は電子の自転による環状電流の磁気作用で磁石になる

★物質は原子より構成され、原子は中心に原子核があり、原子核の周囲を電子が自転しながら回っています。

電子は負電荷をもって自転することにより逆方向に環状の電流が流れます。

環状の電流が流れると磁束（36項参照）が生じ、右ねじの法則（39項参照）により、環状電流の流れる方向に右ねじを回したとき、右ねじが進む方向にN極が生じ、反対側にS極が生じて、磁石の性質をもつようになります。

★通常の物質は、互いに逆向きに自転する電子が2個1組になって、原子核の周囲を回転しているので、互いに自転が逆であることから、それぞれ生ずるN極、S極が反対になり、磁気は互いに打ち消し合って磁石の性質は現れません。

これが非磁性体です。鉄、ニッケルなどの磁性体は、単独に電子が存在しているので、逆向きに自転する電子がなく、単独電子の自転による環状電流で、N極、S極を生ずることから、磁石の性質が現れるのです。

このような電子レベルの磁石を**磁気分子**といいます。

31 磁石の磁極間には力が働く

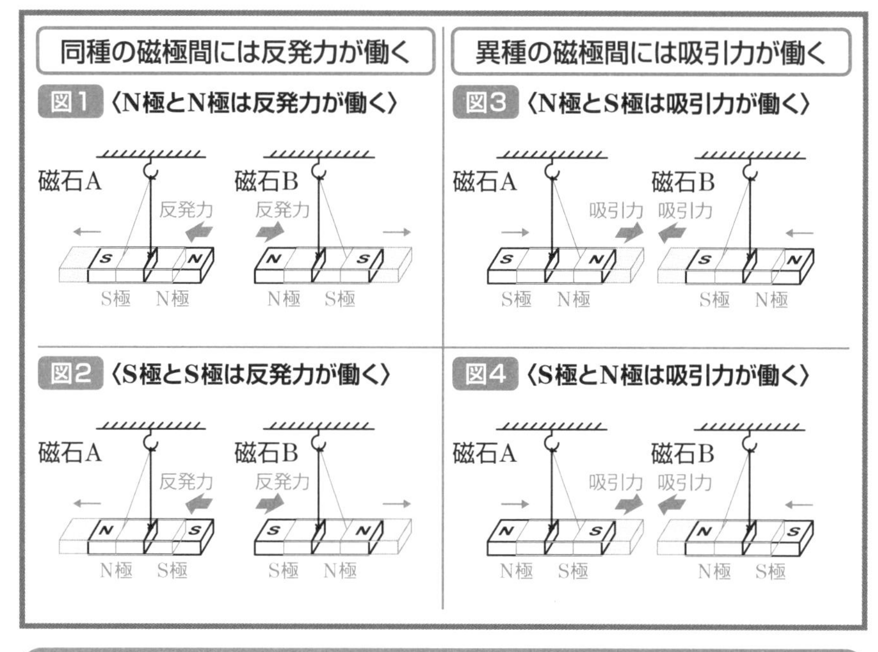

磁石の同種の磁極間には反発力、異種の磁極間には吸引力が働く

★二つの磁石Aと磁石BのそれぞれのN極同士を近づけると、お互いに反発力が働きます（図１）。

また磁石Aと磁石BのそれぞれのS極同士を近づけると、お互いに反発力が働きます（図２）。

これにより、同種の磁極間には反発力が働くことがわかります。

★次に磁石AのN極と磁石BのS極を近づけると、お互いに吸引力が働きます（図３）。

また、磁石AのS極と磁石BのN極を近づけると、お互いに吸引力が働きます（図４）。

このように、磁石の異種の磁極間には吸引力が働くことがわかります。

この磁石の磁極間に働く力を**磁気力**といいます。

32 磁気力に関するクーロンの法則

二つの磁極間に働く磁気力 ― クーロンの法則 ―

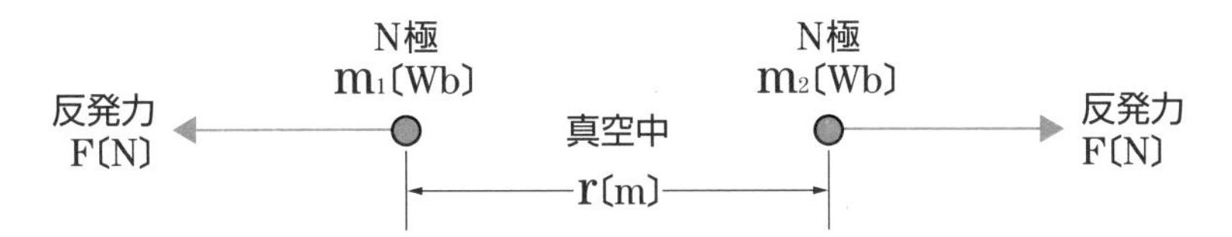

- 二つの磁極間に働く磁気力の方向は、両磁極間を結ぶ直線上にあり、磁極の強さをm_1〔Wb〕、m_2〔Wb〕、磁極間の距離をr〔m〕とすれば、真空中における磁気力の大きさF〔N〕は

$$F=\frac{1}{4\pi\mu_0}\cdot\frac{m_1\cdot m_2}{r^2}=\frac{1}{4\pi\times4\pi\times10^{-7}}\cdot\frac{m_1\cdot m_2}{r^2}$$

$$=\frac{1}{4\times3.14\times4\times3.14\times10^{-7}}\cdot\frac{m_1\cdot m_2}{r^2}\fallingdotseq6.33\times10^4\times\frac{m_1\cdot m_2}{r^2}〔N〕$$

- $\mu_0=4\pi\times10^{-7}$〔H/m〕

磁気力は磁極の強さの相乗積に比例し、その距離の2乗に反比例する

★フランスの科学者クーロンは、実験の結果、磁極間に働く力Fは、次のように表されることを証明しました。

“二つの磁極間に働く磁気力の方向は両磁極を結ぶ直線上にあり、磁気力の大きさは磁極の強さの相乗積に正比例し、磁極間の距離の2乗に反比例する”。

★これを**磁気に関するクーロンの法則**といい、次の式で表されます。

真空中に磁極の強さがm_1ウェーバ(Wb)、m_2ウェーバ〔Wb〕の二つの磁極をr〔m〕の距離を隔てて置いたとき、この二つの磁極間に働く磁気力F〔N〕は、比例定数をKとすれば　$F=K\frac{m_1\cdot m_2}{r^2}$〔N〕

空間が真空のときの比例定数Kは　$K=\frac{1}{4\pi\mu_0}$　μ_0は真空中の透磁率で

$\mu_0=4\pi\times10^{-7}$〔H/m〕です。$F=\frac{1}{4\pi\mu_0}\cdot\frac{m_1\cdot m_2}{r^2}\fallingdotseq6.33\times10^4\times\frac{m_1\cdot m_2}{r^2}$〔N〕

33 磁石は磁気誘導により鉄片を吸引する

磁気誘導が生ずる理由

〈普通の状態での鉄片〉

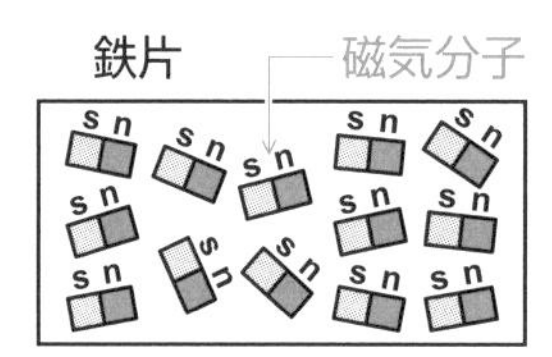

・鉄片中の磁気分子がばらばらの方向を向いているので、磁気分子のn極・s極が互いに打ち消し合って、外部に磁石の性質を現さない

〈磁石のN極を近づけたときの鉄片〉

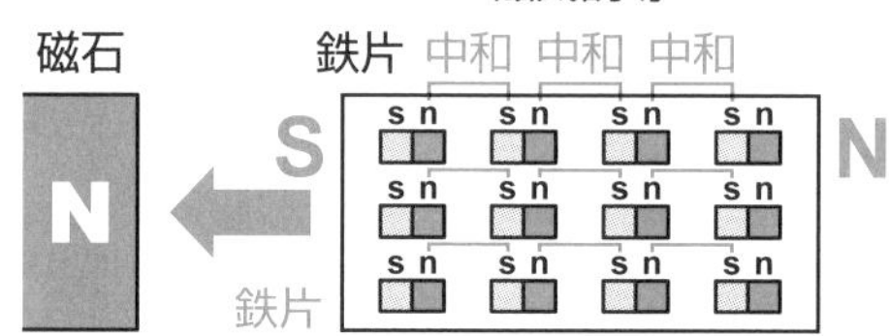

・磁石のN極との距離は、鉄片の磁気分子により合成されて生じたS極の方が、鉄片の磁気分子により合成されて生じたN極より近いので、磁石のN極と鉄片のS極の吸引力の方が、磁石のN極と鉄片のN極との反発力より大きいため、鉄片は磁石に吸引されます。

磁気誘導は鉄片（磁性体）内の磁気分子により生ずる

★鉄などの磁性体の原子は、単独の負電荷をもつ電子の自転による環状電流の磁気作用によって、n極、s極を生じることから、磁石の性質をもっており、これを**磁気分子**（30項参照）といいます。

普通の状態での磁性体は、磁気分子が各自ばらばらの方向を向いているので、各磁気分子のn極、s極は互いに打ち消し合って外部に磁石の性質を現しません。

鉄片に磁石のN極を近づけると、その磁気力で鉄片中のすべての磁気分子のs極が吸引され、磁石のN極に近い方に並び、また磁気分子のn極は反発されて、磁石のN極の遠い方に並びます。この現象を**磁気誘導**といいます。

鉄片の中間にある磁気分子のn極、s極は隣接しているので互いに中和されますが、鉄片の両端の磁気分子のn極、s極は中和する相手がないので、合成され鉄片に磁極としてN極、S極になります。この場合、鉄片の磁気分子により合成されて生じたS極はN極より磁石のN極に近いので、鉄片に生じたS極と磁石のN極との吸引力が、磁石のN極と鉄片のN極との反発力より大きいため、鉄片は磁石に吸引されます。

34 磁極の作用が及ぶ空間を磁界という

磁界の大きさと方向

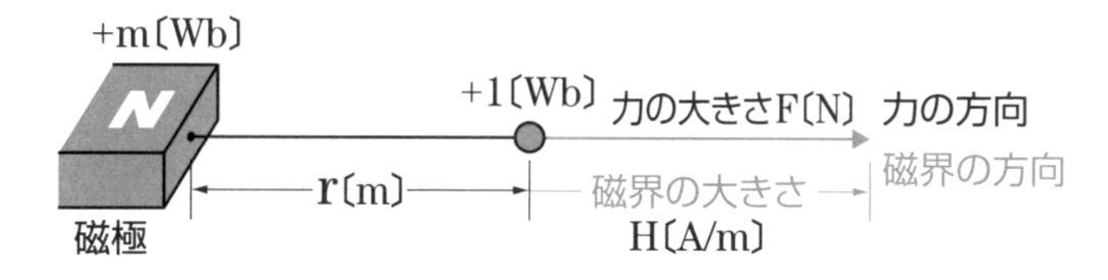

・クーロンの法則により、m〔Wb〕の磁極からr〔m〕離れた点に、置かれた+1〔Wb〕の単位正磁極に働く力F〔N〕は、真空中において

$$F=\frac{1}{4\pi\mu_0}\cdot\frac{m\times 1}{r^2}=\frac{1}{4\pi\mu_0}\cdot\frac{m}{r^2}\ \text{〔N〕}$$

力F〔N〕が、磁界の強さH〔A/m〕と定義されているので

$$\text{磁界の強さ}H=\frac{1}{4\pi\mu_0}\cdot\frac{m}{r^2}\fallingdotseq 6.33\times 10^4\frac{m}{r^2}\ \text{〔A/m〕}$$

磁界の強さは磁界中において+1〔Wb〕に働く力の大きさと方向をいう

★磁石の磁極が他の磁石の磁極と吸引または反発する作用は、磁石の磁極から離れた所まで及びます。この磁石の磁極の作用が及ぶ空間を**磁界**といいます。

磁石の磁極が他の磁極に働く力の大きさは、クーロンの法則によって、磁石の磁極に近いほど大きく、離れると小さくなります。

★そこで、磁界中の任意の点に単位正磁極、つまり+1〔Wb〕のN極を置いたときに作用する力の大きさを磁界の大きさとし、その力の方向を磁界の方向と定めます。

この+1〔Wb〕のN極に作用する力の大きさと方向を**磁界の強さ**といいます。

磁界の強さの量記号はH、単位はアンペア毎メートル〔A/m〕を用います。

磁界の強さH〔A/m〕の大きさは、m〔Wb〕の磁極からr〔m〕離れた真空中における+1〔Wb〕の磁極に及ぼす力F〔N〕ですからクーロンの法則により、力Fは

$F=\frac{1}{4\pi\mu_0}\cdot\frac{m\times 1}{r^2}=\frac{1}{4\pi\mu_0}\cdot\frac{m}{r^2}$〔N〕　です。この力Fの大きさが、磁界の強さ

H〔A/m〕の大きさですから　$H=\frac{1}{4\pi\mu_0}\cdot\frac{m}{r^2}$〔A/m〕　となります。

35 磁力線は磁界の大きさと方向を示す

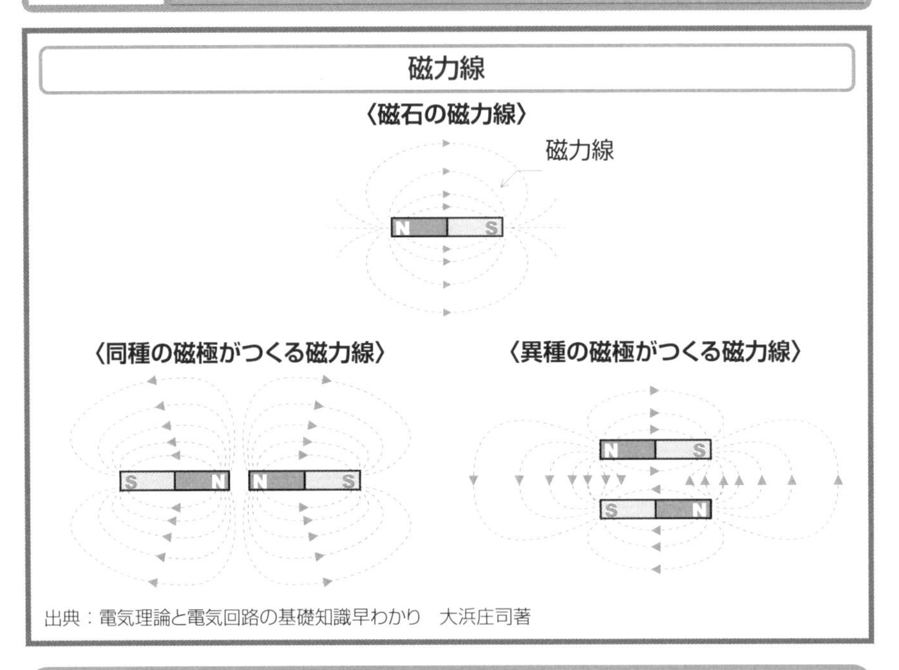

出典：電気理論と電気回路の基礎知識早わかり　大浜庄司著

磁力線はN極から出てS極に入る ―磁力線の性質―

★磁石のN極から出て磁界の方向に沿ってS極に入る線を仮想し、これを**磁力線**といいます。磁界の状態を表す磁力線は、次の性質があるものとします。

・磁気力の正の向きは、N極の受ける力の向きとするので、磁力線はN極から出てS極に入るものとします。

・磁力線の接線の方向が、その位置に磁石のN極を置いたときに受ける力の方向となるので、磁力線の接線の方向を磁界の方向とします。

・磁石の磁極の近くに別の磁石の磁極を置くと、磁気力は強く、遠いと弱いので、磁力線の密度（$1m^2$の面を通る磁力線数）を磁界の大きさとします。

・磁力線の交差点では、接続の方向が二つでき不合理なので、磁力線は互いに交差しないものとします。

・磁極同士は吸引し、反発したりするので、磁力線は縮もうとし、また、共に反発し合うものとします。

36 磁束は磁界の状態を示す

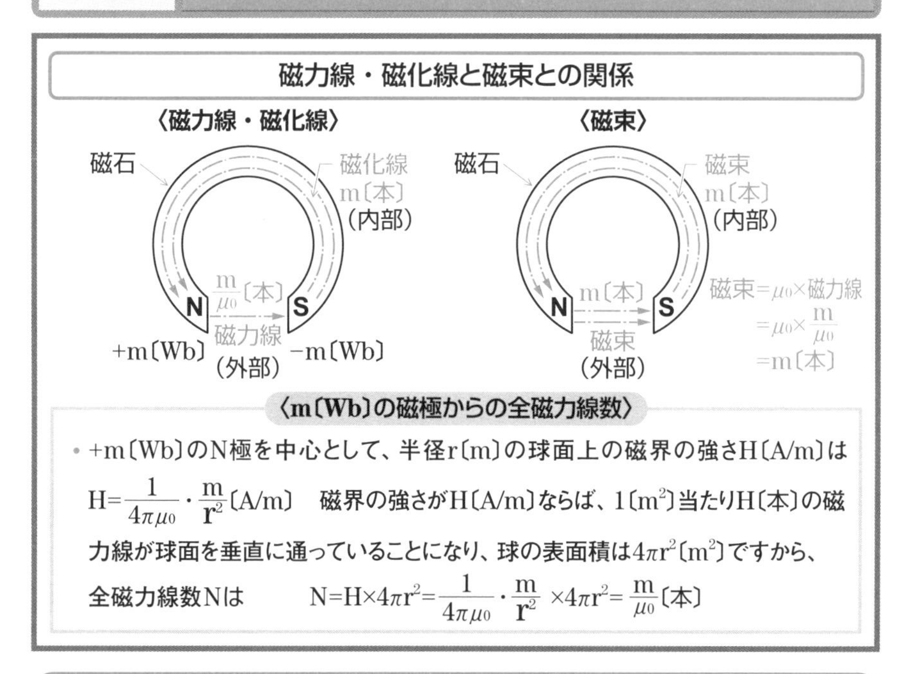

磁力線のμ_0倍を磁束とする

★磁極の強さがm〔Wb〕の磁石では、m/μ_0〔本〕の磁力線がN極から真空中に出て、S極に入ります（上図枠内参照）。

磁石の内部の磁化の大きさと方向を表すのを**磁化線**といい、磁石の内部において、m〔Wb〕の磁極ではm本の磁化線が、S極から出てN極に入るとされています。

したがって、m〔Wb〕の磁極をもつ磁石は、磁石内部のS極からm本の磁化線が出てN極に終わり、外部ではN極から真空中に向かってm/μ_0〔本〕の磁力線が出てS極に終わることになります。

そこで、磁石外部の磁力線の本数をμ_0倍すれば、内部の磁化線と同じ本数になり、1個の磁石の内部と外部で1周した環状線となります。

この環状線を**磁束**といい、量記号をΦ、単位はウェーバ〔Wb〕を用います。

〈MEMO〉

第4章 電流の磁気作用

37 電流が電線に流れると磁界を生じる

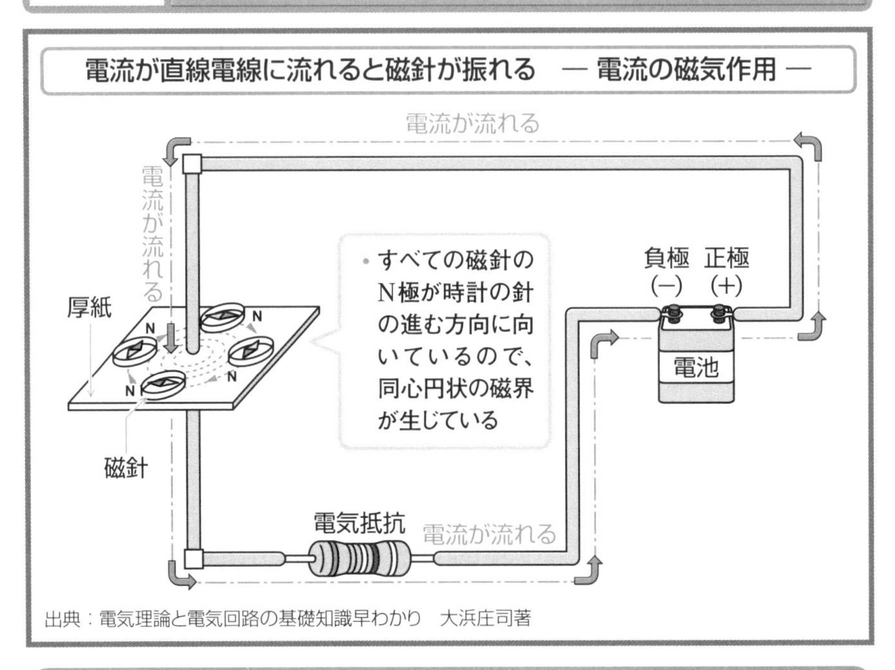

出典：電気理論と電気回路の基礎知識早わかり 大浜庄司著

電流が直線電線に流れると同心円状の磁界を生ずる

★デンマークの物理学者であるエルステッドは、電流が電線に流れると、電線の周囲に磁界が生じることを、実験により証明しました。

この現象を**電流の磁気作用**といいます。

★電流が電線に流れると電線の周囲にどのような磁界が生ずるのか調べてみます。

厚紙を水平に置き、その中央に電線を通し、電線の周囲４箇所に磁針を置きます。電流を電線の上から下に向かう方向に流すと、４箇所に置かれたすべての磁針のN極は、時計の針の進む方向に向きます。

また、この状態で電流の流す方向を電線の下から上と逆にすると、磁針のN極は時計の針の進む方向と反対に向きます。

★このように、電流を電線に流すことにより、磁針が振れるということは、電流が流れる周囲に電線（電流）と垂直な平面内に、電線を中心とした同心円状の磁界が生じていることを示しています。この電流により生ずる磁界は、先に記した磁石により生ずる磁界と同じ性質をもっています。

38 コイルに電流が流れると電磁石になる

1巻きのコイルおよび筒形コイルに生ずる磁束

図1 1巻きコイルに生ずる磁束　図2 筒形コイルに生ずる磁束

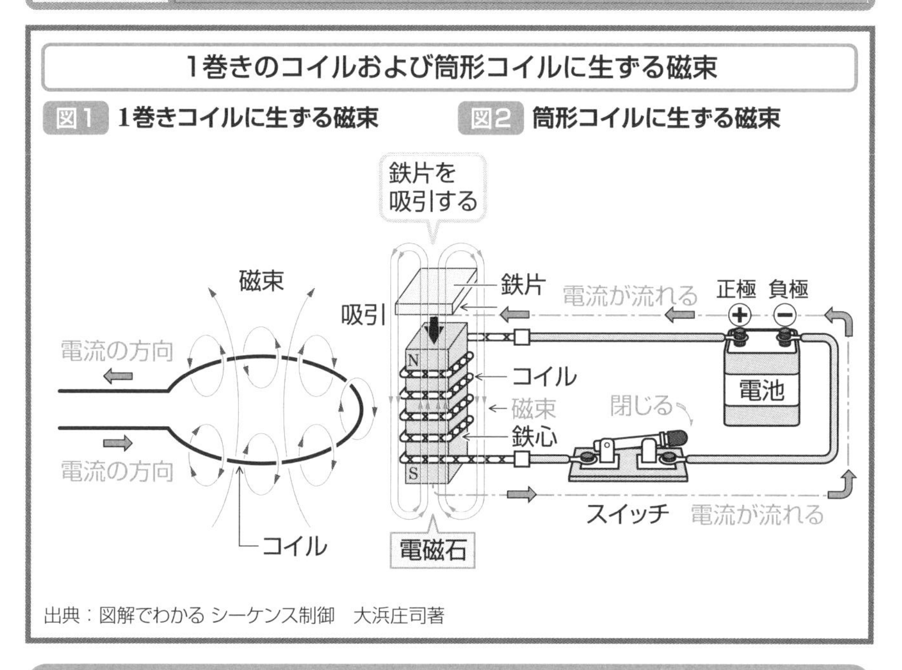

出典：図解でわかる シーケンス制御　大浜庄司著

筒形コイルに電流を流すと環状の磁束が生じる

★電線を環状に巻いたものを**コイル**といいます。

1巻きのコイルに電流を流すと、コイルの全周にわたって、電線を中心とした同心円状の磁界ができます。磁界の状態を磁束で示したのが図1です。

コイルの全周に生じている磁束の方向は、コイルの内側ですべて一致するので、合成され同じ方向に向かってコイル内を通ります。

★電線を密接に巻いて筒形のコイルとし、その中に鉄の棒（鉄心）を入れて、スイッチを介して電池につなぎます（図2）。

スイッチを閉じてコイルに電流を流すと、磁界の状態を示す磁束は、電線の1巻きごとに取り巻くことなく合成されて、コイルの一端から他端までの内側を通って、外部のコイル全部の電線を取り巻く環状の磁束となります。

★コイルの中の鉄の棒は、コイル中に生じた磁界によって磁化され、磁石になります。これを電流による磁石ということで**電磁石**といいます。

電磁石は、近くに置いた鉄片を吸引します。

39 直線電流に関する“右ねじの法則”・“右手の法則”

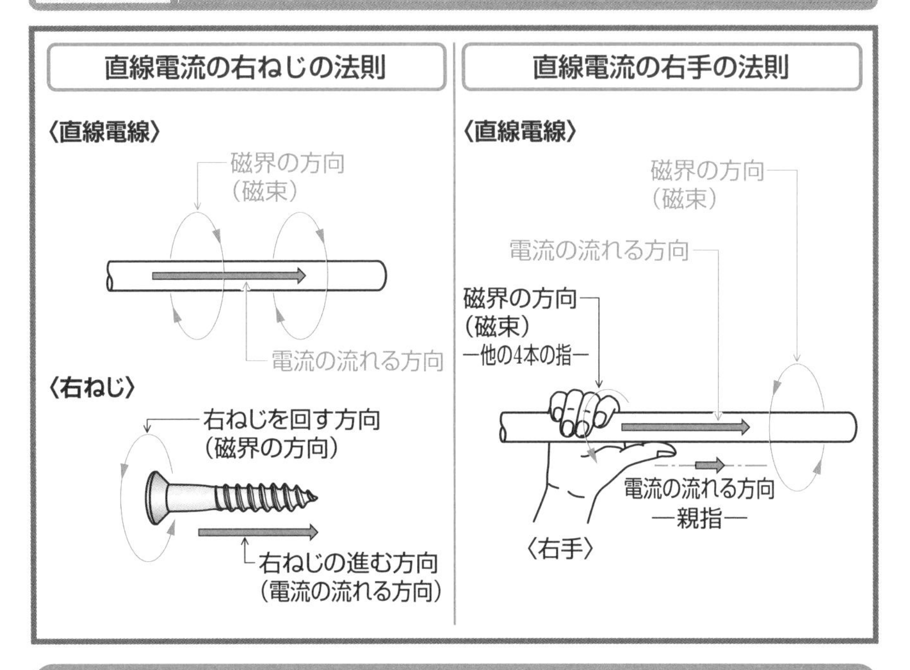

直線電流により生じる磁界の方向を知る

★電線に流れる電流の方向と、電流によって生ずる磁界の方向との関係を知るには、“右ねじの法則”と“右手の法則”があります。

★直線状の電線に流れる電流、つまり直線電流によって生ずる磁界の方向についての“**右ねじの法則**”は、次のとおりです。

“**直線電流が流れる方向に沿って右ねじを置き、直線電流の流れる方向を右ねじの進む方向とすれば、右ねじを回す方向が磁界（磁束）の方向になる**”ということです。

★直線電流によって生ずる磁界の方向についての“**右手の法則**”は、次のとおりです。

“**右手の親指を電流が流れる方向に向って直線電線を握ったとき、他の 4 本の指の向きが磁界の方向となる**”ということです。

40 コイルに関する“右ねじの法則”・“右手の法則”

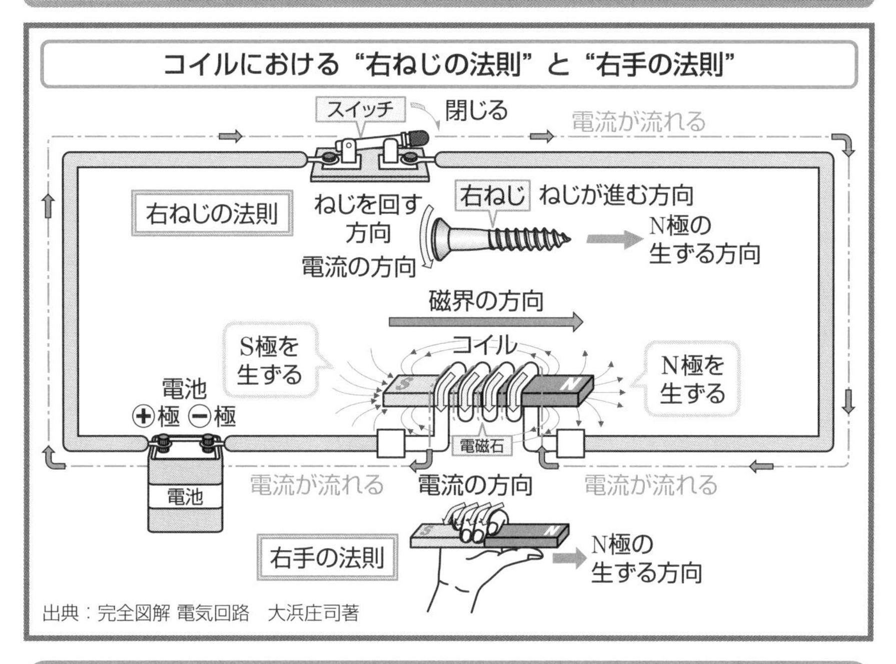

出典：完全図解 電気回路　大浜庄司著

コイルに流れる電流により生じる磁界の方向を知る

★１巻きのコイルまたは電線を密接して巻いた筒形のコイルに流れる電流によって生じる磁界の方向（N極の生じる方向）には、“右ねじの法則”と“右手の法則”があります。

★コイルに関する“**右ねじの法則**”は、次のとおりです。

“**コイルに流れる電流の方向に右ねじを回す向きを合わせると、右ねじの進む方向が、コイルの内部を通る磁界（N極）の方向となる**”ということです。

★コイルに関する“**右手の法則**”は、次のとおりです。

“**右手の親指と他の４本の指を直角にし、４本の指を電流が流れる方向に向けて握ったとき、親指の方向がコイルの内部を通る磁界（N極）の方向となる**”ということです。

41 磁界中の電線に電流が流れると力を生じる

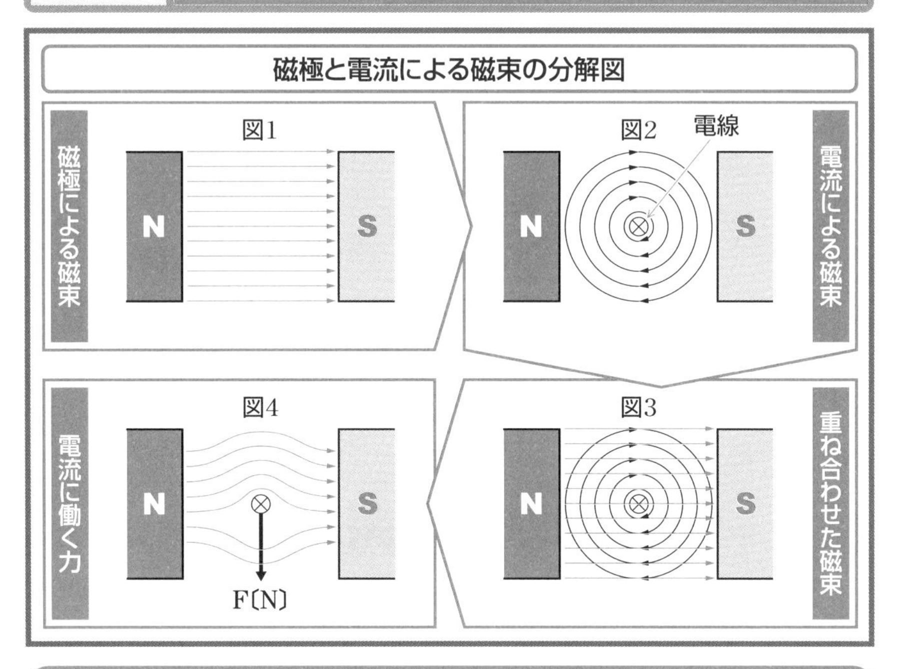

磁界中の電線に電流が流れると力が働くわけ

★磁界中に置いた電線に電流を流すと、電線には力が働きます。この力を**電磁力**といいます。

図１のように、磁石のN極とS極との間では、磁束がN極からS極に向かって通っています。

図２のように、電線の電流が手前から向こう側に向かって流れているとすれば、磁束は右ねじの法則により、時計の針が回る方向に同心円状に生じます。

図３のように、磁石の磁極による磁束と電流による磁束を重ね合わせると、電線の上側では磁極による磁束と電流による磁束が同方向ですので、合成すると図４のように磁束が密になります。また、電線の下側では、二つの磁束の方向が反対ですので、互いに打ち消し合って、磁束が疎になります。

これにより、図４のように磁束の密度が高い上側から磁束の密度が低い下側に向かって、電流は磁束の密度が均一になるように力を受けます。

この下方に向かう力が**電磁力**です。

42 フレミングの左手の法則

フレミングの左手の法則 ― 電磁力と電流・磁界との関係図 ―

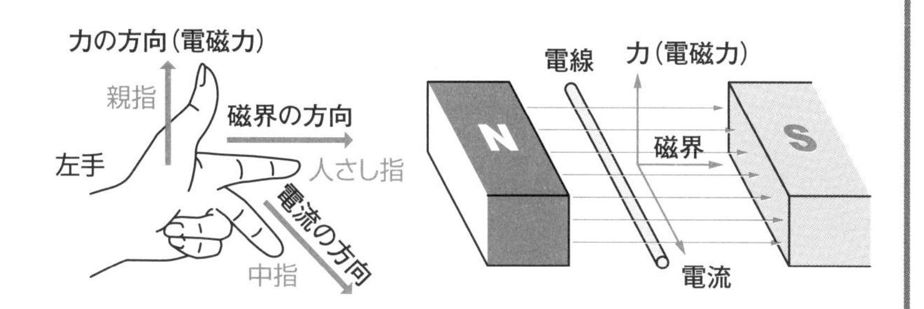

― フレミングの左手の法則の覚え方 ―

- ひだり(左)–りき(力)電磁力
  電(電流の方向):中指
  磁(磁界の方向):人さし指
  力(力の方向)　:親指

電磁力の方向を知るフレミングの左手の法則

★電流が磁界中を流れたとき、電流に電磁力が働きますが、この電磁力と電流の流れる方向および磁界の方向には一定の関係があります。

この関係を容易に知ることができるのが、フレミングの左手の法則です。

★**フレミングの左手の法則**とは

- 左手の中指は、伸ばしたまま指の付け根から手の平の方向へ直角に曲げて、電流の流れる方向に向けます。
- 人さし指は、真っすぐに伸ばして、磁界の方向に向けます。
- 親指は、中指と人さし指のそれぞれに直角に伸ばします。

この親指の指す方向が電流に働く力の方向となります。

フレミングの左手の法則の覚え方
- **ひだり**(左)―**りき**(力)電磁力
- **電**(電流の方向):中指
- **磁**(磁界の方向):人さし指
- **力**(力の方向)　:親指

〈MEMO〉

第5章

電磁誘導作用

43 電線が磁界中で動くと起電力が生じる

磁界中で電線が移動することによる電磁誘導作用の現象図

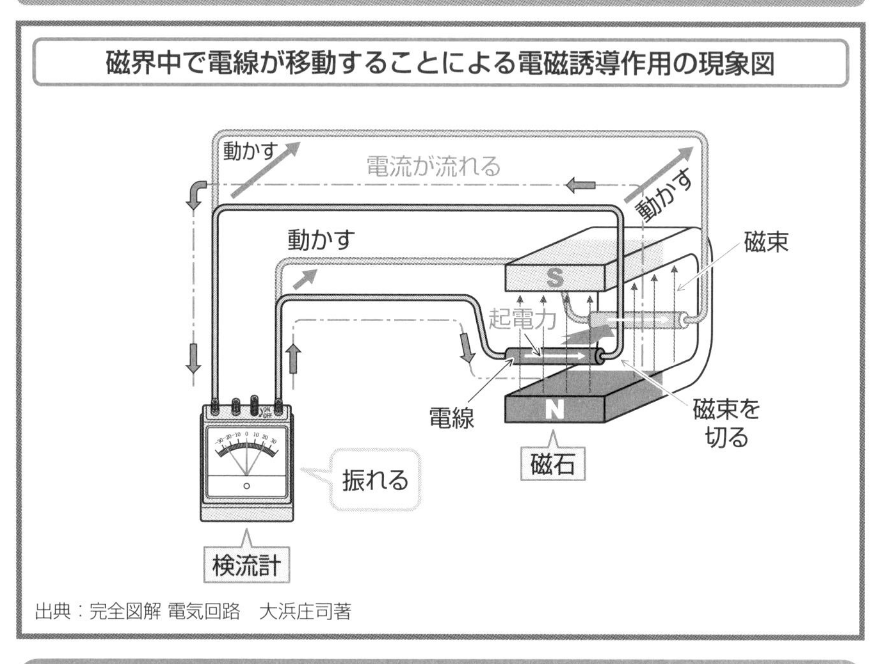

出典：完全図解 電気回路　大浜庄司著

電磁誘導作用は磁界中で電線に起電力を生ずる現象をいう

★磁界中で電線に電流を流すと、電線に電磁力という力が働きますが（41項参照）、これとは逆に磁界中で電線に力を加えて動かしますと、電線は磁束を切って起電力を誘導し電流が流れます。この現象を**電磁誘導作用**といいます。

★磁石のN極とS極による磁界中に電線を置いて、微小電流が測れる検流計を電線の両端につなぎます。

この状態で電線を前後に動かすと、検流計の指針が振れます。

この場合、電線を動かす方向を反対にすると、検流計の指針の振れも反対になり、電線を速く動かすと、検流計の指針は大きく振れます。

このように、検流計の指針が振れることで、電線を前後に動かすと、磁石のN極とS極による磁束を切ることによって、電線に起電力が誘導し、電流が流れたことがわかります。

この起電力を**誘導起電力**といい、流れる電流を**誘導電流**といいます。

44 コイルの鎖交磁束の変化により起電力を生じる

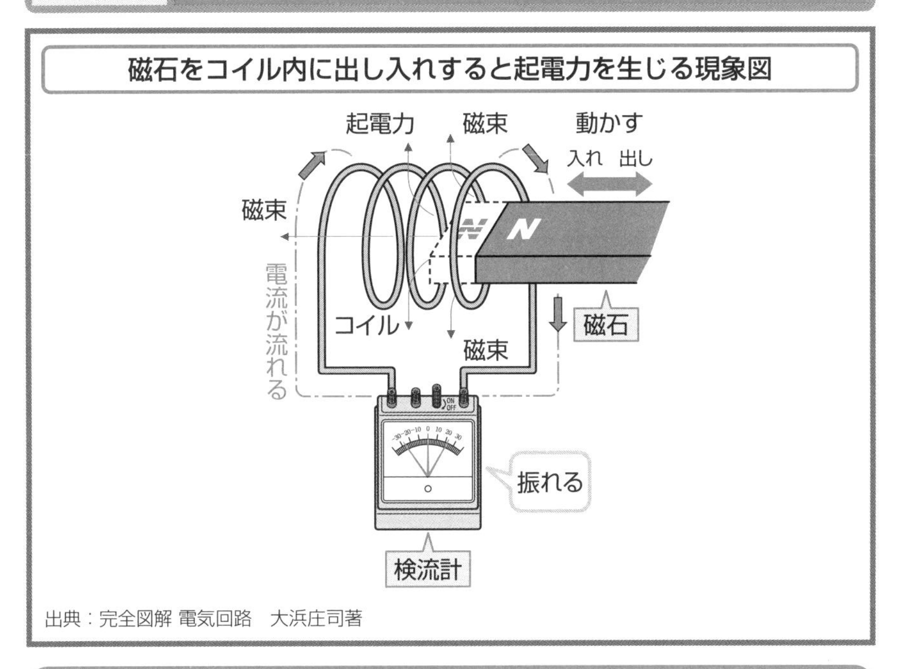

コイルの鎖交磁束の変化により起電力を生じるのも電磁誘導作用

★コイルの両端に微小電流が測れる検流計をつないで、磁石をコイルの内部に入れたり出したりすると、検流計の指針が振れ、コイルに起電力が誘導して電流が流れたことがわかります。

この場合、磁石をコイルに入れたり出したりする瞬間だけ検流計の指針が振れ、磁石を入れたときは出したときと指針が逆に振れます。磁石を静止させると指針は振れず、また、磁石を動かす速度を速くすると、検流計の指針は大きく振れます。

★このように、磁石を出し入れすることにより、コイル内の磁束鎖交数が変化して、起電力を誘起し電流が流れる現象も**電磁誘導作用**といいます。

鎖交とは、コイルと磁束が環状になって互いに鎖のように結び合っていることをいい、コイルの巻数と鎖交している磁束との相乗積を**磁束鎖交数**といいます。

この磁束鎖交数の変化により生ずる起電力も**誘導起電力**といい、流れる電流も**誘導電流**といいます。

45 誘導起電力の方向はレンツの法則による

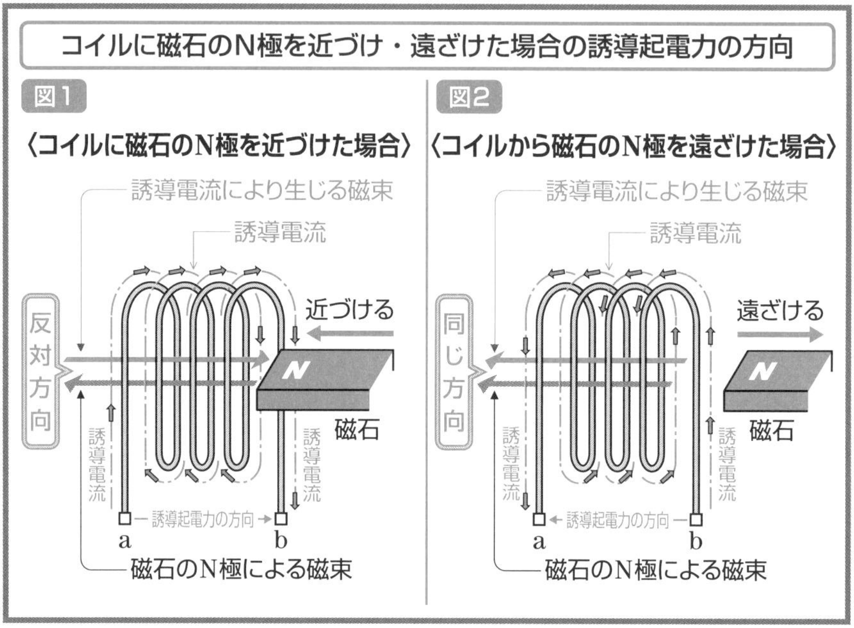

コイルに磁石のN極を近づけ・遠ざけた場合の誘導起電力の方向

図1

〈コイルに磁石のN極を近づけた場合〉

誘導電流により生じる磁束
誘導電流
近づける
反対方向
磁石
誘導電流
誘導電流
誘導起電力の方向
a
b
磁石のN極による磁束

図2

〈コイルから磁石のN極を遠ざけた場合〉

誘導電流により生じる磁束
誘導電流
遠ざける
同じ方向
磁石
誘導電流
誘導電流
誘導起電力の方向
a
b
磁石のN極による磁束

誘導起電力の向きは磁束の増減を妨げる方向に生じる ―レンツの法則―

★図１のようにコイルに磁石のN極を近づけると、コイル内の磁束は増えます。

この場合、電磁誘導作用によって生じる誘導起電力は、コイルのa端からb端に誘導電流が流れるように生じます。この誘導電流は、磁石のN極による磁束と反対方向の磁束を発生することから、鎖交する磁束の増加するという変化を妨げます。

★図２のようにコイルから磁石のN極を遠ざけるとコイル内の磁束は減ります。

この場合、電磁誘導作用によって生じる誘導起電力は、コイルのb端からa端に誘導電流が流れるように生じます。この誘導電流は、磁石のN極による磁束と同方向の磁束を発生することから、鎖交する磁束の減少するという変化を妨げます。

つまり“**電磁誘導作用によって生じる誘導起電力の向きは、その誘導電流のつくる磁束が、もとの磁束の増減を妨げる方向に生じる**”ということで、この現象をロシアの物理学者レンツが証明したので、**レンツの法則**といいます。

一般に作用反作用の法則といって、あるものに作用が働くとその作用を阻止しようとする反作用が生ずることからレンツの法則を**反作用の法則**ともいいます。

46 フレミングの右手の法則

フレミングの右手の法則 — 起電力・磁界・力との関係 —

図1

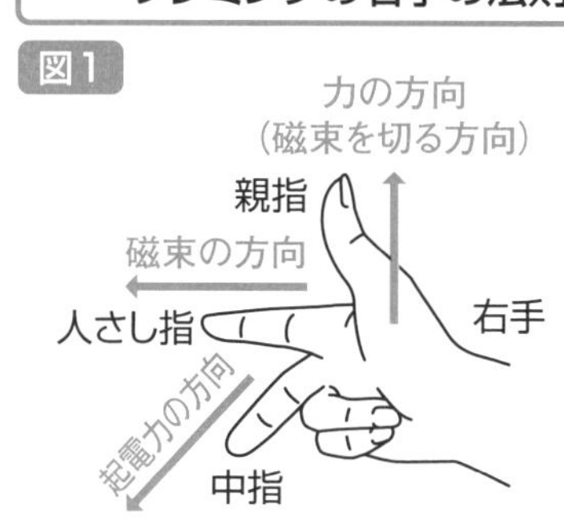

図2

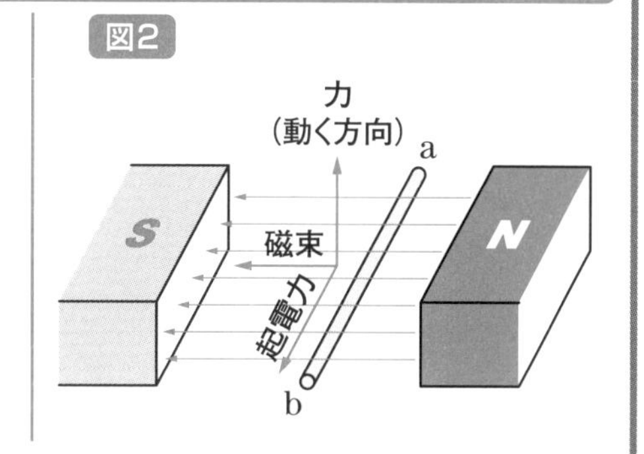

— フレミングの右手の法則の覚え方 —

- みぎ(右)-きでん(起電力)
  起(起電力の方向)　：中指
  磁(磁束の方向)　　：人さし指
  力(磁束を切る方向)：親指

起電力の方向を知るフレミングの右手の法則

★電磁誘導作用によって、コイルと鎖交する磁束が変化して誘導される起電力の方向は、レンツの法則により知ることができます（45項参照）。

電磁誘導作用によって、起電力が誘導される現象は同じですが、磁界中で直線電線が動いて磁束を切ることにより、直線電線に誘導される起電力（43項参照）の方向は、図1に示す“フレミングの右手の法則”により知ることができます。

★**フレミングの右手の法則**とは

“磁石のN極とS極との磁界中に電線を置き、右手の人さし指、親指、中指を互いに直角に曲げて、人さし指を磁束（N極からS極）の方向に、親指を電線の運動の方向に向けると、電線は磁束を切って、中指の方向に起電力を生じる”ということです。

図2のように、磁石のN極とS極による磁界中において、電線を上方に動かすと、フレミングの右手の法則により、電線のa端からb端の方向に起電力が誘導し、電流が流れます。

47 起電力の大きさを知る ファラデーの電磁誘導の法則

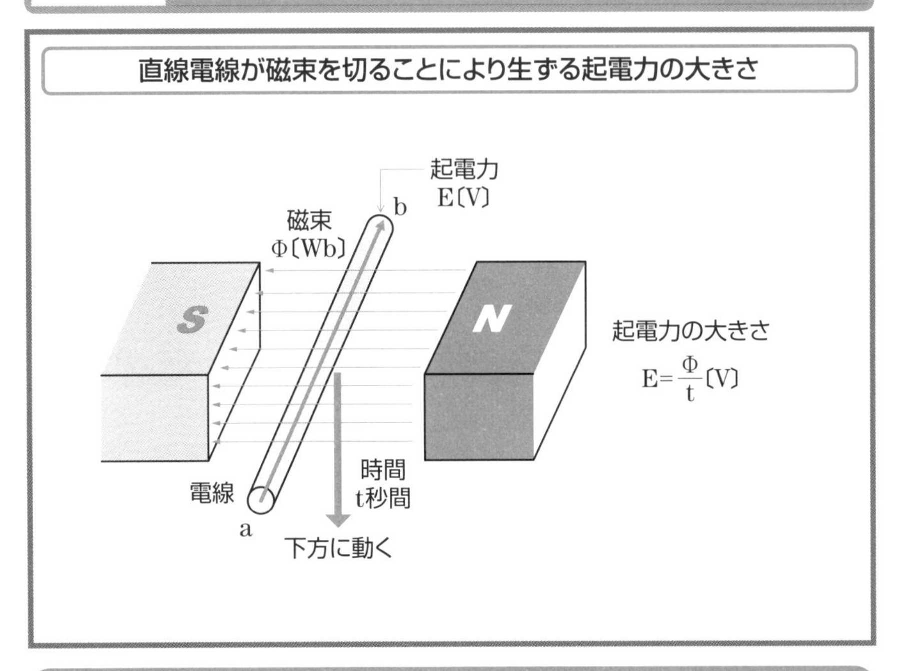

誘導起電力は磁束の時間に対する変化の割合に比例する

★電磁誘導作用によって誘導される起電力の大きさは、イギリスの物理学者ファラデーが実験によって証明した、次のような“**ファラデーの電磁誘導の法則**”があります。

“**電磁誘導によって回路に誘導される起電力は、その回路を貫く磁束の時間に対して変化する割合に比例する**”ということです。

★磁石のN極とS極の磁界中に直線電線abを置き、t秒間に一定の速度で下方に動いて、Φ〔Wb〕の磁束を切ったとすれば、誘導する起電力E〔V〕は

起電力$E=\dfrac{\Phi}{t}$〔V〕　となります。

この式から、運動する１本の電線が、１秒間に1〔Wb〕の磁束を切れば、1〔V〕の起電力が誘導するということです。

また、この場合、起電力はフレミングの右手の法則により、電線のa端からb端の方向に誘導し、電流が流れます。

48 コイルとの鎖交磁束数の変化による起電力の大きさ

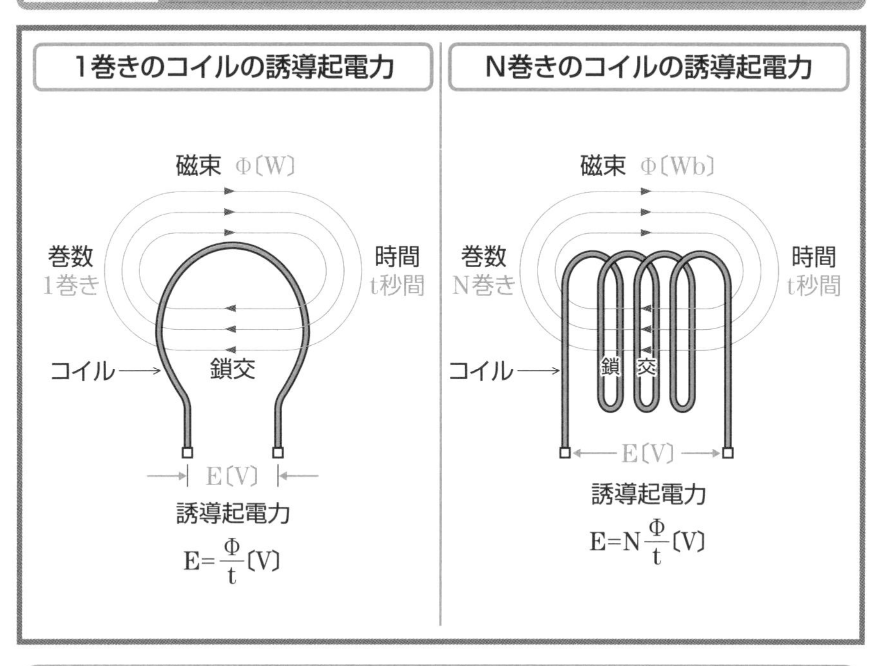

誘導起電力は毎秒の磁束鎖交数の変化に比例する

★電磁誘導作用によって誘導される起電力の大きさは、ファラデーの電磁誘導の法則（47項参照）により、回路を貫く磁束の時間に対して変化する割合に比例します。

★１巻きのコイルに一定の速さで、t秒間にΦ〔Wb〕の磁束が変化し貫いて鎖交したとすれば、誘導される起電力E〔V〕は

起電力$E=\frac{\Phi}{t}$〔V〕　となります。

つまり、１巻きのコイルを貫く磁束が１秒間に1〔Wb〕だけ変化して鎖交したとすれば、コイルには1〔V〕の起電力が誘導されるということです。

そこで、N巻きのコイルに磁束がt秒間にΦ〔Wb〕だけ変化して鎖交したとすれば、１巻のN倍の磁束が鎖交したことになるので、誘導起電力E〔V〕は

起電力$E=N\frac{\Phi}{t}$〔V〕　となります。

巻数Nと磁束Φとの積NΦは磁束鎖交数を示します。

〈MEMO〉

第6章

直流回路

49 電気回路の構成

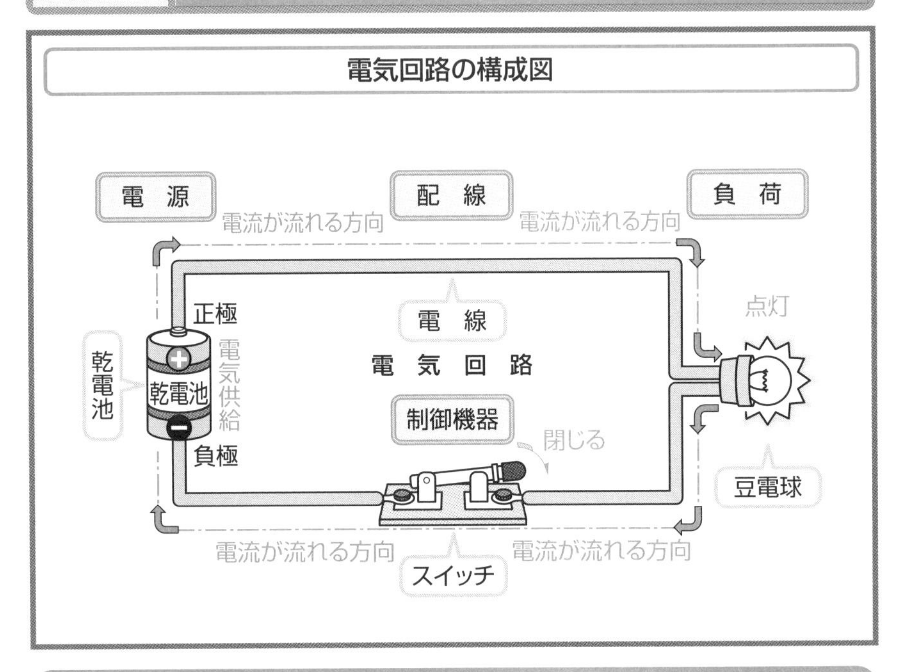

電気回路は電源・制御機器・配線・負荷で構成される

★乾電池に豆電球とスイッチを電線でつなぎ、スイッチを閉じると、電流が流れて、豆電球が点灯します。

このとき電流は、乾電池の正極から豆電球を通って、スイッチを経由し、乾電池の負極に向かって流れます。

乾電池内においては、電気化学作用による起電力（第23章参照）で、負極から正極に向かって、電流を流しますので、切れ目のない電気の通り路ができます。

★このように電流が専用に通る路を**電気回路**といいます。

電気回路において、乾電池のように電気を供給する源を**電源**といいます。

豆電球のように、電源から電気の供給を受けて光を出すという仕事をする機器を**負荷**といいます。

スイッチのように、電気を入り切りしてコントロールする機器を**制御機器**といいます。

各機器をつないで電流が流れる路をつくる電線を**配線**といいます。

50 電気回路には直流回路と交流回路がある

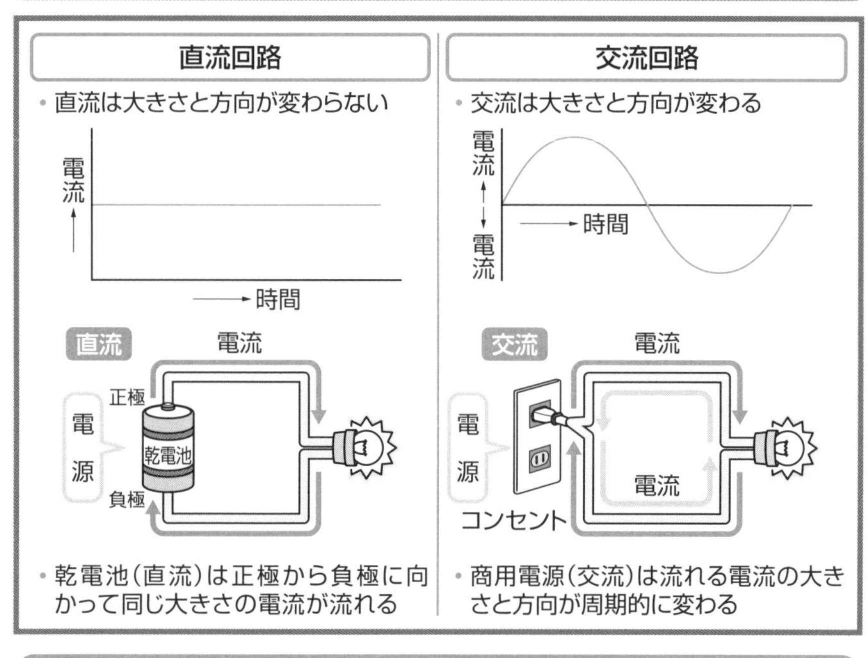

直流回路は直流を、交流回路は交流を電源とする

★電気は、自由電子の移動ですが、自由電子の移動のしかた、つまり電流の流れかたには、“直流”と“交流”の2種類があります。

★**直流**とは、時間に対して常に大きさが同じで、一定の方向に流れる電流をいい、“DC”(Direct Current)と呼称されています。

直流を得る例としては、電池(乾電池・蓄電池：第23章参照)があり、電池は正極から負極に向かって、同じ大きさ、方向の電流が流れます。

電気回路で、直流を電源とした回路を“**直流回路**”といいます。

★**交流**とは、時間に対して周期的に大きさと方向が変化する電流をいいます。

そして交流は、“AC”(Alternating Current)と呼称されています。

交流の電源としては、電力会社(一般送配電事業者)から需要家に供給される“商用電源”が該当します。

電気回路で交流を電源とした回路を“**交流回路**”(第7章・第8章参照)といいます。

51 電気回路では起電力と電圧降下が釣り合う

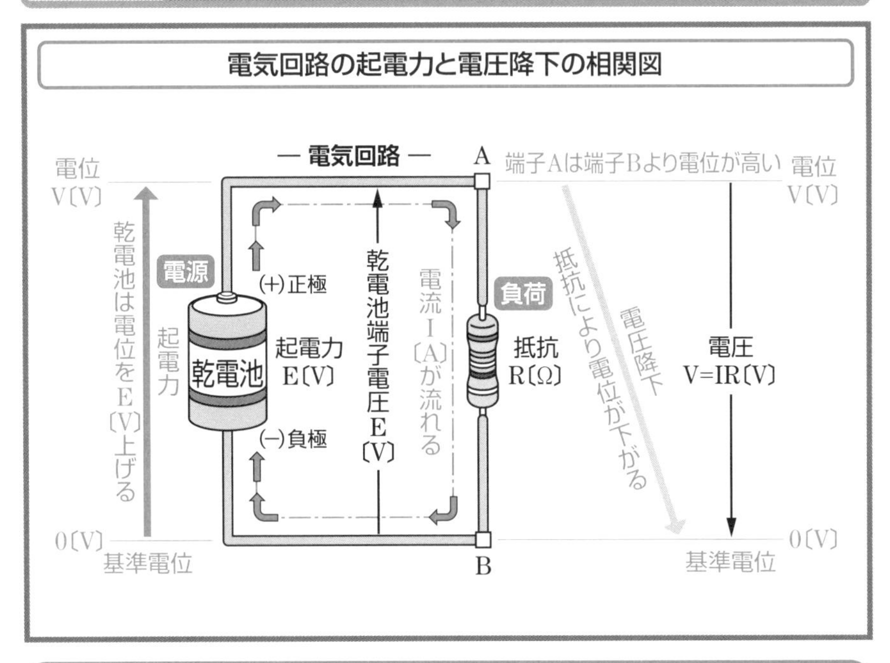

電源（乾電池）が電圧を上げ、負荷（抵抗）は電圧を降下する

★直流電源である乾電池の正極側端子Aに電気抵抗（以下、抵抗という）Rの端子一方を接続し、また乾電池の負極側端子Bに抵抗Rの端子他方を接続します。

乾電池は、電気化学作用で生じる起電力により電位を上げる働きがあります。

乾電池の起電力をE〔V〕とし乾電池の負極側端子Bを基準電位0〔V〕とすると、乾電池の正極側端子Aの電位は負極側端子BよりE〔V〕高くなります。

乾電池の正極側端子Aから、電流Iが抵抗Rを通って負極側端子Bに向けて流れると、オームの法則（24項参照）によりV＝RI〔V〕の電圧が生じます。

★電流は電位の高い点から電位の低い点に流れます（20項参照）。

したがって、電流Iは電位の高い端子Aから電位の低い端子Bに流れますので、抵抗の端子BはV〔V〕だけ端子Aより電位が下ったことになります。

このように抵抗Rに電流が流れると電位が下がることを、**電圧降下**といいます。乾電池が起電力により電圧をE〔V〕高くし、抵抗に電流が流れて電位をV〔V〕下げて両方の端子電圧を等しくすることで電気回路として電位の釣合いがとれているのです。

52 抵抗を直列接続した回路の合成抵抗

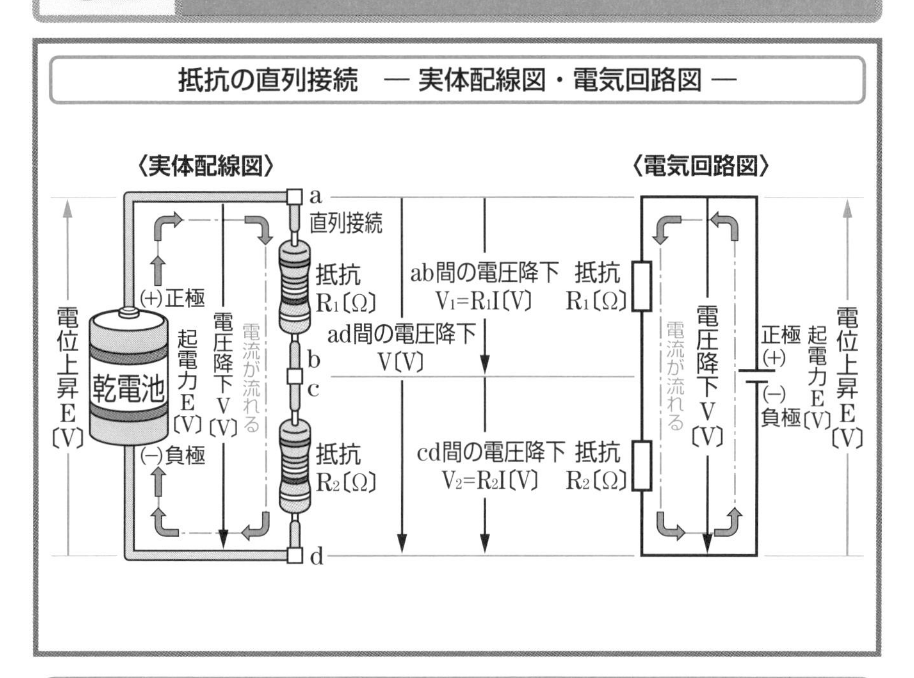

抵抗の直列接続の合成抵抗は各抵抗の和となる

★抵抗R_1の端子aを乾電池の正極に、端子bを抵抗R_2の端子cに、端子dを乾電池の負極に接続します。このように接続することを抵抗の**直列接続**といいます。

乾電池の起電力をE〔V〕とすれば電流Iは乾電池正極の抵抗R_1の電位の高い端子aから端子bに流れ、オームの法則による電圧降下V_1は　$V_1=R_1I$〔V〕となります。

抵抗R_2には、抵抗R_1と同じ電流Iが電位の高い端子cから端子dに流れますので、オームの法則による電圧降下V_2は　$V_2=R_2I$〔V〕となります。

★抵抗R_1と抵抗R_2による電圧降下V_1とV_2の和は、端子aから端子dの抵抗の直列接続全体の電圧降下Vになりますので、乾電池の起電力E〔V〕と等しく釣り合います。

$V=V_1+V_2$（各抵抗による電圧降下の和）

上式に　$V_1=R_1I$、$V_2=R_2I$　を代入すると

$$V=V_1+V_2=R_1I+R_2I=(R_1+R_2)I=RI$$

この式から$R=R_1+R_2$として、一つの抵抗Rに置き換えることができます。

この抵抗Rを**直列接続の合成抵抗**といいます。

53 抵抗の直列接続における電圧の“分圧の法則”

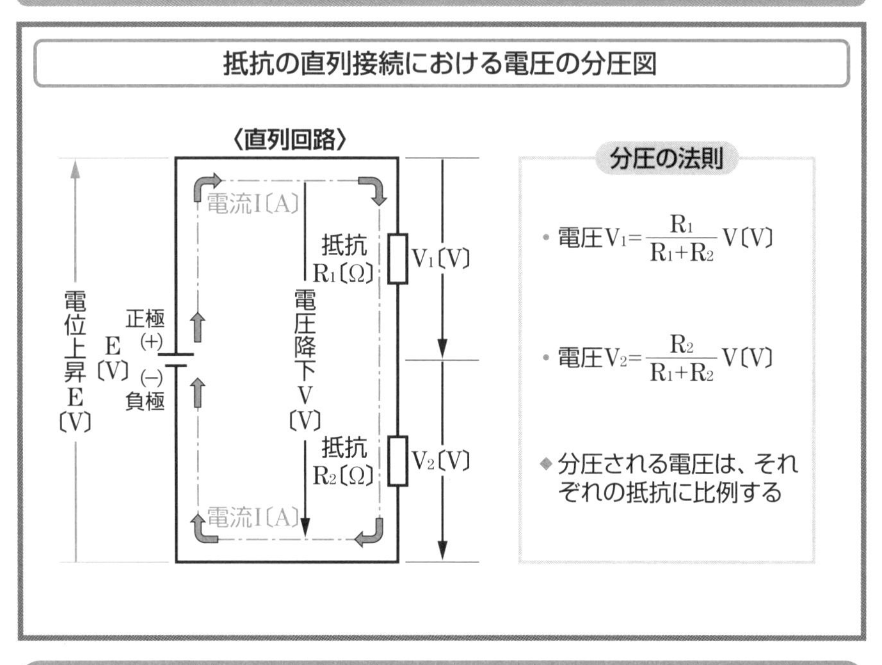

抵抗の直列接続における電圧は各抵抗に比例して分圧する

★起電力E〔V〕の乾電池に抵抗R_1とR_2を直列に接続した直列回路において、乾電池の起電力E〔V〕による電位上昇と、抵抗R_1とR_2による全体の電圧降下V〔V〕は等しくなります（51項参照）。

抵抗R_1とR_2の直列接続の合成抵抗Rは　$R=R_1+R_2$……(1)（52項参照）

全体の電圧降下をV〔V〕とすれば、回路に流れる電流Iは　$I=V/R$〔A〕

この式に(1)式を代入すると　$I=V/(R_1+R_2)$〔A〕……(2)

抵抗R_1による電圧降下V_1は　$V_1=R_1I$〔V〕　この式に(2)式を代入すると

$$V_1=R_1I=R_1\frac{V}{R_1+R_2}=\frac{R_1}{R_1+R_2}V〔V〕……(3)$$

抵抗R_2による電圧降下V_2は　$V_2=R_2I$〔V〕　この式に(2)式を代入すると

$$V_2=R_2I=R_2\frac{V}{R_1+R_2}=\frac{R_2}{R_1+R_2}V〔V〕……(4)$$

(3)式、(4)式を抵抗の直列接続における“**分圧の法則**”といいます。

54 抵抗を並列接続した回路の合成抵抗

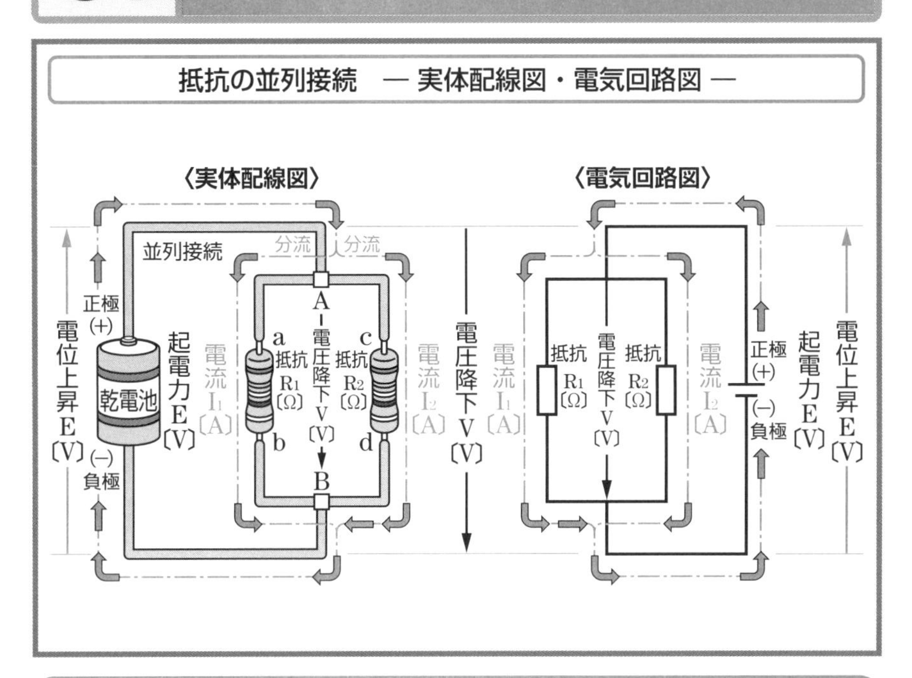

抵抗の並列接続の合成抵抗は各抵抗の逆数和分の１となる

★抵抗R_1の端子aと抵抗R_2の端子cを共に乾電池の正極の端子Aに、抵抗R_1の端子bと抵抗R_2の端子dを共に乾電池の負極の端子Bに接続し並列接続とします。

抵抗R_1とR_2による電圧降下V〔V〕は乾電池の起電力E〔V〕に等しいです。オームの法則により、抵抗R_1には$I_1=V/R_1$〔A〕、抵抗R_2には$I_2=V/R_2$〔A〕が流れます。

乾電池から供給される電流Iは、端子Aで抵抗R_1にI_1が、抵抗R_2にI_2が分流しているので、電流IはI_1とI_2の和になります。

$I=I_1+I_2$　この式に　$I_1=\dfrac{V}{R_1}$、$I_2=\dfrac{V}{R_2}$　を代入し

$I=I_1+I_2=\dfrac{V}{R_1}+\dfrac{V}{R_2}=\left(\dfrac{1}{R_1}+\dfrac{1}{R_2}\right)V=\dfrac{1}{R}V$　とすると

$\dfrac{1}{R}=\dfrac{1}{R_1}+\dfrac{1}{R_2}$　となり　この式を変形すると　$R=\dfrac{1}{\dfrac{1}{R_1}+\dfrac{1}{R_2}}$　となります。

この抵抗Rを**並列接続の合成抵抗**といいます。

55 抵抗の並列接続における電流の"分流の法則"

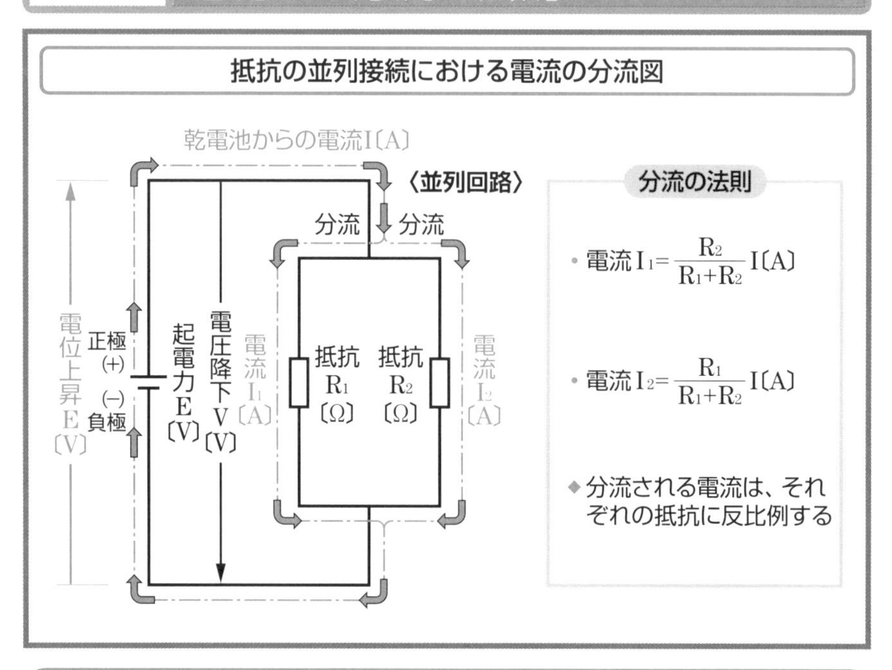

抵抗の並列接続における電流は各抵抗に反比例して流れる

★乾電池に抵抗R_1とR_2を並列に接続すると、抵抗R_1とR_2との両端に生ずる電圧降下V〔V〕は、それぞれ乾電池の起電力E〔V〕に等しいです（51項参照）。

オームの法則により抵抗R_1では$V=R_1I_1$〔V〕、抵抗R_2では$V=R_2I_2$〔V〕ですので

$V=R_1I_1=R_2I_2$　から　$R_1I_1=R_2I_2$……(1)　となります。

乾電池からの電流Iは電流I_1と電流I_2の和です。　$I=I_1+I_2$……(2)

(2)式から　$I_2=I-I_1$　となり　(1)式に代入すると　$R_1I_1=R_2(I-I_1)$

$$R_1I_1=R_2I-R_2I_1 \rightarrow (R_1+R_2)I_1=R_2I \quad \text{電流}I_1=\frac{R_2}{R_1+R_2}I〔A〕$$

(2)式から　$I_1=I-I_2$　となり　(1)式に代入すると、$R_1(I-I_2)=R_2I_2$

$$R_1I-R_1I_2=R_2I_2 \rightarrow R_1I=(R_1+R_2)I_2 \quad \text{電流}I_2=\frac{R_1}{R_1+R_2}I〔A〕$$

この電流$I_1=\frac{R_2}{R_1+R_2}I$〔A〕　電流$I_2=\frac{R_1}{R_1+R_2}I$〔A〕　を**分流の法則**といいます。

56 電気エネルギーがさせる仕事量を電力量という

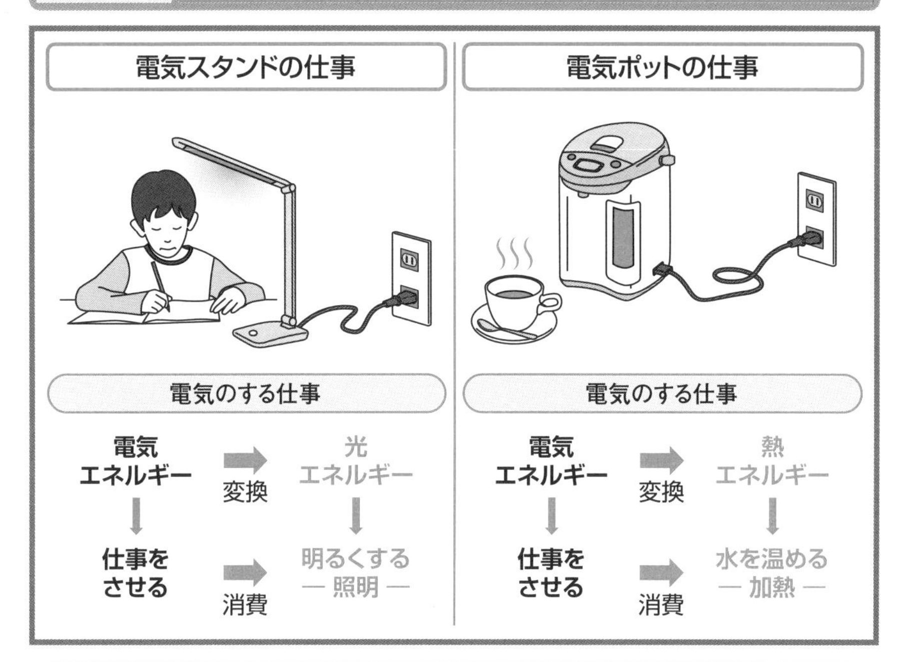

電気エネルギーはいろいろなエネルギーに変換し仕事をさせる

★電気スタンドのコードをコンセントに差し込み、スイッチを入れると、電流が流れて、電気スタンドは光を発生し明るくします。

これは、電気エネルギーが消費されて、光エネルギーに変換され、電気スタンドに照明（明るくする）という仕事をさせたことになります。

また、電気ポットに水を入れて、スイッチを投入すると、電流が流れて熱を発生し、電気ポットは水を加熱して湯を沸かします。

これは、電気エネルギーが消費されて、熱エネルギーに変換され、電気ポットに加熱（水を温める）という仕事をさせたことになります。

★**エネルギー**とは“他に対して仕事をさせる能力”をいいますので、電気エネルギーは、電気的負荷に対して仕事をさせる能力ということです。

電気エネルギーは電気的負荷（例：電気製品）に対して、どれだけの仕事をさせるかの量、つまり仕事量で表し、これを“**電力量**”といいます。

電力量の量記号はW、単位はワット・秒〔W・s〕またはジュール〔J〕を用います。

57 1秒間当たりの電力量を電力という

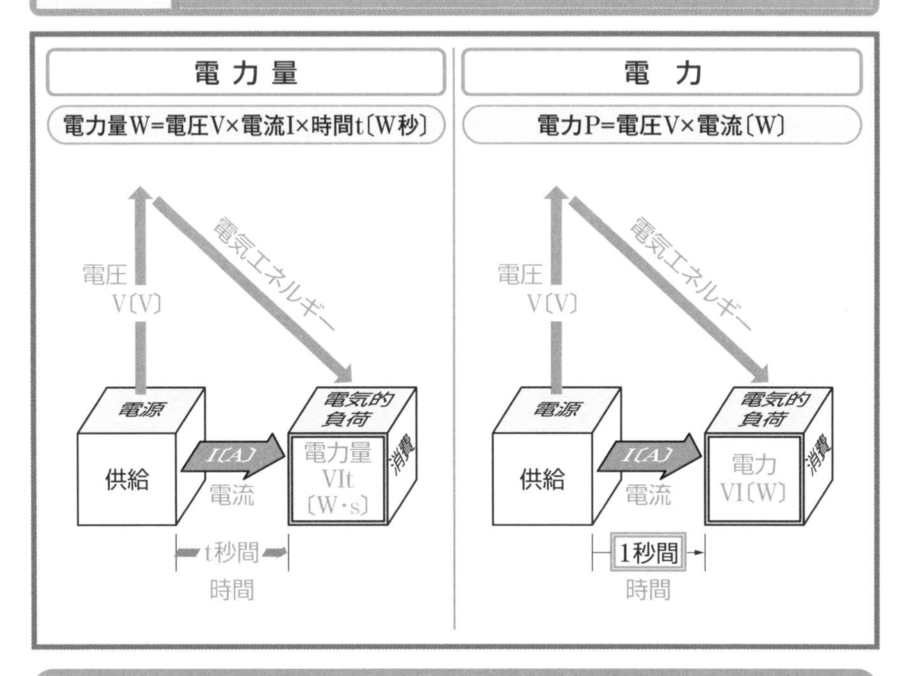

電力は電圧と電流との積、電力量は電力と時間との積である

★1ボルトの電位差（電圧）のところを、1クーロンの電気量が移動したときの仕事を1ワット・秒〔W・s〕または1ジュール〔J〕といいます。

そこで、電圧がVボルトのところをQクーロンの電気量が移動したときの仕事量、つまり、電力量Wは　**電力量**W＝**電圧**V×**電気量**Q〔W・s〕……（1）

1秒間に1クーロンの電気量が移動することを1アンペアの電流が流れるといいます（19項参照）。したがって、t秒間にIアンペアの電流が流れると移動する電気量Qクーロンは、**電気量**Q**＝電流**I×**時間**t〔クーロン〕

上式を（1）式に代入すると電力量Wは　W＝VQ＝VIt〔W・s〕

電力量W＝**電圧**V×**電流**I×**時間**t〔W・s〕

この電力量は、電気的負荷に供給され、その仕事をするために消費されます。

電力とは1秒間当たりの電力量をいい、量記号をP、単位はワット〔W〕です。

電力P＝電力量W／時間t＝VIt/t＝VI〔W〕→電力Pは電圧Vと電流Iの積となります。

電力P＝**電圧**V×**電流**I〔W〕

58 抵抗に消費される電力と電力量

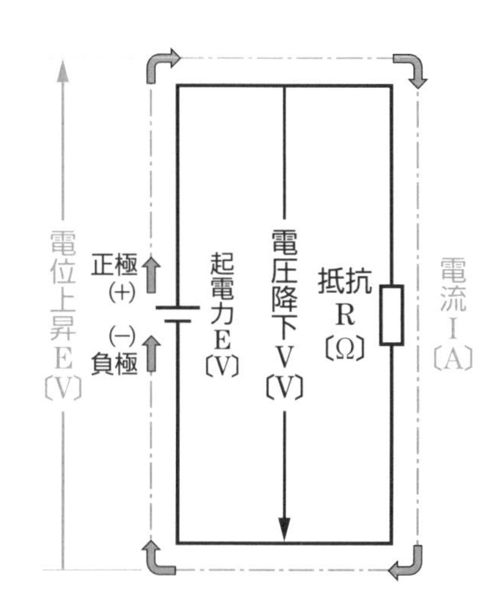

抵抗に消費される電力・電力量

- 電圧Vと電流Iとの関係

  電力P $=VI$〔W〕

  電力量W$=VIt$〔W・s〕

- 抵抗Rと電流Iとの関係

  電力P $=RI^2$〔W〕

  電力量W$=RI^2t$〔W・s〕

- 抵抗Rと電圧Vとの関係

  電力P $=\dfrac{V^2}{R}$〔W〕

  電力量W$=\dfrac{V^2}{R}t$〔W・s〕

抵抗に消費される電力・電力量と電圧・電流・抵抗との関係

★起電力E〔V〕の乾電池にR〔Ω〕の抵抗を接続すると、電流I〔A〕が流れ、オームの法則による電圧降下V〔V〕は、乾電池の起電力E〔V〕に等しいです。

抵抗R〔Ω〕に消費される電力P〔W〕は　$P=VI$〔W〕……（1）（57項参照）

また、オームの法則により電圧降下V〔V〕は　$V=RI$〔V〕……（2）

そして$I=V/R$〔A〕……（3）（1）式に（2）式を代入すると

電力P〔W〕は　$P=VI=RI\cdot I=RI^2$〔W〕（電力は電流の2乗に比例）

この電力P〔W〕を抵抗R〔Ω〕で、t秒〔s〕間消費したとすれば

電力量W〔W・s〕は　$W=P\times t=RI^2t$〔W・s〕（1）式に（3）式を代入すると

電力P〔W〕は　$P=VI=V\cdot\dfrac{V}{R}=\dfrac{V^2}{R}$〔W〕（電力は電圧の2乗に比例）

この電力P〔W〕を抵抗R〔Ω〕で、t秒〔s〕間消費したとすれば

電力量W〔W・s〕は　$W=P\times t=\dfrac{V^2}{R}t$〔W・s〕

〈MEMO〉

第7章

単相交流回路

59 電線が垂直に直線運動したときの誘導起電力

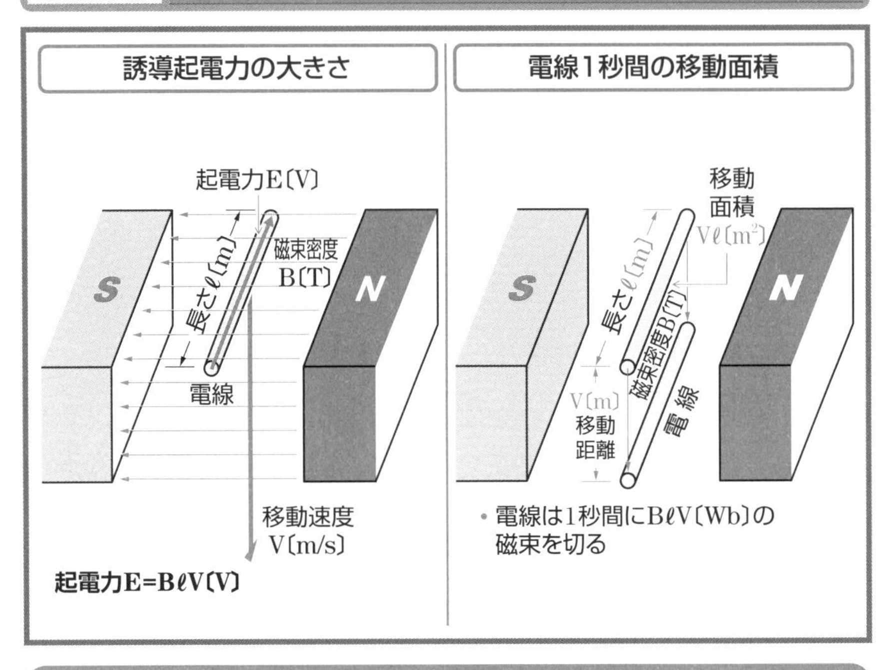

電線の垂直直線運動による誘導起電力はBℓV〔V〕である

★ファラデーの電磁誘導の法則（47項参照）から、電線がt秒間にΦ〔Wb〕の磁束を切れば、起電力E〔V〕は、磁束の時間に対して変化する割合ですから、起電力E〔V〕は　$E=\Phi/t$〔V〕　となります。つまり、１本の電線が運動して、１秒間に1〔Wb〕の磁束を切れば、1〔V〕の起電力が誘導します。

★磁束密度B〔T（テスラ）〕の磁界中に、長さℓ〔m〕の電線を磁束の方向（磁極Nから磁極Sの方向）と直角に置きます。

電線を下方にV〔m/s〕の一定速度で垂直に直線運動すれば、１秒間にV〔m〕動きますので、電線の移動面積は速度Vと長さℓの積Vℓ〔m²〕となります。

磁束密度B〔T（テスラ）〕とは、磁束が１〔m²〕当たり、B〔Wb〕あることですから、面積Vℓ〔m²〕では、磁束Φは　$\Phi=B\times V\ell(B\ell V)$〔Wb〕となります。

１秒間に1〔Wb〕の磁束を切れば、起電力が1〔V〕誘導するのですから、１秒間にBℓV〔Wb〕の磁束を切るならば、誘導起電力E〔V〕は

$E=B\ell V$〔V〕　となります。

60 電線が角度θで直線運動したときの誘導起電力

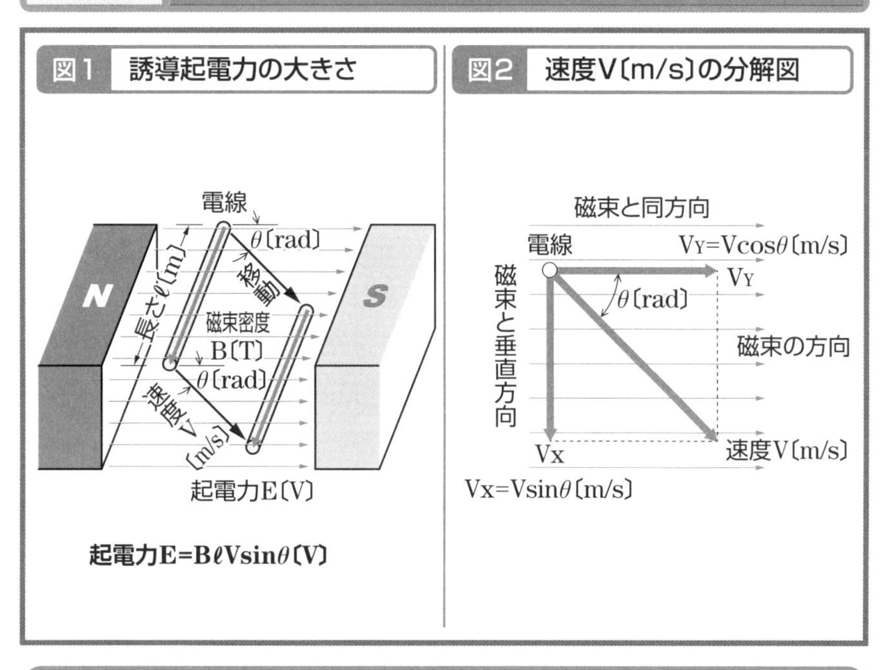

起電力Eは角度θのsin（正弦）に比例する

★図１のように、長さℓ〔m〕の電線が、速度V〔m/s〕で、磁束の方向に対して角度θ〔rad（ラジアン）〕で運動したとします。

速度V〔m/s〕は、図２のように、磁束と同方向で平行な速度V_Yと、磁束と垂直方向の速度V_Xに分解することができます。

速度V_Xと速度V_Yを三角関数を用いて表すと、次のようになります。

$V_X = V\sin\theta$〔m/s〕　　$V_Y = V\cos\theta$〔m/s〕

分解された速度$V_Y = V\cos\theta$は、磁束と同方向で平行ですから、磁束を切らないので、起電力は誘導しません。

それに対して、分解された速度$V_X = V\sin\theta$は、磁束を垂直方向に直角に切りますので、59項で説明した電線の垂直直線運動の場合と同じになります。

したがって、電線に誘導する起電力E〔V〕は

$E = B\ell V_X = B\ell V\sin\theta$〔V〕　となります。

誘導起電力E〔V〕は、角度θのsin（正弦）に比例します。

61 電線の回転運動による誘導起電力は BℓVsinθである

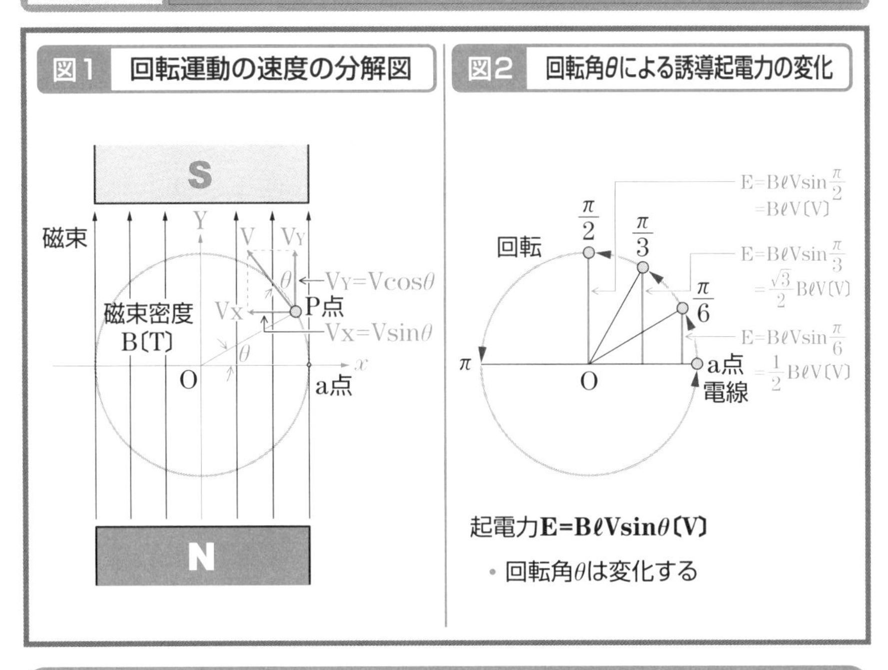

誘導起電力Eは回転角のsinθの値で変化する

★磁極Nから上方の磁極Sに向けての磁束密度B〔T（テスラ）〕の磁界内で、長さℓ〔m〕の電線がa点を起点として反時計方向に速度V〔m/s〕で回転するとします。

電線が回転角θ〔rad〕のP点に達した回転円の接線方向の速度V〔m/s〕を磁束の方向と同じ速度V_Yと磁束と直角方向の速度V_Xに分解します（図１）。

P点において角$\angle V_YPV$は回転角θ∠aOPと幾何学的に等しくなります。

したがって、磁束と同じ方向の速度$V_Y = V\cos\theta$は磁束を切らないので、起電力は誘導せず、磁束と直角方向の速度$V_X = V\sin\theta$は、60項で記した電線の角θでの直線運動と同じですので、起電力Eは　$E = B\ell V_X = B\ell V\sin\theta$〔V〕　です。

式の形は60項と同じですが、異なるのは電線が回転し、θが変わることです。

図２のように、回転角θがπ/6〔rad〕(30度）では　$\sin\pi/6 = 1/2$　ですから起電力Eは　$E = B\ell V\sin\pi/6 = 1/2B\ell V$〔V〕、回転角がπ/3〔rad〕(60度）では　$\sin\pi/3 = \sqrt{3}/2$ですから　起電力Eは　$E = B\ell V\sin\pi/3 = \sqrt{3}/2B\ell V$〔V〕、回転角がπ/2〔rad〕(90度）なら　$\sin\pi/2 = 1$ですから　起電力Eは　$E = B\ell V\sin\pi/2 = B\ell V$〔V〕　です。

62 電線の回転運動で正弦波交流起電力が誘導する

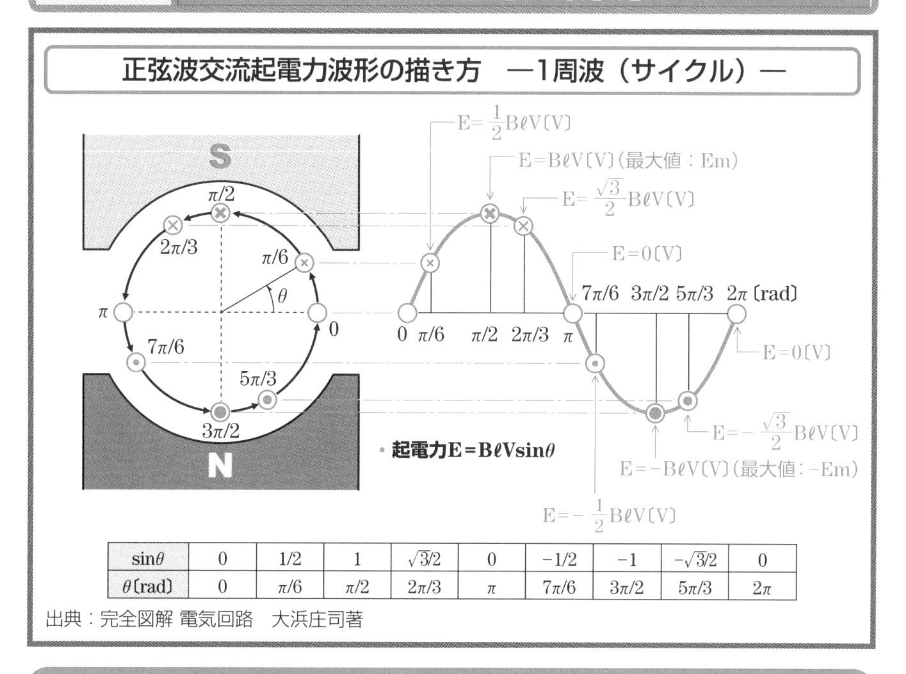

sinθ	0	1/2	1	$\sqrt{3}/2$	0	−1/2	−1	$-\sqrt{3}/2$	0
θ〔rad〕	0	π/6	π/2	2π/3	π	7π/6	3π/2	5π/3	2π

出典：完全図解 電気回路　大浜庄司著

回転角の変化による正弦波交流起電力の瞬時の値を瞬時値という

★長さℓ〔m〕の電線を磁束密度B〔T（テスラ）〕の平等磁界中を速度V〔m/s〕で、反時計方向に回転角θ〔rad〕で回転したときの誘導起電力e〔V〕は、61項に記したように

起電力e＝BℓVsinθ〔V〕　となります。

誘導起電力eは、電線の回転角と共に変わるので、その瞬間の値を**瞬時値**といい、小文字のeを量記号とします。

★電線の回転角θの変化を横軸にとり、誘導起電力の瞬時値eの変化が、回転角θごとに下ろした垂線の長さ、つまり、sinθの値となるので縦軸にとって、座標に移すと上図のようになります。回転角θに対する各点を曲線で結ぶと正弦sinθの波形となります。これを**正弦波交流起電力**といいます。

回転角がπ/2〔rad〕のとき起電力が正の最大（BℓV）となり、3π/2〔rad〕で負に最大（−BℓV）となるので、これを**最大値**Emといいます。

電線が１回転して生ずる正弦波交流起電力を**１周波**（サイクル）といい、１秒間に繰り返される周波の回数を**周波数**といい、量記号はf、単位はヘルツ〔Hz〕です。

63 交流電流の実効値は直流電流と同じ電力となる値をいう

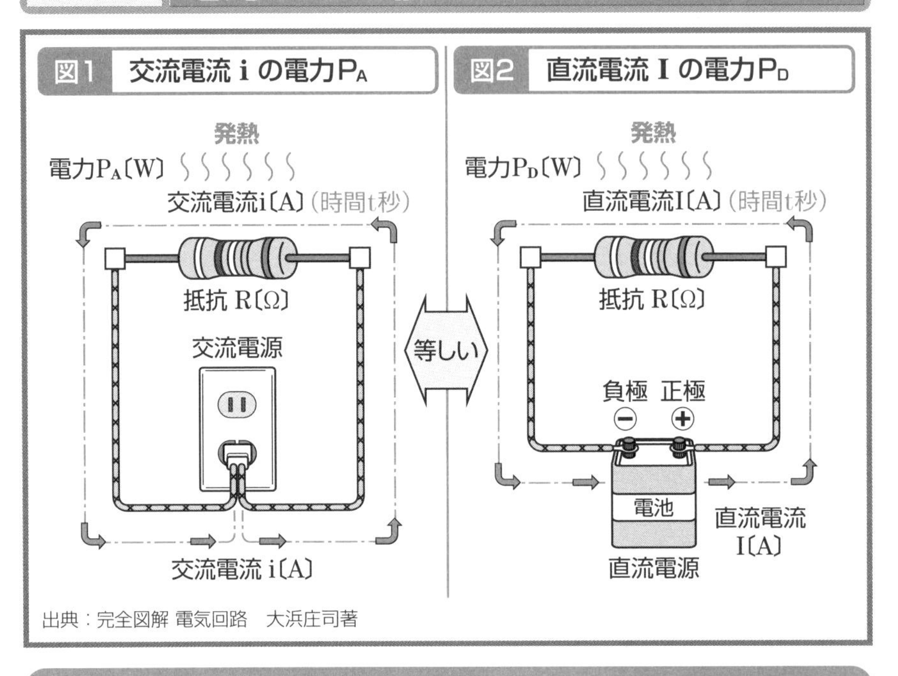

出典：完全図解 電気回路　大浜庄司著

交流電流の実効値は同じ電力となる直流電流の値をいう

★正弦波交流電流の瞬時値は、時間と共に変化するので、その大きさを一定の量として表したのが、**“交流の実効値”**です。

実効値は、ある交流の大きさを、その交流と同じ電力を出力する直流の値で表し、量記号は、起電力をE、電圧をV、電流をIと大文字を用います。

★正弦波交流電流の瞬時値$i = I_m \sin \omega t$を例とし、実効値について説明します。

（I_mは最大値を示し、ωは角速度といい、ωtは回転角θ〔rad〕を示す）

図１のように、正弦波交流電流の瞬時値i〔A〕を抵抗R〔Ω〕に時間t秒の間流したときの電力（正確には１周期にわたる時間の平均電力）が、図２のように、直流電流I〔A〕を抵抗R〔Ω〕に、時間t秒の間流したときの電力と等しくなったとき、直流電流Iの大きさを交流電流の瞬時値iの実効値といいます。つまり、交流電流iの実効値とは、交流の電力と直流の電力が等しいときの直流電流Iの値をいいます。

正弦波交流起電力の瞬時値eの実効値も、同様に交流の電力と直流の電力が等しいときの直流電圧Vの値をいいます。

64 正弦波交流電流の実効値は $I_m/\sqrt{2}$ である

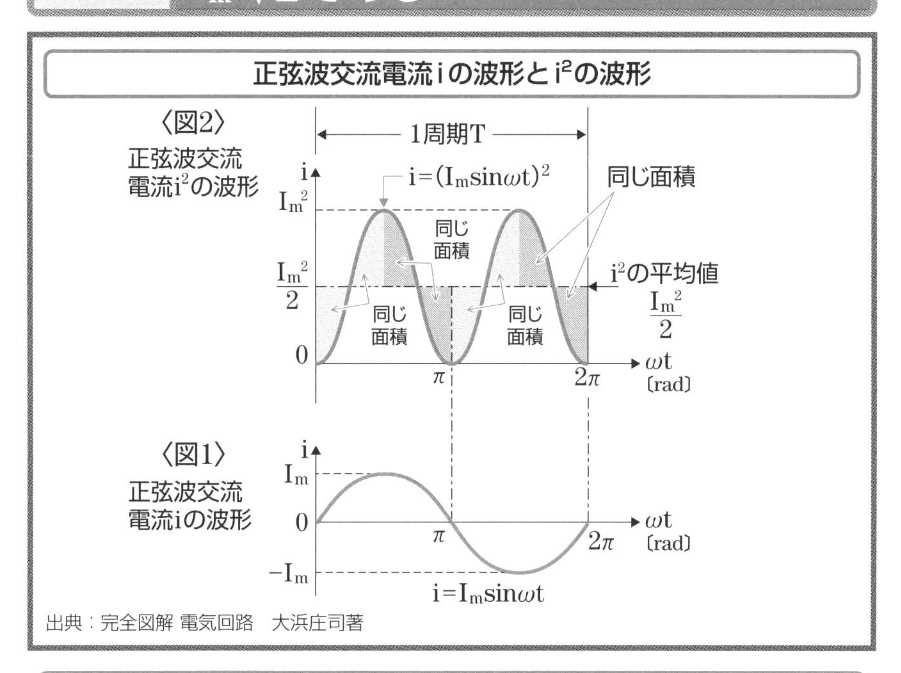

出典：完全図解 電気回路　大浜庄司著

正弦波交流電流の実効値は“2の平方根分の最大値”となる

★正弦波交流電流の瞬時値$i=I_m\sin\omega t$による電力P_Aは　$P_A=i^2R$〔W〕

瞬時値iは時間と共に変化するので、交流電力P_Aは“i^2の1周期の平均値”と抵抗Rとの積となります。　$P_A=$(i^2の1周期の平均値)×R〔W〕

直流電流I〔A〕と抵抗Rによる直流電力P_Dは　$P_D=I^2R$〔W〕(58項参照)

正弦波交流電流の実効値は、直流電流Iで、交流電力P_Aと直流電力P_Dは等しいですから（63項参照）　$I^2R=$(i^2の1周期の平均値)×R〔W〕

$I^2=$(i^2の1周期の平均値)　となります。したがって

正弦波交流電流の実効値Iは　$I=\sqrt{i^2\text{の1周期の平均値}}$〔A〕

$i=I_m\sin\omega t$　の波形は、図1のように正・負と変化していますが、iの負電流の2乗は、図2のように、正になります。

図2において、i^2の最大値はI_m^2であり、$I_m^2/2$の線の上部面積と下部面積が等しいことから、$I_m^2/2$の値がi^2の1周期の平均値となります。

したがって**実効値**$I=\sqrt{i^2\text{の1周期の平均値}}=\sqrt{I_m^2/2}=I_m/\sqrt{2}$〔A〕　です。

65 交流の抵抗回路

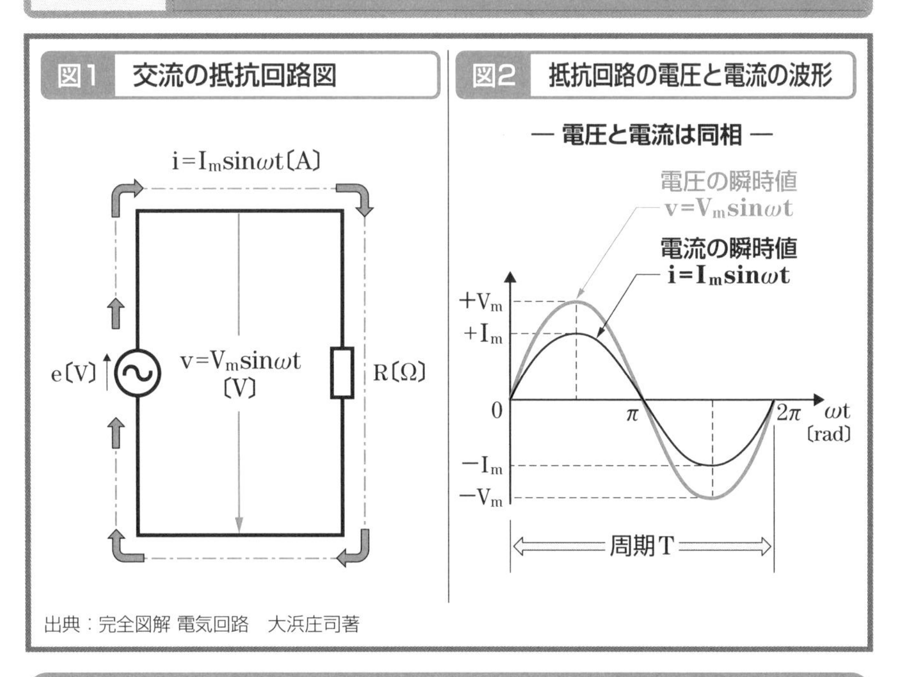

出典：完全図解 電気回路　大浜庄司著

交流の抵抗回路の電圧と電流は同相である

★図１のように、瞬時電圧e〔V〕の交流電源に抵抗R〔Ω〕を接続すると、瞬時に電流i〔A〕が流れ、抵抗R〔Ω〕の両端に瞬時の電圧降下v〔V〕が生じ、電源電圧e〔V〕と等しくなります（51項参照）。

$e=v=V_m\sin\omega t$〔V〕、抵抗R〔Ω〕に流れる瞬時電流i〔A〕は

オームの法則により　$i=\dfrac{v}{R}=\dfrac{V_m\sin\omega t}{R}=\dfrac{V_m}{R}\sin\omega t$〔A〕

瞬時電流iの最大値をI_mとすると、$I_m=V_m/R$ですから　$i=I_m\sin\omega t$〔A〕

抵抗R〔Ω〕の両端の電圧の実効値をV、電流の実効値をIとすると

$I=I_m/\sqrt{2}$（64項参照）、$I_m=\sqrt{2}I$　瞬時電流iは　$i=I_m\sin\omega t=\sqrt{2}I\sin\omega t$〔A〕

電圧の最大値V_mは、オームの法則により、$V_m=I_mR=\sqrt{2}IR$で

$V=IR$なので、$V_m=\sqrt{2}V$　瞬時電圧vは　$v=V_m\sin\omega t=\sqrt{2}V\sin\omega t$〔V〕

瞬時電圧v〔V〕と瞬時電流iは、図２のように、周期Tが2π〔rad〕で、それぞれの最大値V_m、I_mの位相差がない同相の波形となります。

66 コイルには自己インダクタンスがある

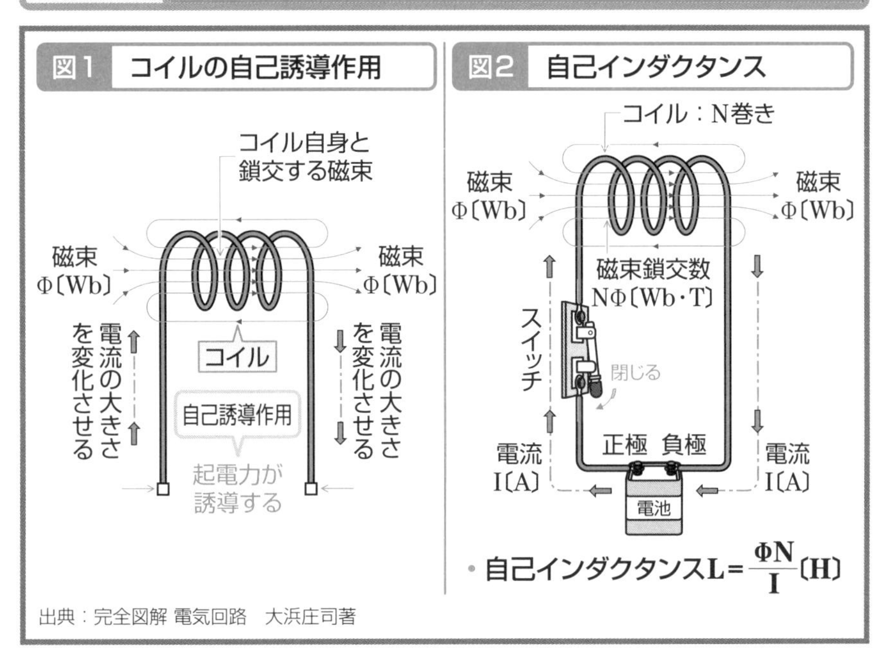

出典：完全図解 電気回路　大浜庄司著

コイル自身の磁束鎖交数の変化により起電力を誘導する ―自己誘導作用―

★図１のように、コイルに流れる電流が、時間と共に変化すれば、その発生する磁束もまた時間とともに変化します。この発生した磁束がコイル自身を切れば、磁束鎖交数の変化となり、**電磁誘導作用**（44項参照）によって、コイル内に起電力が誘導します。この現象を“**自己誘導作用**”といいます。

★図２のように、電池にスイッチを通してコイルをつなぎます。スイッチを閉じて、N巻きのコイルにI〔A〕の電流を流し、磁束がΦ〔Wb〕生じたとすれば、コイル自身の磁束鎖交数はNΦとなり、コイルに流れる電流Iに比例します。

$N\Phi \propto I$　比例定数をLとすれば　$N\Phi = LI$〔Wb・T（ターン）〕　となります。

したがって、比例定数Lは　$L = \frac{N\Phi}{I}$〔H〕　このLを

自己インダクタンスといい、量記号をH、単位はヘンリー〔H〕を用います。

つまり、ある回路に1〔A〕の電流を流したとき、その回路の磁束鎖交数がL(NΦ)〔Wb・T〕なら、自己インダクタンスは、L〔H〕であるということです。

67 交流のコイル回路

自己誘導起電力

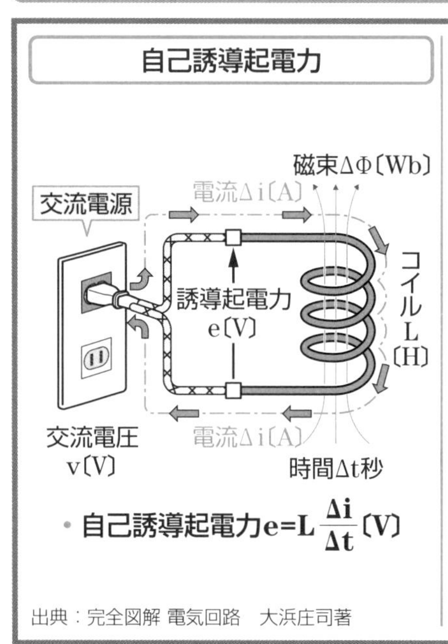

・自己誘導起電力$e=L\frac{\Delta i}{\Delta t}$〔V〕

出典：完全図解 電気回路　大浜庄司著

交流のコイル回路図

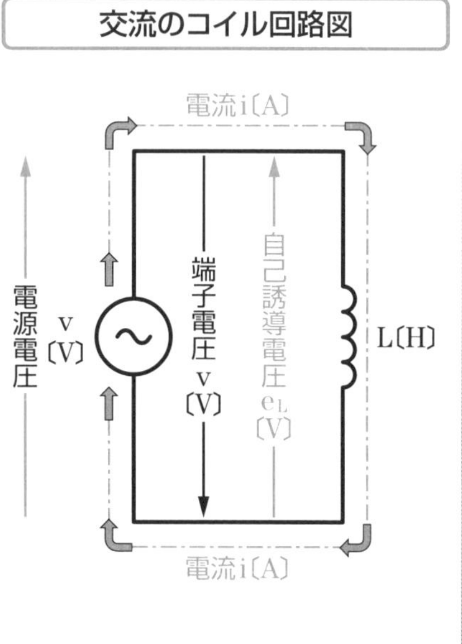

自己インダクタンスは電流の変化率により起電力を誘導する

★自己インダクタンスL〔H〕のN巻きのコイルに流れる電流がΔt秒間にΔi〔A〕増加することにより、磁束がΔΦ〔Wb〕増加したとします。

これにより、コイルと切り合う磁束鎖交数の変化量は、NΔΦ〔Wb・T〕となり、LΔi（66項参照）と等しくなります。　$N\Delta\Phi = L\Delta i$

自己インダクタンスL〔H〕のコイルに誘導される起電力e〔V〕は、ファラデーの電磁誘導の法則（48項参照）により

$$e = N\frac{\Delta\Phi}{\Delta t}〔V〕\quad そして\quad N\Phi = L\Delta i\quad から\quad e = N\frac{\Delta\Phi}{\Delta t} = L\frac{\Delta i}{\Delta t}〔V〕$$

自己誘導起電力e〔V〕＝**自己インダクタンス**〔H〕×**電流の変化率**〔A/s〕

コイルの自己インダクタンスLの電流変化率による自己誘導起電力e_Lは、レンツの法則（45項参照）により、磁束の増減を妨げる方向に生じるので、端子電圧、つまり電源電圧vと大きさが等しく方向が反対の逆起電力となり、電源電圧vと釣り合っています。

68 コイル回路の電流は電圧より π/2遅れる

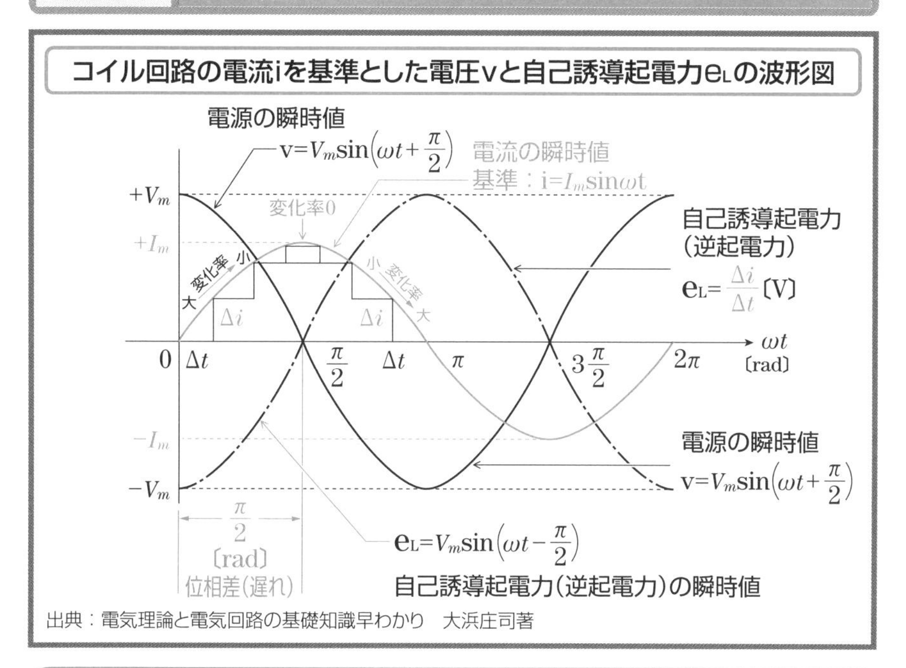

出典：電気理論と電気回路の基礎知識早わかり　大浜庄司著

コイル回路の電流が電圧より位相がπ/2遅れる理由

★コイルに流れる瞬時電流i（$i=I_m\sin\omega t$）を基準にして、電源の瞬時電圧vとコイルに生じる自己誘導起電力（逆起電力）e_Lを上図に示します。

瞬時電流iは0〔rad〕のときが時間に対する電流の変化率（67項参照）が最も大きいので、自己誘導起電力e_Lは負の方向に最大となり、瞬時電流iが正の方向に増加するに従って電流の変化率は小さくなって自己誘導起電力e_Lも小さくなります。

瞬時電流iはπ/2〔rad〕で最大となりますが、電流の変化率は0なので、自己誘導起電力e_Lも0となり、瞬時電流iはπ/2〔rad〕から減少するに従って、電流の変化率は大きくなり、π〔rad〕で自己誘導起電力e_Lは正の方向に最大となります。

自己誘導起電力e_Lは、レンツの法則により電源の瞬時電圧vと、その大きさは等しく方向が反対となることから、0〔rad〕で自己誘導起電力e_Lは負の最大値$-V_m$ですので、電源の瞬時電圧vは0〔rad〕で正の最大値$+V_m$になります。

瞬時電流iは、この後のπ/2〔rad〕で正の最大値$+I_m$になっていますので、瞬時電流iは電源の瞬時電圧vよりπ/2〔rad〕遅れています。

69 コンデンサの充電・放電

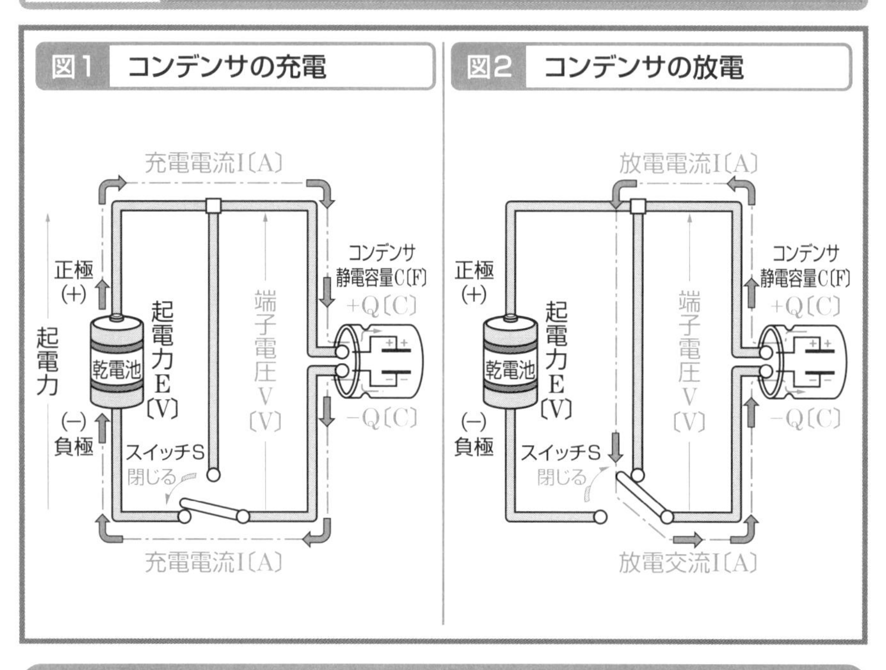

コンデンサは電圧の変化率により充電電流が流れる

★起電力E〔V〕の乾電池にスイッチSを介して、静電容量C〔F〕のコンデンサを接続します。

図1のように、スイッチSを閉じると、コンデンサには電気量Q〔C〕が蓄えられます。端子電圧V〔V〕と蓄えられる電気量Q〔C〕には

Q＝CV〔C〕　の関係があります（10項参照）。

電流Iは1秒間当たりの電気量の移動（19項参照）であり、また流れる電流Iは

$I=\frac{Q}{t}$〔A〕　そして　Q＝CV　ですから　$I=\frac{Q}{t}=C\frac{V}{t}$〔A〕　となります。

流れる電流I〔A〕＝**静電容量**C〔F〕×**電圧の変化率**〔V/s〕

このコンデンサに電荷を供給する電流を**充電電流**といいます。充電電流によりコンデンサの両端の電圧が上昇し乾電池の起電力と等しくなると流れが止まります。

図2のようにスイッチを閉じるとコンデンサに蓄えた電荷が充電電流と反対方向に流れ電荷がなくなると止まります。この電荷の移動を**放電電流**といいます。

70 交流のコンデンサ回路

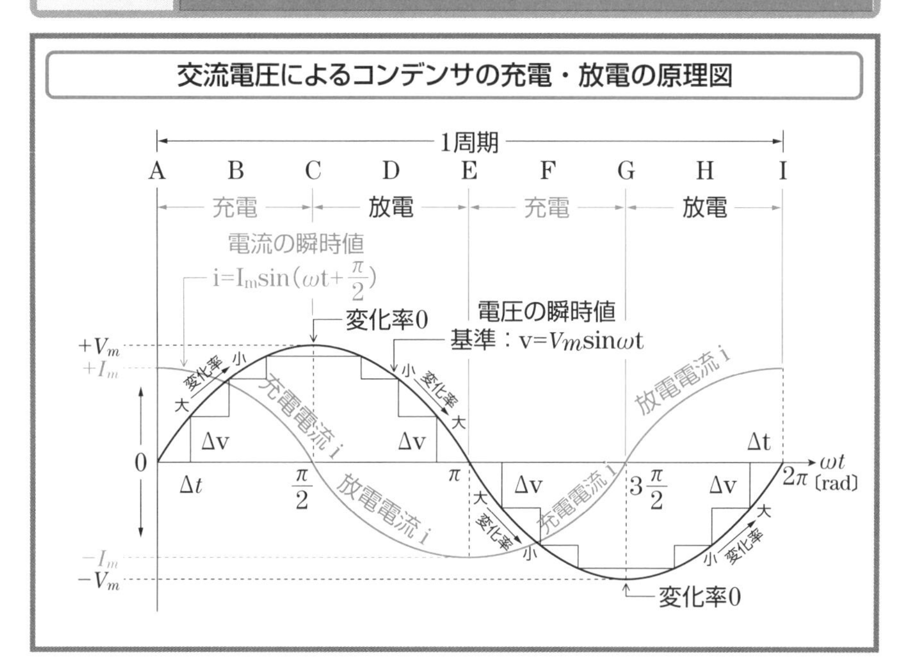

コンデンサは交流電圧による充電・放電により電流が流れる

★コンデンサに正弦波交流電圧を加えると、その１周期の間に上図（AからI）のように、1/4周期ごとに充電と放電を繰り返します（69項参照）。

コンデンサに流れる電流iは、電圧の変化率に比例します（69項参照）。

A：交流電圧vが0〔V〕から正の方向に増加すると、0〔rad〕で時間に対する交流電圧vの変化率が最も大きいので、充電電流iは正の最大値$+I_m$になります。

B：交流電圧vが増加するにつれ、交流電圧の変化率が小さくなるので、充電電流iは減少します。

C：交流電圧vがπ/2〔rad〕で正の最大値になると、交流電圧の変化率が零になることから、充電電流iは流れず、蓄積電荷は最大となります。

D：交流電圧vが減少すると蓄積電荷によるコンデンサの端子電圧の方が大きくなるので放電電流iが流れ、交流電圧の変化率の増加で放電電流iも負に増えます。

E：交流電圧vがπ〔rad〕で、交流電圧の変化率が最も大きくなることから、放電電流iも負の最大値$-I_m$となり蓄積電荷は零になります。 —次ページにつづく—

71 コンデンサ回路の電流は電圧より $\pi/2$ 進む

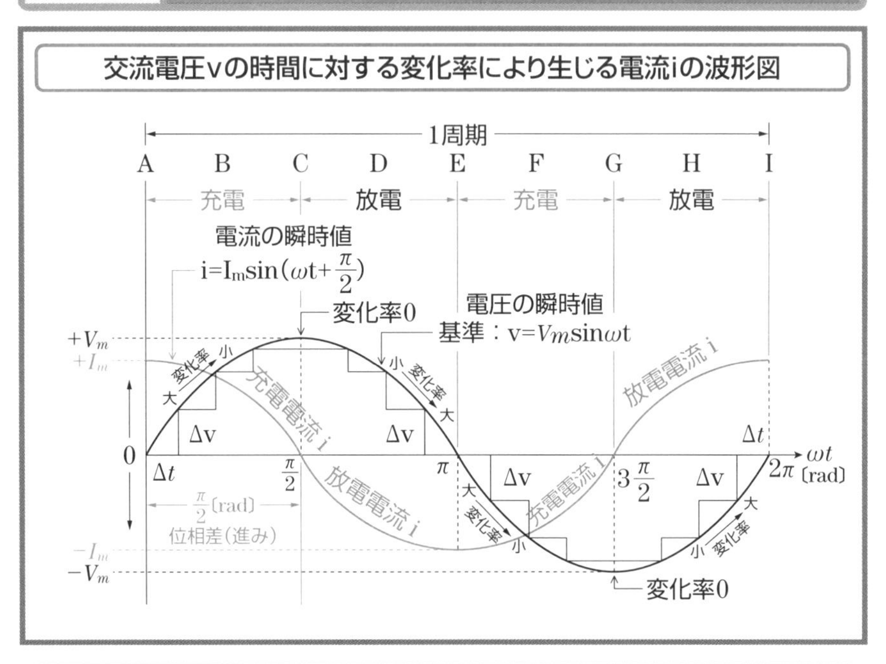

交流電圧の変化率が変わることにより電流は電圧より $\pi/2$〔rad〕進む

F：交流電圧vが0〔V〕から負の方向に増加するにつれ、交流電圧の変化率が小さくなるので、充電電流iは負の方向に減少します。

G：交流電圧vが $3\pi/2$〔rad〕で負の最大値になると交流電圧の変化率が零になり、充電電流は流れず、蓄積電荷が最大になります。

H：交流電圧vが負の方向に減少すると、蓄積電荷によるコンデンサの端子電圧の方が大きくなり、交流電圧の変化率の増加で放電電流iは正の方向に増えます。

I：交流電圧vが 2π〔rad〕で、交流電圧の変化率が最も大きくなることから、放電電流iも正の最大値 $+I_m$ となり、蓄積電荷は零になります。

上図において、交流電圧vとコンデンサに流れる電流iの波形を見ると、交流電圧vが0〔rad〕で零のとき、コンデンサに流れる電流iは正の最大値 $+I_m$ となり、その後の $\pi/2$〔rad〕で交流電圧vが正の最大値 $+V_m$ のときは、コンデンサ電流iは零になります。これは、コンデンサに流れる電流iが交流電圧vより、$\pi/2$〔rad〕位相が進んでいることを示します。　$v=V_m\sin\omega t$　$i=I_m\sin(\omega t+\pi/2)$

72 抵抗回路の交流電力

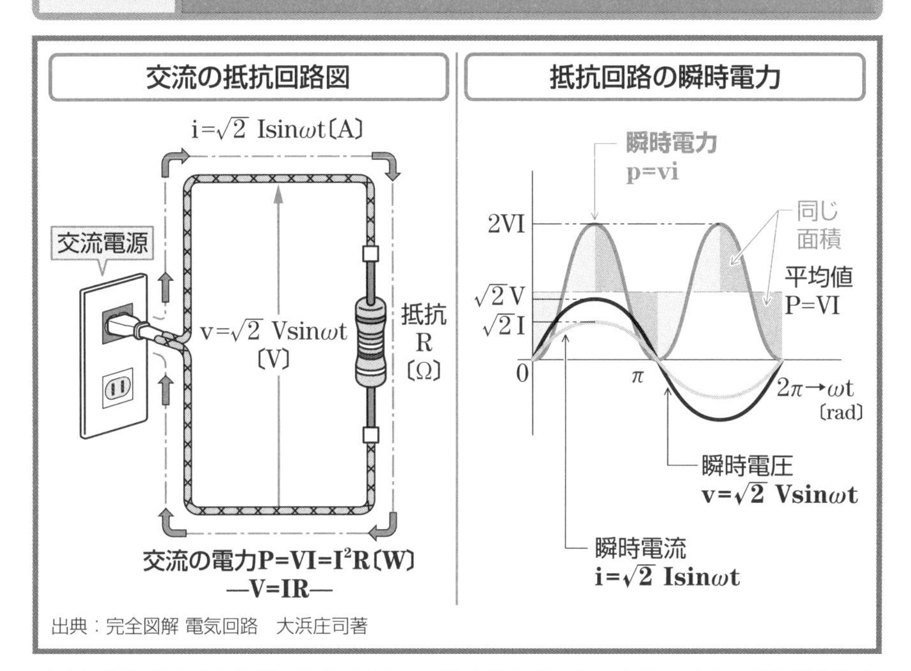

出典：完全図解 電気回路　大浜庄司著

抵抗回路の交流電力は電圧と電流の積で表す

★交流の抵抗回路では、瞬時電圧vと瞬時電流iは同相（65項参照）ですから、電圧vの瞬時値は　$v=V_m\sin\omega t$　実効値をVとすると　$V_m=\sqrt{2}V$（65項参照）

したがって、瞬時電圧$v=V_m\sin\omega t=\sqrt{2}V\sin\omega t$

電流iの瞬時値は　$i=I_m\sin\omega t$　実働値をIとすると　$I_m=\sqrt{2}I$

したがって、瞬時電流$i=I_m\sin\omega t=\sqrt{2}I\sin\omega t$　（65項参照）

瞬時電圧vと瞬時電流iの積viを交流の瞬時電力pといい、時間と共に変化するので、瞬時電力pの１周期の平均値を交流の電力Pとします。

瞬時電力pは　$p=vi=\sqrt{2}V\sin\omega t\times\sqrt{2}I\sin\omega t=2VI\sin^2\omega t$

そして、三角関数の公式では　$\sin^2\alpha=1/2(1-\cos2\alpha)$　ですから　$\alpha=\omega t$　とし、$p=2VI\sin^2\omega t=2VI\times1/2(1-\cos2\omega t)=VI-VI\cos2\omega t$となります。

瞬時電力pの１周期の平均値が交流の電力Pですから、$\cos2\omega t$の平均値は０ですので、$-VI\cos2\omega t$は０になることから交流の電力Pは　$P=VI$〔W〕　です。

抵抗回路での交流の電力Pは電圧と電流の実効値の積VI〔W〕となります。

73 コイル回路の交流電力

交流のコイル回路図

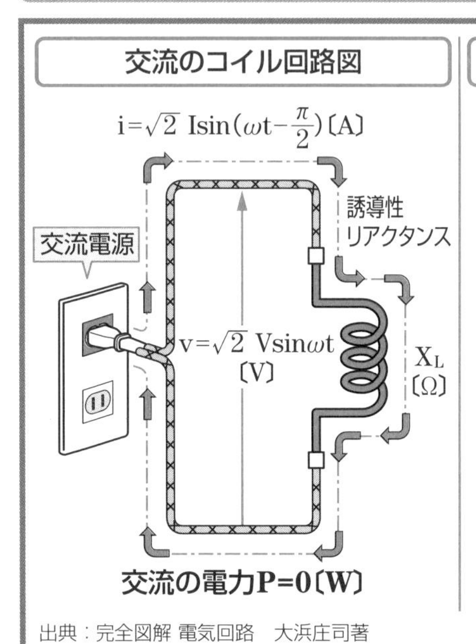

コイル回路の瞬時電力

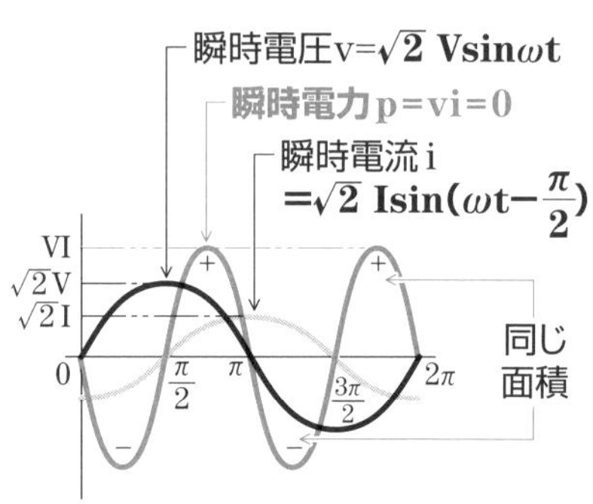

・Pが(+)の期間は、電源からの電気エネルギーが誘導性リアクタンスX_Lに電磁エネルギーとして蓄えられ、Pが(−)の期間は、誘導性リアクタンスX_Lに蓄えられた電磁エネルギーが電源に還るので、コイル回路では電力を消費しません

出典：完全図解 電気回路　大浜庄司著

コイル回路の交流電力は電源に還り消費しない

★自己インダクタンスL〔H〕のコイルに角速度ω〔rad/s〕（1秒間に進む角度の大きさ）の瞬時電圧v〔V〕を加えると、自己インダクタンスLはωL〔Ω〕の働きをして、電流i〔A〕の流れを防げます。

このωLを**誘導性リアクタンス**といい、X_Lで表し単位はオーム〔Ω〕を用います。

誘導性リアクタンスX_L〔Ω〕のみのコイルに交流電圧v〔V〕を加えると、電流i〔A〕が流れ、交流電圧vより位相が$\pi/2$〔rad〕遅れます（68項参照）。

電圧vの瞬時値は、実効値をVとすると　$v=\sqrt{2}V\sin\omega t$　また、電流iの瞬時値は、実効値をIとすると　$i=\sqrt{2}I\sin(\omega t-\pi/2)$　瞬時電力pはvとiの積ですから

$p=vi=\sqrt{2}V\sin\omega t\times\sqrt{2}I\sin(\omega t-\pi/2)$[注1]$=-2VI\sin\omega t\cos\omega t$[注2]

$=-VI\sin2\omega t$〔W〕　となり、これを**無効電力**といいます。

注1：公式$\sin(\omega t-\pi/2)=-\cos\omega t$　注2：公式$2\sin\omega t\cos\omega t=\sin2\omega t$

$\sin2\omega t$は2倍の角速度のsin（正弦）値ですから、その1周期の平均は正の面積と負の面積が等しく0ですので、コイル回路での交流の電力Pは　P=0〔W〕　です。

74 コンデンサ回路の交流電力

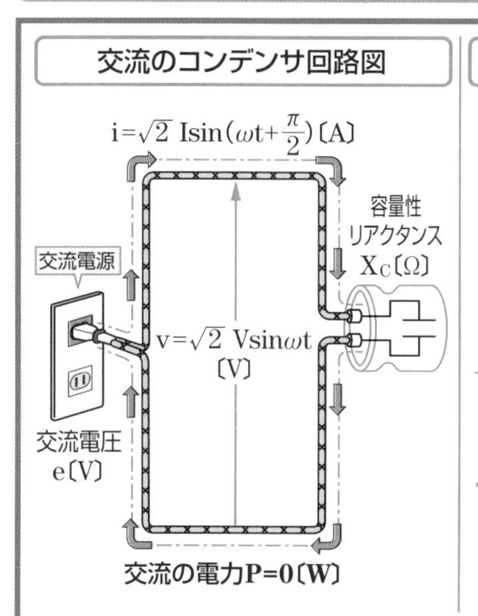

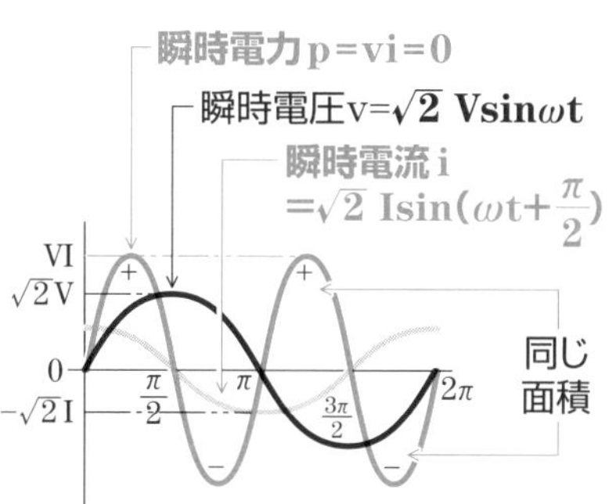

・Pが（+）の期間は、電源からの電気エネルギーが容量性リアクタンスX_Cに静電エネルギーとして蓄えられ、Pが（−）の期間は、容量性リアクタンスX_Cに蓄えた静電エネルギーが電源に還るので、コンデンサ回路では電力を消費しません

出典：完全図解 電気回路　大浜庄司著

コンデンサ回路の交流電力は電源に還り消費しない

★静電容量C〔F〕のコンデンサに角速度ω〔rad/s〕の瞬時電圧v〔V〕を加えると、静電容量Cは$1/\omega C$〔Ω〕の働きをして、電流の流れを妨げます。

この$1/\omega C$を**容量性リアクタンス**といいX_Cで表し単位はオーム〔Ω〕を用います。

容量性リアクタンスX_Cのみのコンデンサに、交流電圧v〔V〕を加えると、電流i〔A〕が流れ交流電圧vより、位相が$\pi/2$〔rad〕進みます（71項参照）。

電圧vの瞬時値は、実効値をVとすると　$v=\sqrt{2}V\sin\omega t$　また、電流iの瞬時値は、実効値をIとすると　$i=\sqrt{2}I\sin(\omega t+\pi/2)$　瞬時電力pはvとiの積ですから

$$p=vi=\sqrt{2}V\sin\omega t\times\sqrt{2}I\sin(\omega t+\pi/2)^{注1}$$

$$=2VI\sin\omega t\cos\omega t^{注2}=VI\sin 2\omega t$$　となり、これを**無効電力**といいます。

注１：公式$\sin(\omega t+\pi/2)=\cos\omega t$　注２：公式$2\sin\omega t\cos\omega t=\sin 2\omega t$

$\sin 2\omega t$は２倍の角速度のsin（正弦）値ですから、その１周期の平均は正の面積と負の面積が等しく０ですので、コンデンサ回路での電力Pは　P=0〔W〕　です。

〈MEMO〉

第8章 三相交流回路

75 単相交流起電力を三つ重ねると三相交流起電力となる

導体を2π/3〔rad〕間隔で配置

導体Aを基準にB、Cを配置

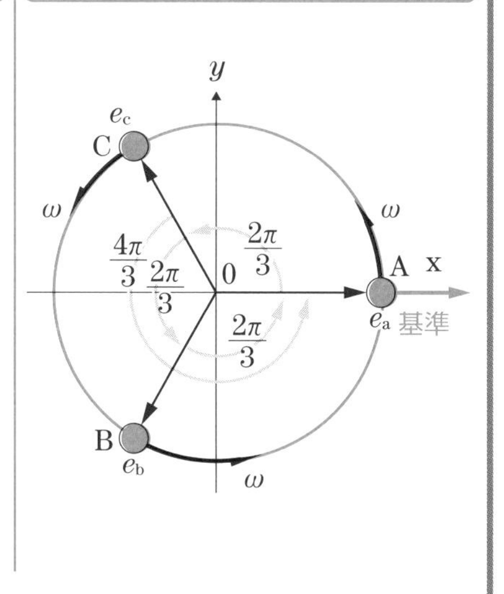

出典：完全図解 電気回路　大浜庄司著

位相が2π/3異なる３組の導体を回転するとそれぞれ単相交流起電力を誘導する

★N極とS極が上下にある平等磁界中に、３組の導体A、B、CをAを基準にして、2π/3〔rad〕の間隔に配置し反時計方向に角速度ω〔rad/s〕で回転します。

導体Aがx軸上にあるときは、運動の方向と磁界の方向が平行となり、磁束を切らないので、起電力e_aは0です。

また導体AがS極の中心であるy軸上を通るときには、磁束を垂直に切るので、最大の起電力E_mが誘導されます（61項参照）。したがって、導体Aに誘導する起電力e_aの瞬時値は、導体Aを基準としますと　$e_a = E_m \sin \omega t$〔V〕　となります。

★導体Bは、導体Aがx軸上にあるとき、時計方向に2π/3〔rad〕の位置にありますので、2π/3〔rad〕反時計方向に回転しないとx軸上にきません。

導体Bの起電力e_bの位相は、導体Aの起電力e_aの位相より、2π/3〔rad〕遅れていることになります。したがって、起電力e_aを基準にすると、導体Bの起電力e_bの瞬時値は　$e_b = E_m \sin(\omega t - \frac{2}{3}\pi)$〔V〕　となります。

—次ページにつづく—

76 対称三相交流起電力

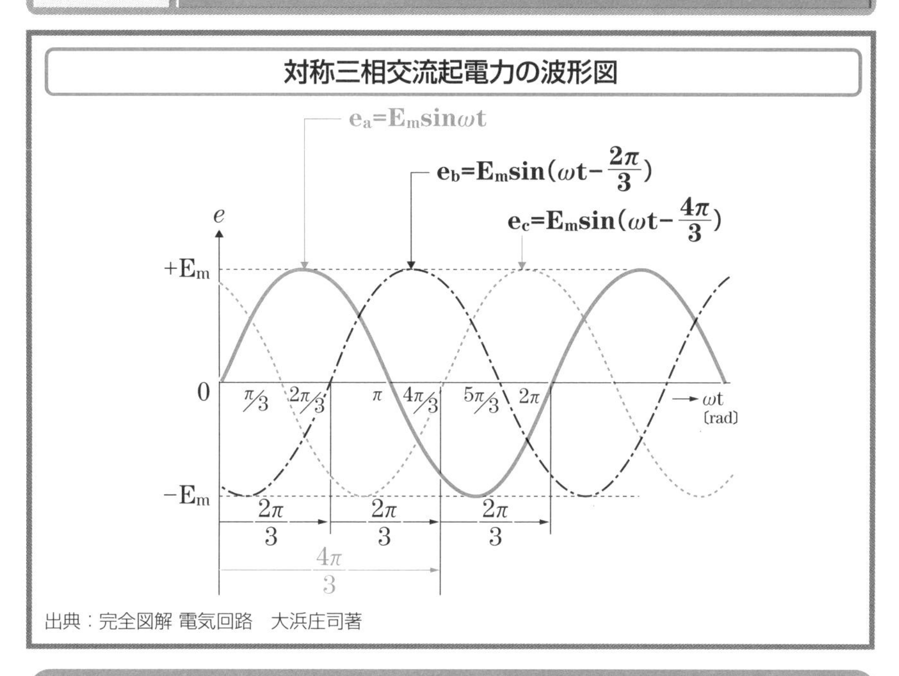

出典：完全図解 電気回路　大浜庄司著

対称三相交流起電力は三つの相電圧が等しく位相差が2π/3異なる

★導体Cは、時計方向に導体Bより2π/3〔rad〕、また導体Aから4π/3〔rad〕の位置にありますので、さらに4π/3〔rad〕反時計方向に回転しないとx軸上にきません。

導体Cの起電力e_cは、導体Aの起電力e_aより位相が4π/3〔rad〕遅れているので、起電力e_aを基準にすると、導体Cの起電力e_cの瞬時値は

$e_c=E_m\sin(\omega t-4\pi/3)$〔V〕　となります。

このように、3組の導体A、B、Cを反時計方向に角速度ω〔rad/s〕で回転させると、それぞれの導体に振幅と周波数が等しく、位相が互いに2π/3〔rad〕ずつ異なる三つの単相交流起電力が誘導します。

★この起電力e_a、e_b、e_cを**相電圧**または**相起電力**といい、これら3組の単相交流起電力を一つにまとめると、三つの相があるので、**三相交流**といいます。特に大きさが等しく、位相が2π/3〔rad〕ずれており、対称であることから、**対称三相交流**といい、その起電力を**対称三相交流起電力**といいます。

77 スター結線による三相交流回路

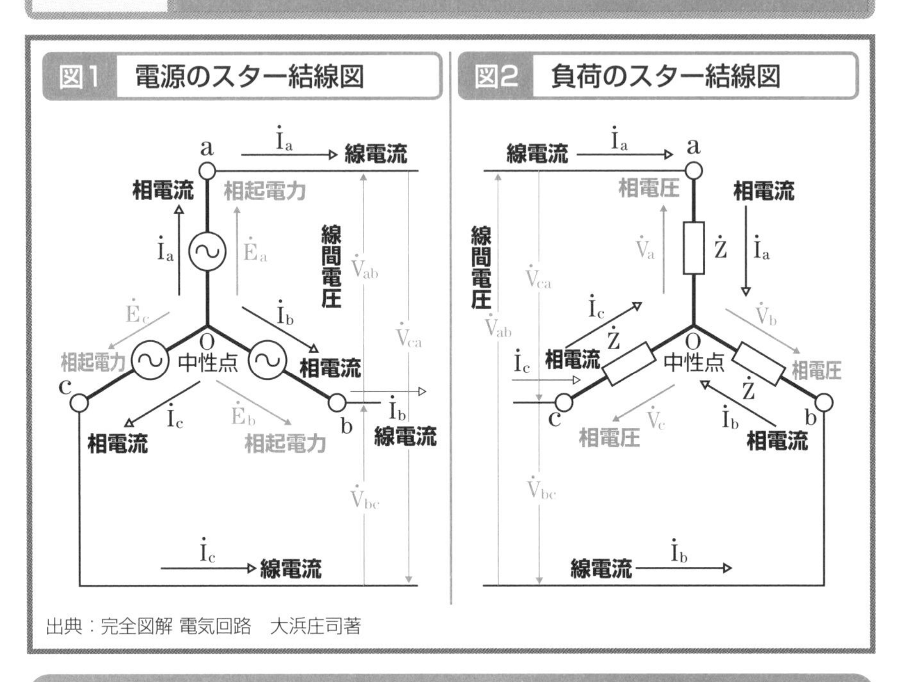

出典：完全図解 電気回路　大浜庄司著

スター結線の相起電力・線間電圧、相電流・線電流

★三相交流回路において、電源としての三相交流起電力に、抵抗やコイル、コンデンサなどの負荷を接続する方法に、スター結線とデルタ結線（80項参照）があります。**スター結線**は**星形結線**またはアルファベットのYに似ているので、**Y結線**ともいいます。

★電源としての三相交流起電力をスター結線としたのが、図１です。

端子a−O、b−O、c−Oを**相**といい、相の起電力$\dot{E}_a$、$\dot{E}_b$、$\dot{E}_c$を**相起電力**、または**相電圧**ともいい、各相の共通点Oを**中性点**といいます。

相起電力は、互いに$2\pi/3$〔rad〕の位相差があります。相起電力の端子a−b、端子b−c、端子c−a間の電圧$\dot{V}_{ab}$、$\dot{V}_{bc}$、$\dot{V}_{ca}$を**線間電圧**といいます。

線間電圧は相起電力より$\pi/6$〔rad〕進んでおり、相起電力の$\sqrt{3}$倍となります。

各相起電力の相に流れる電流$\dot{I}_a$、$\dot{I}_b$、$\dot{I}_c$を**相電流**といい、また相起電力から流れ出ていく電流を**線電流**といい、そして線電流は相電流と等しくなります。

負荷をスター結線としたのが図２で、上記と同様な関係があります。

78 三相4線式Y−Y（スタースター）結線の原理

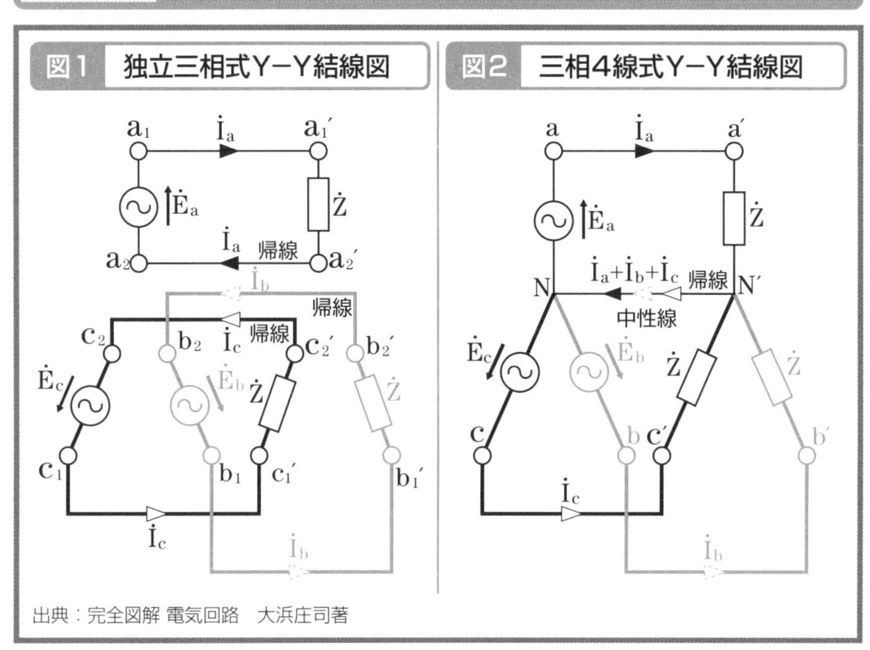

出典：完全図解 電気回路　大浜庄司著

三つの単相交流回路で帰線を共有化した三相4線式Y−Y結線

★図1のように、位相が2π/3〔rad〕異なる単相交流起電力$\dot{E}_a$、$\dot{E}_b$、$\dot{E}_c$のそれぞれに負荷$\dot{Z}$を接続してY—Y（スタースター）結線にすると、各回路に電流$\dot{I}_a$、$\dot{I}_b$、$\dot{I}_c$が流れます。

このように、6本の電線によって、電源と負荷をY結線に接続し、三相の各相がそれぞれ独立した回路を**独立三相式Y—Y結線**といいます。これは単相交流起電力を三つ重ねて、三相交流起電力とする原理の一つといえます。

★図1において、3本の電線a_2-a_2'、b_2-b_2'、c_2-c_2'はそれぞれ相電流$\dot{I}_a$、$\dot{I}_b$、$\dot{I}_c$が帰る線ですから、図2のようにこれら3線を結んで1本の線N—N′とすると、この線に$\dot{I}_a$、$\dot{I}_b$、$\dot{I}_c$の合成された電流が流れます。このN—N′線を**中性線**といいます。

このように、a−a′、b−b′、c−c′、N—N′と4本の線を用いて、Y—Y（スタースター）結線とする方式を、**三相4線式Y—Y結線**といいます。

この三相4線式Y—Y結線では、同じ回路で相電圧と線間電圧の両方の電圧が利用できるのを特徴とします。

79 三相3線式Y−Y（スタースター）結線

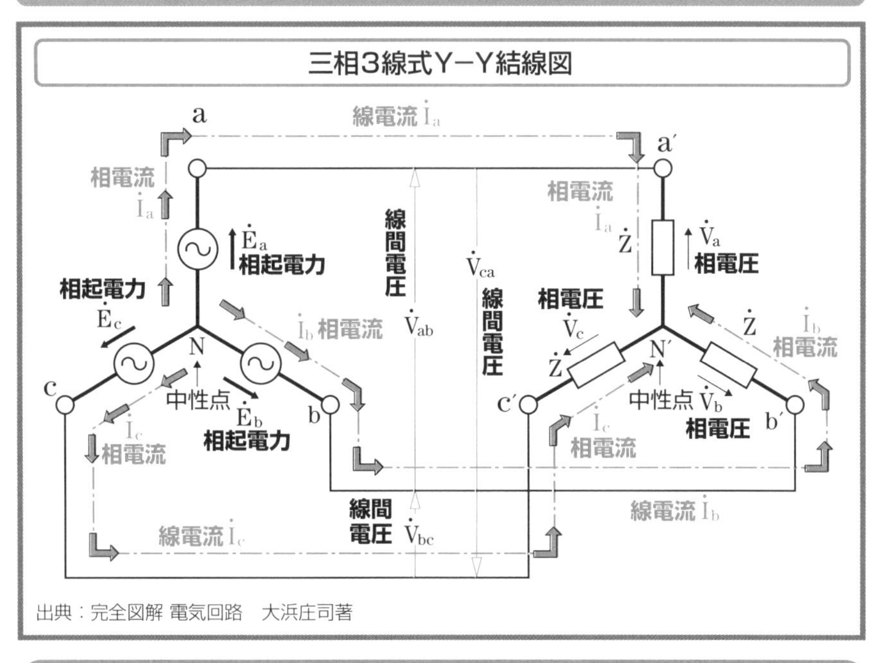

出典：完全図解 電気回路　大浜庄司著

三相3線式Y−Y結線は三相4線式で中性線を省略する

★位相が2π/3〔rad〕異なる単相交流起電力$\dot{E}_a$、$\dot{E}_b$、$\dot{E}_c$の各相に負荷$\dot{Z}$を接続した三相４線式のY—Y結線（78項参照）では、帰線としての中性線N—N′に、各相の電流$\dot{I}_a$、$\dot{I}_b$、$\dot{I}_c$のすべてが流れています。

この中性線に流れる$\dot{I}_a$、$\dot{I}_b$、$\dot{I}_c$の合成電流は、それぞれ大きさが等しく互いに2π/3〔rad〕の位相差がある対称三相交流ですので、中性線N—N′には、電流が流れず、その和は0となります。　$\dot{I}_a+\dot{I}_b+\dot{I}_c=0$

中性線に電流が流れないのでしたら、この線がなくてもよいことになります。

この中性線を省略したのが上図で、**三相３線式Y—Y結線**といい、原理的にはY—Y結線では６本の電線（78項参照）が必要ですが、この結線ではa−a′、b−b′、c−c′の３本の電線で機能を満たすことから、経済的なので多く用いられています。

電源の各相の電圧を**相起電力**、負荷の電圧を**相電圧**といい、電源のab間、bc間、ca間、また負荷のa′b′間、b′c′間、c′a′間の各端子間電圧を**線間電圧**といいます。

電源と負荷を結んだ各線に流れる電流を**線電流**といいます。

80 デルタ結線による三相交流回路

図1　三つの交流起電力の直列接続

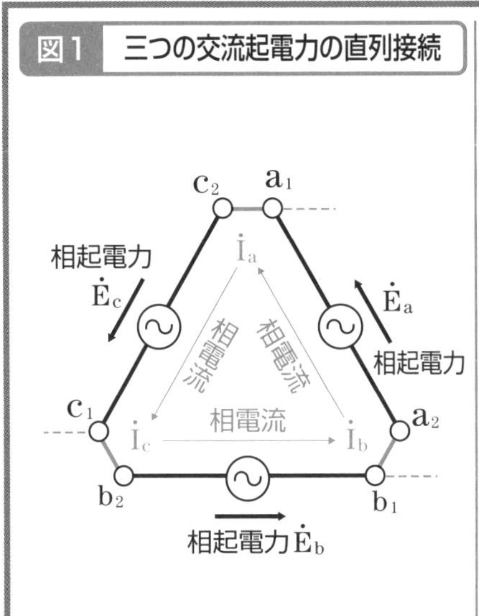

図2　電源のデルタ(Δ)結線

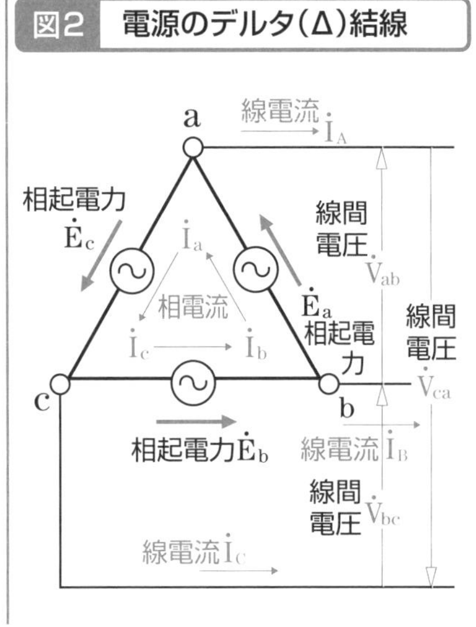

出典：完全図解 電気回路　大浜庄司著

デルタ結線の相起電力・線間電圧、相電流・線電流

★電源として、位相差が2π/3〔rad〕ある三つの単相交流起電力$\dot{E}_a$、$\dot{E}_b$、$\dot{E}_c$を**デルタ（Δ）結線**としたのが図１で、三角形になっているので、**三角結線**ともいいます。

デルタ（Δ）結線は、三つの単相交流起電力において、端子a_1とc_2、c_1とb_2、b_1とa_2を順次接続し、三つの起電力$\dot{E}_a$、$\dot{E}_b$、$\dot{E}_c$を直列にして閉回路とします。

そして、三つの接続点をつないで端子a、b、cとして、それぞれの起電力を外部に取り出したのが図２です。

各起電力の端子a−b、b−c、c−aの間を**相**といい、相の起電力$\dot{E}_a$、$\dot{E}_b$、$\dot{E}_c$を**相起電力**または**相電圧**といいます。また、端子a、b、cから相起電力を外部に取り出す３本の線の間の電圧$\dot{V}_{ab}$、$\dot{V}_{bc}$、$\dot{V}_{ca}$を**線間電圧**といい、相起電力$\dot{E}_a$、$\dot{E}_b$、$\dot{E}_c$とそれぞれ等しくなります。

各相に流れる電流$\dot{I}_a$、$\dot{I}_b$、$\dot{I}_c$を**相電流**といい、各相起電力から流れ出ていく電流$\dot{I}_A$、$\dot{I}_B$、$\dot{I}_C$を**線電流**といいます。

81 三相3線式Δ－Δ（デルタデルタ）結線の原理

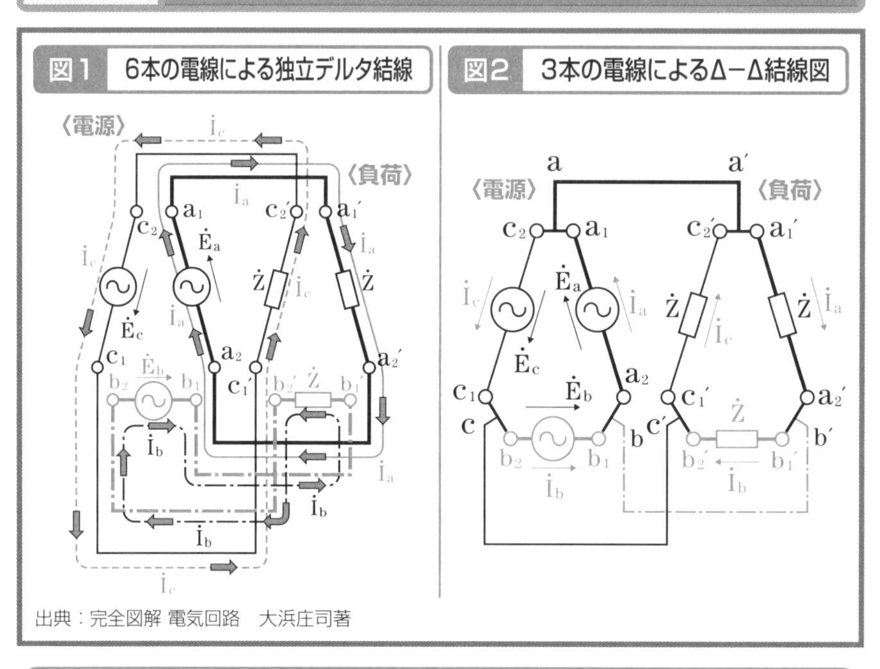

三つの単相回路を組み合わせた三相3線式Δ―Δ結線

★図１のように、６本の電線を用いて、位相が$2\pi/3$〔rad〕異なる三つの単相交流起電力$\dot{E}_a$、$\dot{E}_b$、$\dot{E}_c$を独立した回路になるように、デルタ（Δ）に並べ、それぞれの相に負荷$\dot{Z}$を接続し、これらをデルタ（Δ）に並べる方式を**独立三相式Δ―Δ**（デルタデルタ）**結線**といいます。これは、単相交流起電力を三つ重ねて三相交流起電力とする原理の一つといえます。

この方式では、各独立した単相交流起電力回路に流れる電流$\dot{I}_a$、$\dot{I}_b$、$\dot{I}_c$は、それぞれの負荷に流れる電流に等しくなります。

★図２のように、各相起電力の端子a_1とc_2、b_1とa_2、c_1とb_2を結んで、それぞれa、b、c端子とし、負荷の端子a_1'とc_2'、b_1'とa_2'、c_1'とb_2'を結んで、それぞれをa′、b′、c′端子とします。

そして、電源および負荷の端子aとa′、bとb′、cとc′を結んで閉回路にし両者間を３本の線で接続した回路を**三相3線式Δ―Δ**（デルタデルタ）**結線**といいます。

82 三相3線式Δ－Δ（デルタデルタ）結線

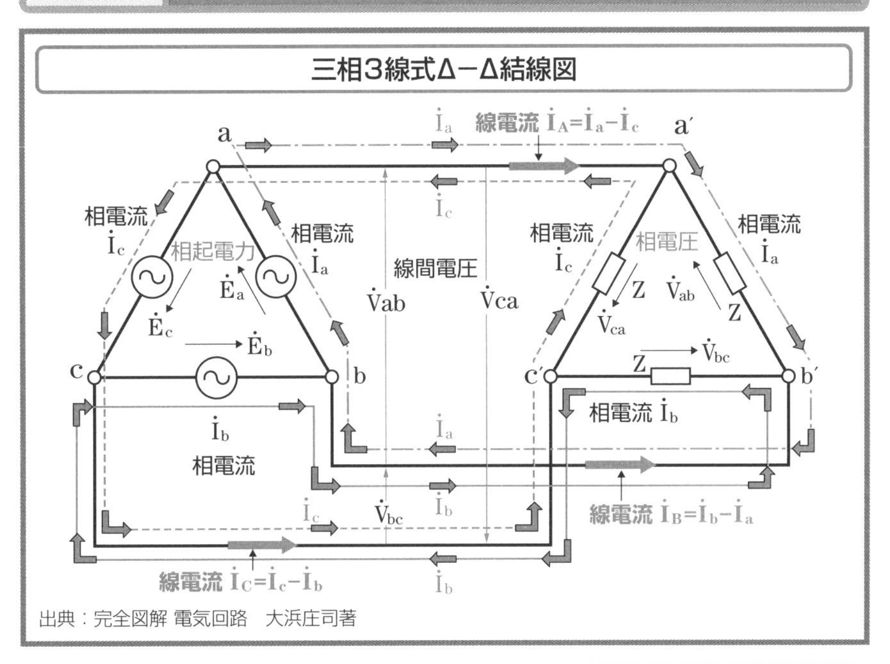

出典：完全図解 電気回路　大浜庄司著

三相3線式Δ―Δ結線でのΔ結線閉回路中の起電力の和は零である

★前頁の図2の三相3線式Δ―Δ結線を、詳細な三相3線式Δ―Δ結線図として示すと、上図のようになります。

位相差が$2\pi/3$〔rad〕あり、大きさが等しい対称三相起電力$\dot{E}_a$、$\dot{E}_b$、$\dot{E}_c$の和は0（ゼロ）ですので、電源の対称三相起電力を直列にしたデルタ（Δ）結線の閉回路中での起電力は$\dot{E}_a$、$\dot{E}_b$、$\dot{E}_c$の和となり0（ゼロ）ということで、閉回路中での循環電流は、流れないことになります。

★電源内および負荷内に流れる電流$\dot{I}_a$、$\dot{I}_b$、$\dot{I}_c$を**相電流**といい、電源の相電流と負荷の相電流は同じになります（81項図1参照）。

線電流$\dot{I}_A$、$\dot{I}_B$、$\dot{I}_C$と相電流$\dot{I}_a$、$\dot{I}_b$、$\dot{I}_c$との関係は、それぞれa点、b点、c点でのキルヒホッフの第1法則により、$\dot{I}_A=\dot{I}_a-\dot{I}_c$、$\dot{I}_B=\dot{I}_b-\dot{I}_a$、$\dot{I}_C=\dot{I}_c-\dot{I}_b$となります。

また、各線の線電流$\dot{I}_A$、$\dot{I}_B$および$\dot{I}_C$の大きさは、相電流の$\sqrt{3}$倍で、それぞれ対応する相電流より$\pi/6$〔rad〕位相が遅れます。

〈MEMO〉

第9章

制御回路を構成する機器

83 抵抗器・コンデンサ

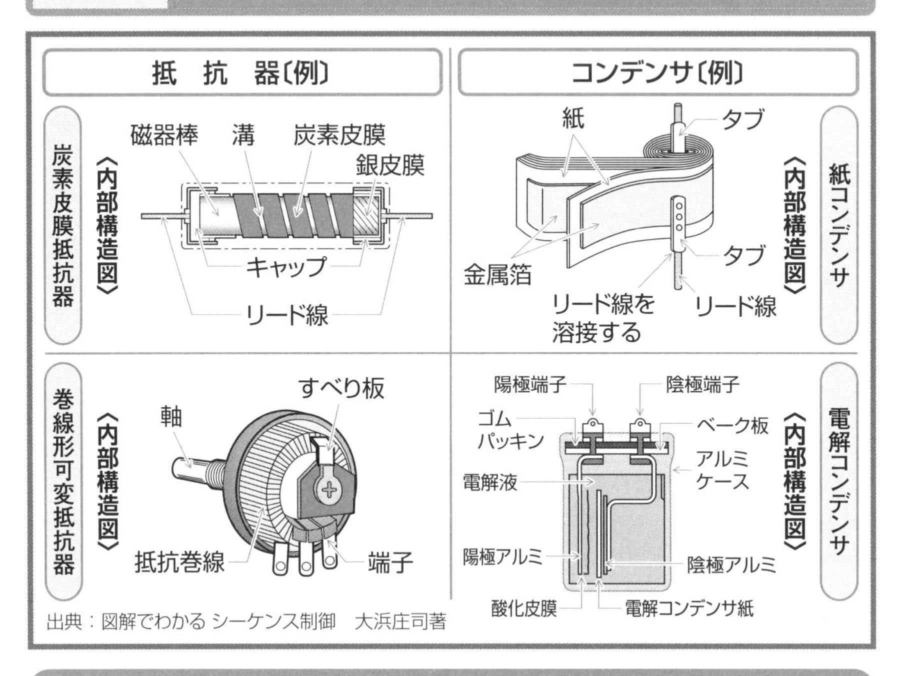

出典：図解でわかる シーケンス制御　大浜庄司著

抵抗器・コンデンサのしくみ ―基礎受動部品―

★**抵抗器**とは、電流の流れを妨げる働きをする電気抵抗（22項参照）を得る目的でつくられる機器をいい、抵抗器を単に“**抵抗**”ということもあります。

・電気回路に抵抗がないと、いくらでも電流が流れ焼損する危険があります。

抵抗器の例としては、磁器棒の表面に高温度、高真空の中で熱分解により密着固定させた純粋な炭素皮膜を抵抗体とする**炭素皮膜抵抗器**、また、鉄心に巻かれた金属細線を抵抗体とし、軸を回転することにより、抵抗値を連続的に可変できる**巻線形可変抵抗器**、そして、アルミナの薄い板をベースに電流を通さない物質を薄く塗り両面に電極を印刷し炉で固めた**角チップ抵抗器**などがあります。

★**コンデンサ**とは、誘電体（絶縁物）を金属板で挟んで、電荷を蓄える性質をもたせるようにした機器をいいます（９項参照）。

コンデンサの例としては、コンデンサペーパーという薄い紙とアルミ箔を重ね合わせて巻いた**紙コンデンサ**、アルミニウムを電解中で陽極処理をしてできる酸化アルミニウム皮膜を誘電体とし電解質を陰極とした**電解コンデンサ**などがあります。

84 押しボタンスイッチ・タンブラスイッチ

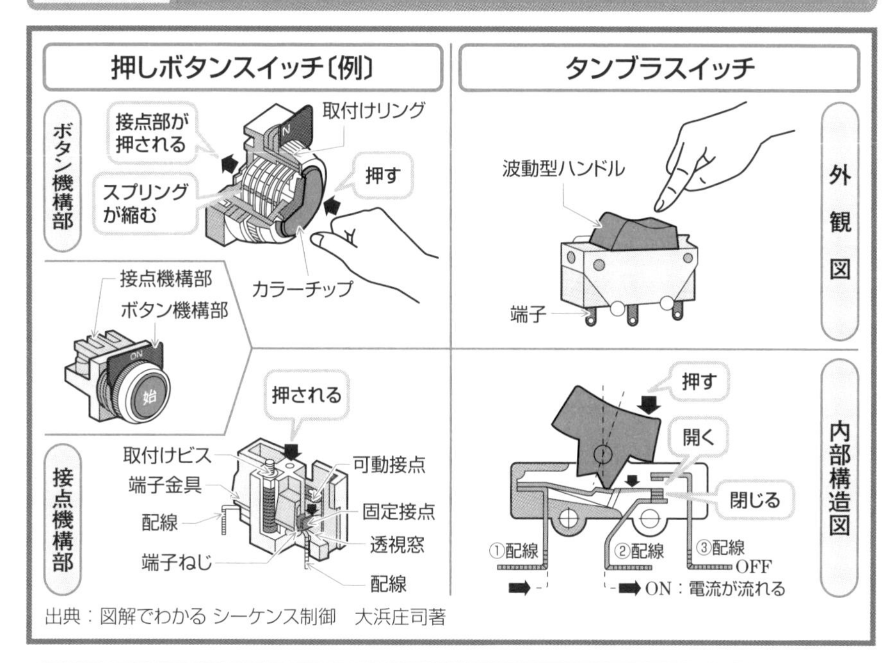

出典：図解でわかる シーケンス制御　大浜庄司著

押しボタンスイッチ・タンブラスイッチのしくみ ―作業命令用機器―

★**押しボタンスイッチ**とは、操作者が指でボタンを押して操作すると、接点機構部が開閉動作を行い、電気回路を開路または閉路する**命令スイッチ**をいいます。

押しボタンスイッチは、操作するとき手動で行いますが、手を離すとバネの力で自動的に復帰して、もとの状態に戻ることから**手動操作自動復帰接点**といいます。

押しボタンスイッチは、指で押して操作する“ボタン機構部”と、そこから受ける力によって電路を開閉する“接点機構部”から構成され、機器・設備の制御において、“**始動**”、“**停止**”の信号を得るのに適しています。

★**タンブラスイッチ**とは、操作者が指先で波動型ハンドルの一方の端部を押すと、ばね機構をもった接点によって、電気回路の開閉、切換動作をする**命令スイッチ**をいいます。

タンブラスイッチは、波動型ハンドルの他方の端部を指先で押すと、接点部はシーソ運動を行い、反転切換動作を行います。この場合、波動型ハンドルから押す指を離しても、その動作状態を保持するので**手動操作残留接点**といいます。

85 トグルスイッチ・カムスイッチ

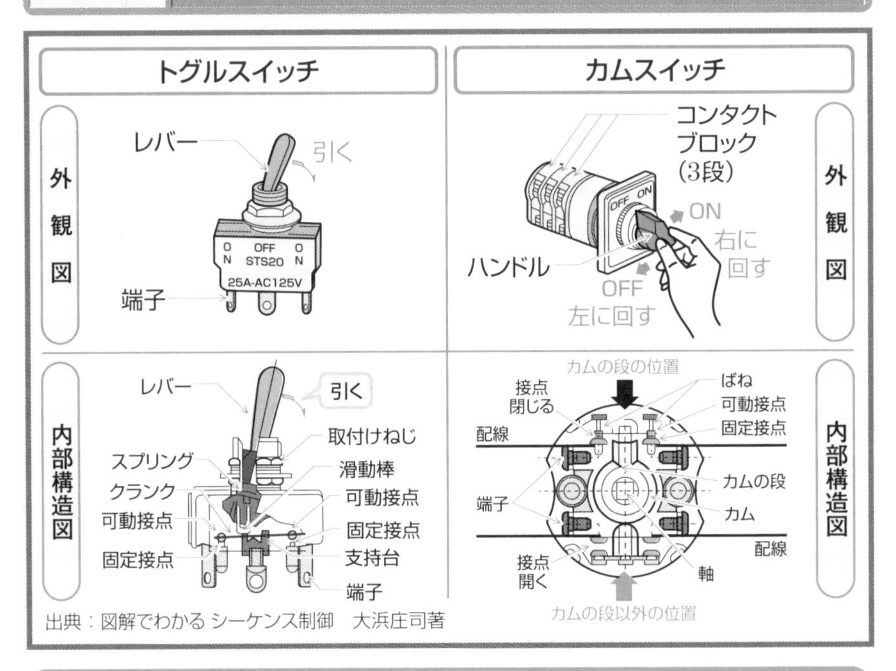

出典：図解でわかる シーケンス制御　大浜庄司著

トグルスイッチ・カムスイッチのしくみ ―作業命令用機器―

★**トグルスイッチ**とは、操作者が指先でバット状のレバーを直線的に往復運動させて接点部に力を伝え、電気回路の開閉操作を行う**命令スイッチ**をいいます。

トグルスイッチのレバーを指先で前後すると、レバーの動きは取り付けねじを中心軸として滑動棒が動き、クランクの中央を軸として、接点の切換えが行われます。トグルスイッチは二つの信号を一方から他方への切り換えに用います。

操作者がレバーから指を離しても、接点はそのままの状態を保持するので、トグルスイッチは、**手動操作残留接点**といえます。

★**カムスイッチ**とは、多くの個所を同時に開閉動作させる**命令スイッチ**をいいます。カムスイッチは、ハンドルによって操作される“カム機構部”と特殊な接点の開閉接点機構をもつ“コンタクトブロック”から構成されています。

カムスイッチは操作ハンドルを回すことによりカムが回転し、コンタクトブロック内の接点を開閉します。このコンタクトブロックを必要数だけ積み重ねて接点構成を変えることができます。

86 マイクロスイッチ・リミットスイッチ

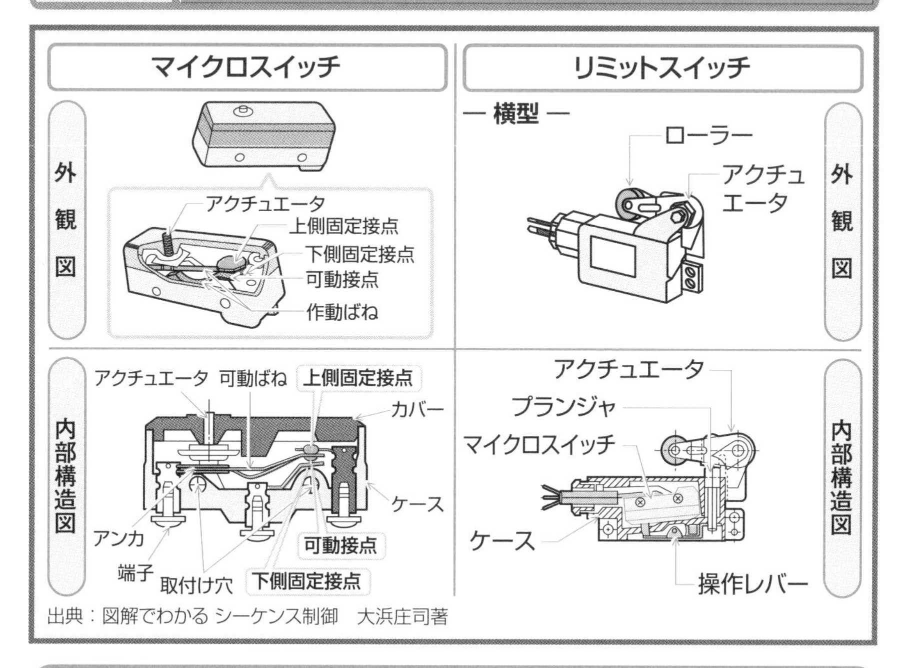

出典：図解でわかる シーケンス制御　大浜庄司著

マイクロスイッチ・リミットスイッチのしくみ ―検出用機器―

★**マイクロスイッチ**とは、その外部に機械的入力を検出するためのアクチュエータを備え、小形につくられた**検出スイッチ**をいいます。

マイクロスイッチは、微小な接点間隔と“スナップアクション”機構を有するのが特徴で、設定された動きと規定された力で開閉動作をする接点機構がケースに収まっています。マイクロスイッチのアクチュエータに力を加え、ある位置まで押すと、可動接点が上側固定接点から瞬間的に反転して下側固定接点に移動し回路が切り換わります。この動作を“**スナップアクション**”といいます。

★**リミットスイッチ**とは、機器の運動行程中の定められた位置で動作する**検出スイッチ**をいいます。リミットスイッチは、機器の可動部分の動きにより動作し、機械的運動を電気的信号に変えるもので、物体が所定の位置にあるかどうか、また力が加わっているかどうかなどの機械量の検出に広く用いられています。

リミットスイッチは、マイクロスイッチを堅ろうなケース内に封入しており、外部に備えた機械的入力を検出する部分を“アクチュエータ”といいます。

87 タイマ・光電スイッチ

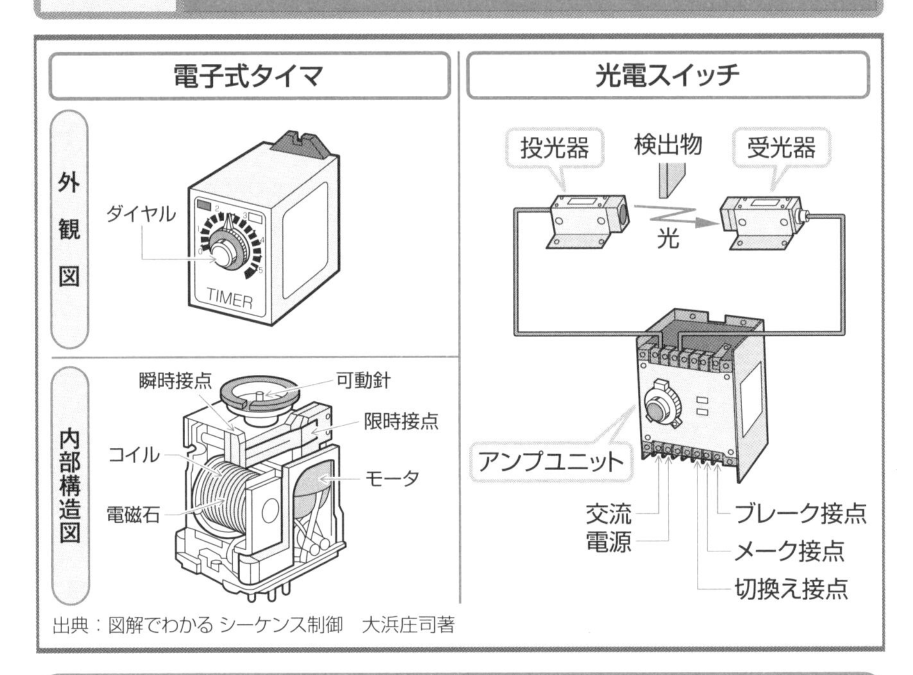

出典：図解でわかる シーケンス制御　大浜庄司著

タイマ・光電スイッチのしくみ —検出用機器—

★**タイマ**とは、入力信号を与えるとあらかじめ定められた時限（設定時限）を経過した後に、その出力接点が閉路または開路することによって、出力信号をつくり出す**検出リレー**をいいます。

モータ式タイマは、入力信号により同期電動機を始動し、一定回転速度を時限の基準とし、所定の時限経過後に出力接点を開閉します。

電子式タイマは、コンデンサの充放電特性による端子電圧の時限的変化を検出して、所定の時限経過後に出力接点を開閉します。

★**光電スイッチ**とは、光の信号を電気的信号に変換して、物体の有無や状態の変化を無接触で検出するスイッチをいいます。

光電スイッチは、投光器と受光器からなり、投光器内の光源から放射される光が、物体で遮断または反射されることによる光量の変化を受光器内の光電変換素子により電気量に変換して、内蔵のスイッチ機構を動作させ出力接点を開閉します。

光電スイッチは検出物が比較的遠距離でも検出可能であるのが特徴です。

88 温度スイッチ・サーマルリレー

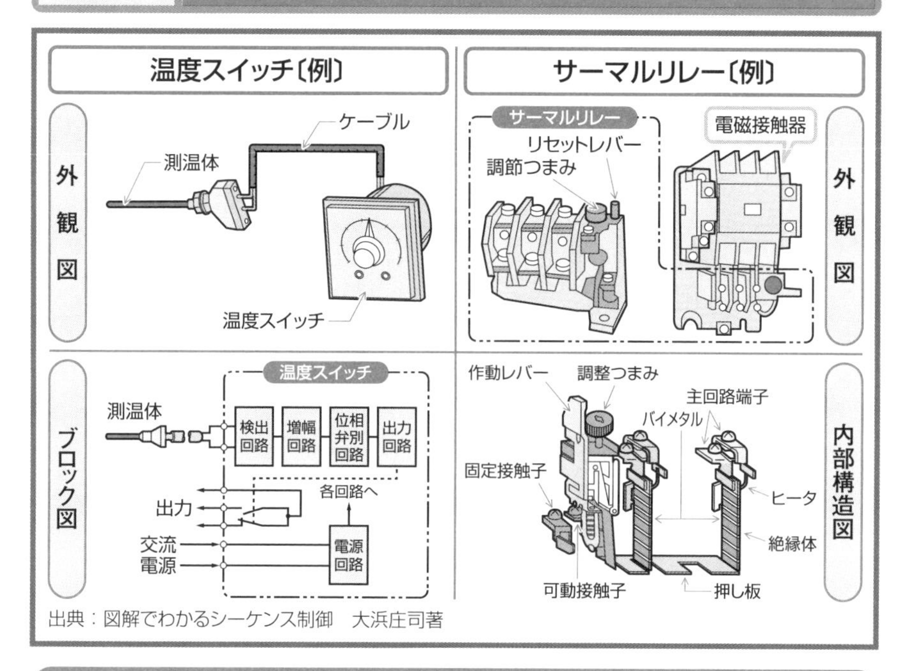

出典：図解でわかるシーケンス制御　大浜庄司著

温度スイッチ・サーマルリレーのしくみ ―検出用機器―

★**温度スイッチ**とは、温度が設定値に達したときに動作する**検出スイッチ**です。

温度スイッチは、温度の変化に対して、電気的特性が変化する素子（例：サーミスタ、白金など温度によって電気抵抗が変化するもの）や熱によって電気を起こす熱電対などを利用して温度を測り、あらかじめ設定した温度になったかを検出し動作します。

熱電対とは、二つの異なる金属を接続し、両端の接合部に温度差があると、起電力を生じ電流が流れることを利用したものをいいます。

★**サーマルリレー**とは、ヒータとバイメタルを組み合わせた熱動素子と、操作回路の早入・早切機構の接点部から構成され、熱動素子部にあらかじめ設定した以上の電流（過電流）が流れると、それを熱動素子が検出し、接点部が動作します。

一般に、サーマルリレーは電磁接触器と組み合わせて用いられ、過負荷や拘束状態などで過電流が流れると、サーマルリレーのヒータからの熱がバイメタルに加わり、その熱膨張の差によってバイメタルが湾曲し連動して接点機構が動作します。

89 電磁リレー・電磁接触器

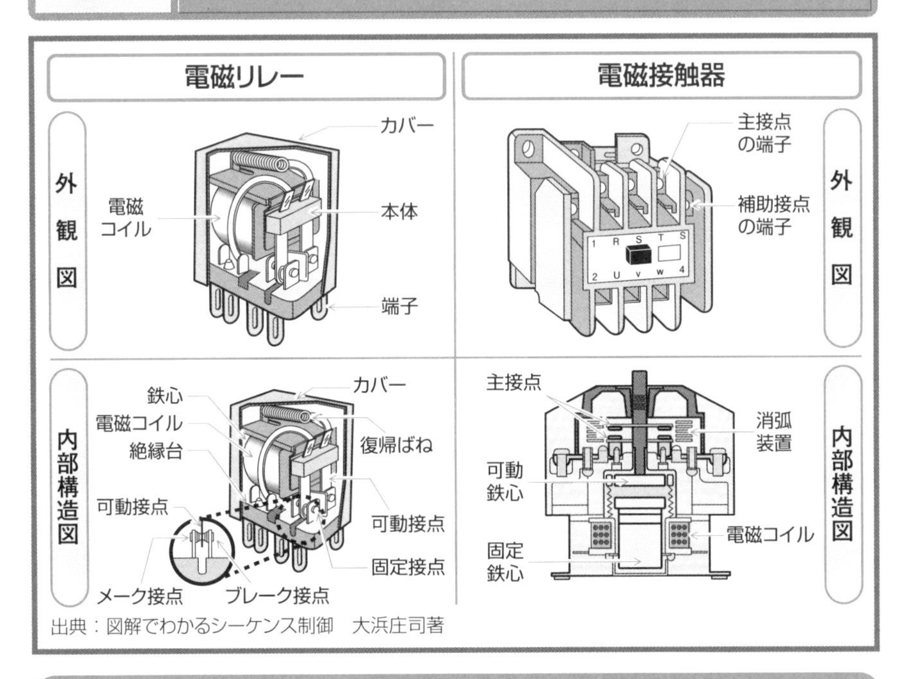

出典：図解でわかるシーケンス制御　大浜庄司著

電磁リレー・電磁接触器のしくみ ―操作用機器―

★**電磁リレー**とは、電磁力によって接点を開閉する機能をもつ装置の総称です。

電磁リレーは、鉄心に巻いた電磁コイルに電流を流すと、固定鉄心が電磁石となり、その電磁力によって可動鉄片を吸引し、これに連動して可動接点が移動し、固定接点と接触あるいは離れることによって、回路の開閉を行います。

電磁リレーの接点は、電磁コイルに電流が流れているときだけ動作し、電流が流れなくなると、ばねの力によって元の状態に復帰するので、**電磁操作自動復帰接点**といいます。

★**電磁接触器**は、主接点と補助接点からなる接点機構部と、可動鉄心・固定鉄心と電磁コイルからなる操作電磁石部から構成されています。

電磁接触器の電磁コイルに電流が流れると、固定鉄心と可動鉄心との間に磁束が通り、磁気回路を形成して固定鉄心が電磁石となり可動鉄心を吸引します。

この吸引力によって可動鉄心と機械的に連動している主接点および補助接点は下方に力を受けます。このとき、主接点は閉じ、補助接点は開閉動作を行います。

90 配線用遮断器

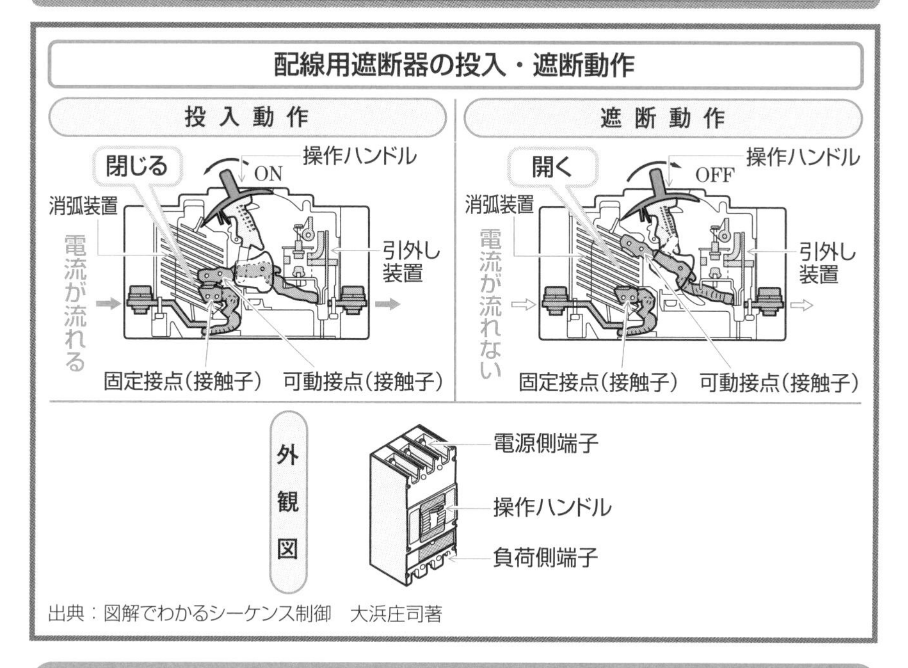

出典：図解でわかるシーケンス制御　大浜庄司著

配線用遮断器のしくみ —操作用機器—

★**配線用遮断器**は、**ノーヒューズブレーカ**ともいい、通常の負荷電流の開閉を行う**電源スイッチ**として多く用いられます。

そのほか過電流および短絡などの事故の際には、引外し装置が自動的に動作して回路を遮断し、**過電流保護**を行います。

配線用遮断器は、開閉機構、引外し装置、消弧装置などを絶縁物の容器内に一体として組み込んだ構造になっています。

開閉機構は、操作ハンドルをON、OFFすると、リング機構、ラッチ機構に連動し引外し装置が作動して接触子を開閉します。

正常負荷状態での開閉操作は、操作ハンドルを手動でON、OFFして行います。

引外し装置では、過負荷電流や短絡電流がコイルに流れると、可動鉄片が吸引されて開閉機構のラッチに作用し、接点を開き自動的に回路を遮断します。

消弧装置は、過負荷、短絡電流の遮断の際に接触子に発生するアークをすみやかに消滅させます。

91 ベル・ブザ、表示灯・発光ダイオード

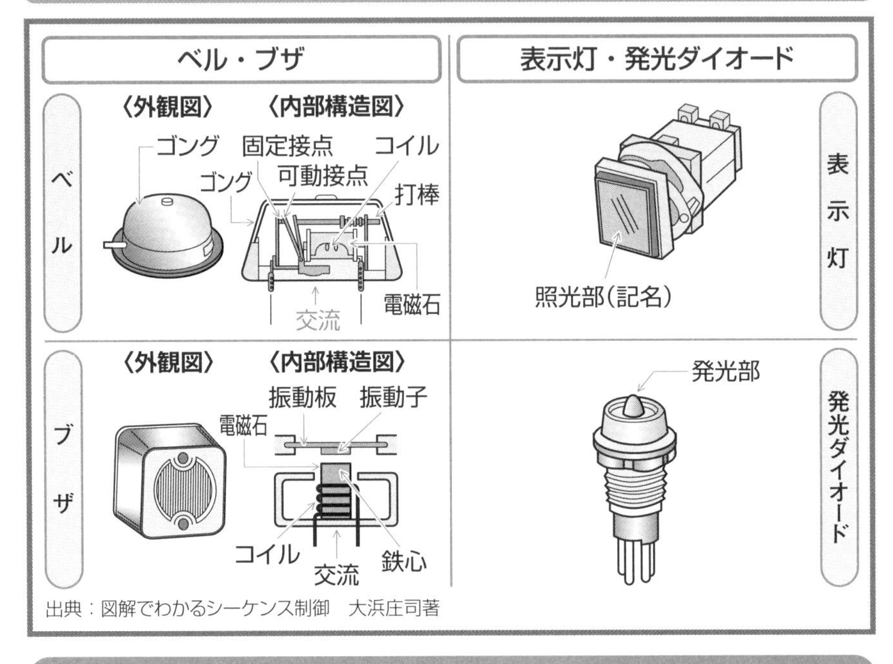

出典：図解でわかるシーケンス制御　大浜庄司著

ベル・ブザ、表示灯・発光ダイオードのしくみ ―警報・表示用機器―

★ベル・ブザは、機器の故障発生を知らせる警報器です。

ベルは、電磁石部、接点部および音を発生するゴングから構成され、電磁石で振動するゴング（振動鐘）にりんを打たせる音響器具で、故障発生と共に機器の運転を停止しなくてはならないような重故障等の際に用います。

ブザは、電磁石部と音を発生する振動板、振動子から構成され、電磁石で発音体を振動させる音響器具で、故障が発生しても機械の運転が継続可能な軽故障の警報として用いられます。

★**表示灯**は、制御盤、配電盤などに組込まれ光源の点灯・消灯によって、運転・停止・故障表示などの制御状態を表示します。

表示灯は、光源と色別レンズからなる“照光部”と“変圧器”または直列抵抗とソケットからなる“ソケット部”により構成されています。

発光ダイオードは、電流を流すと光を発生する性質があり、発光量は少ないですが、応答が速いので、表示灯の光源として、最近は多く用いられています。

92 電池・変圧器

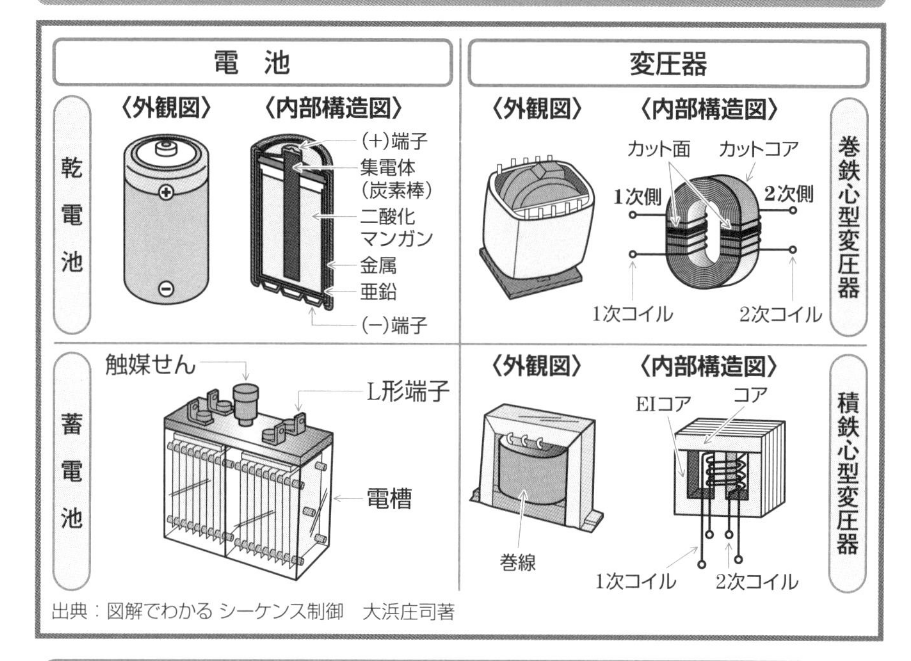

出典：図解でわかる シーケンス制御　大浜庄司著

電池・変圧器のしくみ ―電源用機器―

★**電池**とは、電解液の中に浸した異なる2種類の金属のもっている化学的エネルギーを電気的エネルギーに変え、直流の電力を外部に取り出す装置をいいます。

電池には、一次電池と二次電池があり、**一次電池**は乾電池のように、一度完全に放電してしまうと廃棄する使い捨てタイプで、**二次電池**は蓄電池のように放電しても充電することにより繰り返し使用できるタイプで、例として、鉛蓄電池、アルカリ蓄電池などがあります（第23章参照）。

★**変圧器**とは、二つ以上のコイルをもち、それぞれの間の電磁誘導作用（44項参照）によって、1次側のコイルに加えた電圧と異なる電圧が2次側のコイルに発生するようにした電圧変換装置をいい、通称“**トランス**”といわれます。

変圧器は、鉄心に巻かれた1次コイルおよび2次コイルから構成されており、1次側電圧により誘起する2次側の電圧は、その巻数比に比例します。

変圧器の鉄心には、けい素鋼板が使用され渦電流損を少なくするためにけい素鋼板を積み重ね、その方法により巻鉄心（カットコア）型と積鉄心型があります。

〈MEMO〉

第10章

93 論理回路は「0」信号・「1」信号で伝達する

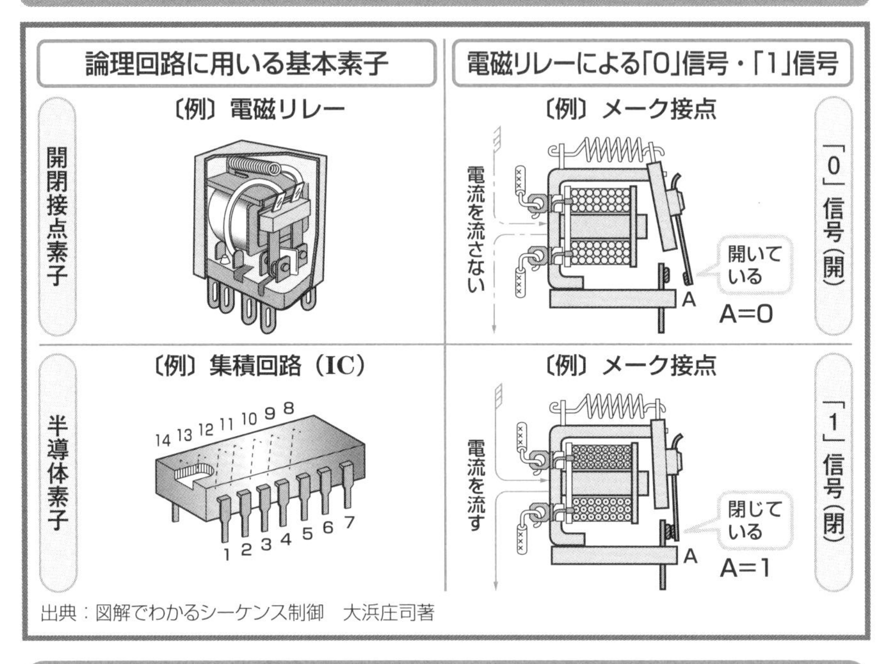

出典:図解でわかるシーケンス制御　大浜庄司著

論理回路は電磁リレー・集積回路を基本素子とする

★**論理**とは、**ロジック**ともいい“筋道の通った考え方”という意味で、この考え方で制御信号を判断する機能をもった回路を“**論理回路**”といいます。

筋道の通った考え方とは、電気信号を“**ディジタル**”として伝達することで、相反する状態を「0」と「1」に対応させて伝達する信号をいいます。

★論理回路として信号を伝える基本となる器具には、電磁リレー、集積回路(IC:Integrated Circuit)などがあります。

電磁リレーなどの開閉接点回路では、電気信号を接点が“閉じている(ON)”か、“開いている(OFF)”かで伝達します。

半導体による集積回路では、ある基準レベルを設定し、このレベルより高い電圧を“H(High)”、低い電圧を“L(Low)”として区別し信号を伝えます。

この二つの信号を“**2値信号**”といい、一般に肯定的な信号を「1」信号、否定的な信号に「0」信号を使います。この「0」と「1」は二つの異なる信号を表示する記号(2進法)であって、10進法の数字の0と1とは意味が違います。

94 “および”の条件で動作する AND回路

AND回路の動作表

入力信号		出力信号
X	Y	A
0	0	0
1	0	0
0	1	0
1	1	1

AND回路の図記号

〈JISC 0617〉

入力X　&　出力A
入力Y

〈ANSI Y32.14〉

1.0　0.8
入力X　出力A
入力Y
0.6　0.4R

AND回路のタイムチャート　― 2入力の場合 ―

入力信号 X　0 1 0 1 0
入力信号 Y　0 1 0 1 0
出力信号 A　0 1 0 1 0

AND回路は論理積回路ともいう

★**AND回路**とは、たとえば二つの入力信号X、Yがある場合、XおよびYが両方とも「1」信号のときだけ出力信号が「1」信号になる回路をいいます。

この入力条件のXおよびYの“**および**”を英語でANDということから、この回路を“**AND（アンド）回路**”といいます。

この二つの入力信号X、Yと出力信号Aとの関係を示した表を“**AND回路の動作表**”といいます。この動作表からわかるように、入力信号XとYをそれぞれ2進法で掛け算すると出力信号になるのでAND回路を別名“**論理積回路**”ともいいます。

AND回路の時間軸に対する動作を示したのが、“**タイムチャート**”です。

AND回路の図記号にはJISC0617に規定された図記号と米国の電気電子技術規格であるANSI Y32.14に規定された通称**MIL論理記号**があります。

★電磁リレーによるAND回路とは、入力信号として電磁リレーXおよび電磁リレーYのメーク接点（130項参照）を直列にし、電磁リレーAのコイルに接続して、その電磁リレーAのメーク接点A-mを出力信号とした回路をいいます（次頁参照）。

95 AND回路の回路図

AND回路の集積回路(IC) — 例 —

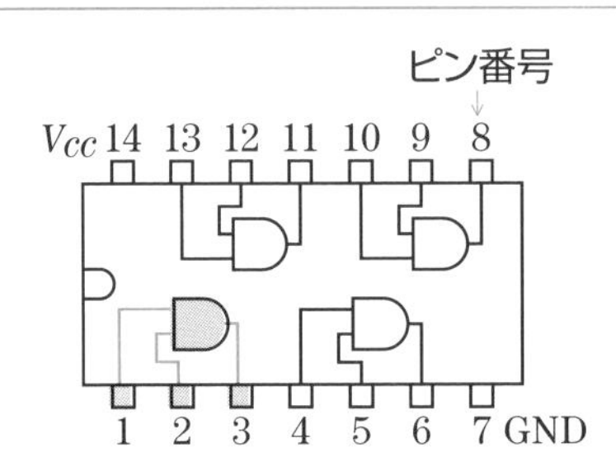

- AND回路の集積回路(IC)は1個のパッケージに2入力のAND論理素子が4回路分入っています。
- ICパッケージの1·2、4·5、9·10、12·13ピンが入力で、出力は3、6、8、11ピンです。14ピンは電源(Vcc)で、7ピンは接地(GND)です。

IC-AND回路の入力と出力

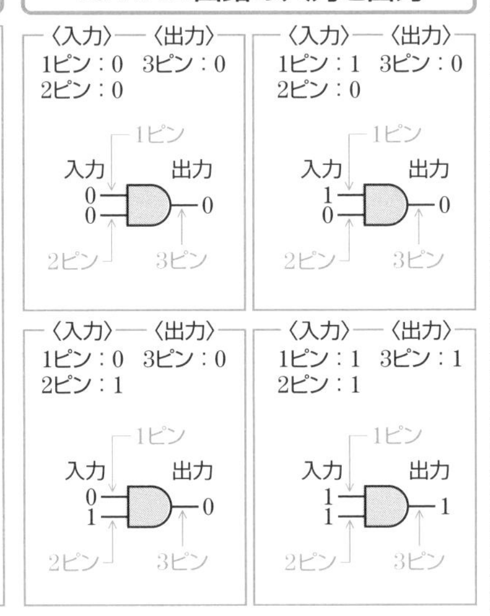

電磁リレーによるAND回路図 — 実体配線図 —

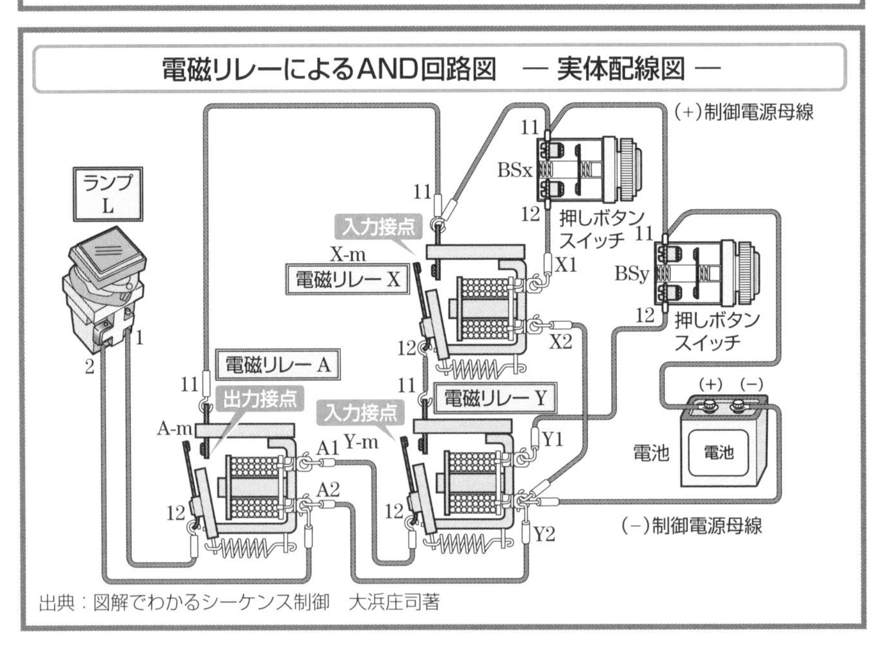

出典：図解でわかるシーケンス制御　大浜庄司著

96 電磁リレーによるAND回路の動作

例　入力信号X=「1」・Y=「1」、出力信号A=「1」の動作図

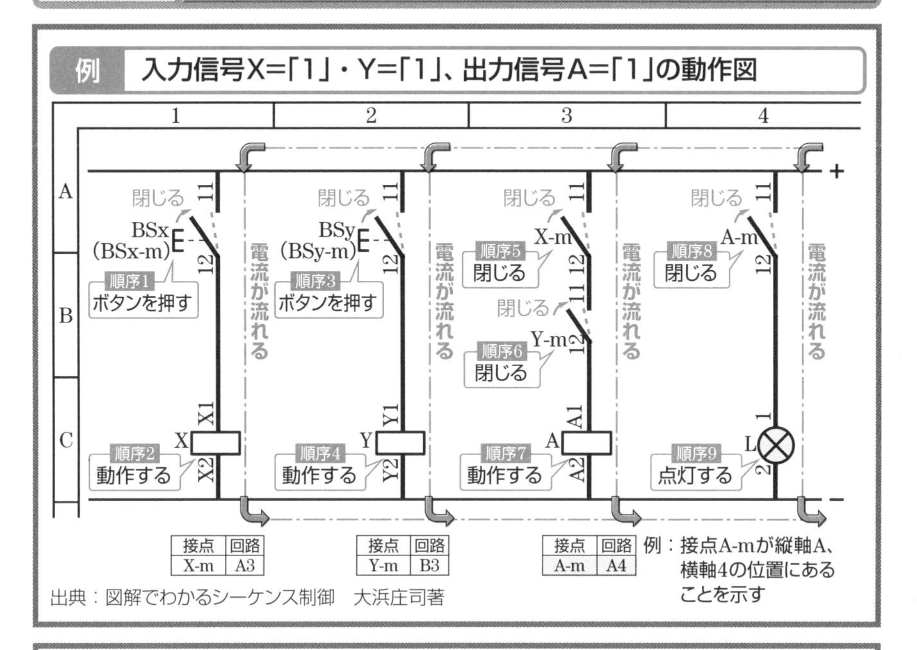

出典：図解でわかるシーケンス制御　大浜庄司著

例　入力信号X=「1」・Y=「1」、出力信号A=「1」の動作順序

押しボタンスイッチBSxを押し（入力X「1」）、BSyも押すと（入力Y「1」）、ランプLは点灯（出力A「1」）します。

順序1：押しボタンスイッチBSxを押すと、メーク接点BSx-mが閉じる。

順序2：メーク接点BSx-mが閉じると、電磁リレー Xが動作する。

順序3：押しボタンスイッチBSyを押すと、メーク接点BSy-mが閉じる。

順序4：メーク接点BSy-mが閉じると、電磁リレー Yが動作する。

順序5：電磁リレー Xが動作すると、メーク接点X-mが閉じる。

順序6：電磁リレー Yが動作すると、メーク接点Y-mが閉じる。

順序7：メーク接点X-mとメーク接点Y-mの両方が閉じているので、電磁リレー AのコイルAに電流が流れ、動作する。

順序8：電磁リレー Aが動作すると、メーク接点A-mが閉じる。

順序9：メーク接点A-mが閉じると、ランプLに電流が流れ点灯する。

97 “または”の条件で動作するOR回路

OR回路の動作表

入力信号		出力信号
X	Y	A
0	0	0
1	0	1
0	1	1
1	1	1

OR回路の図記号

〈JISC 0617〉 入力X 入力Y ≧1 出力A

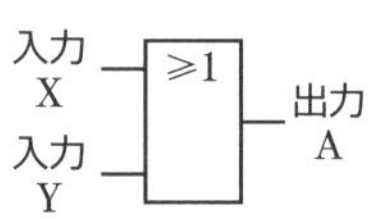

〈ANSI Y32.14〉 0.8R 1.0 0.8 入力X 入力Y 出力A 0.3 0.8R

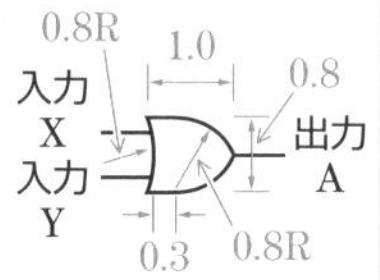

OR回路のタイムチャート　— 2入力の場合 —

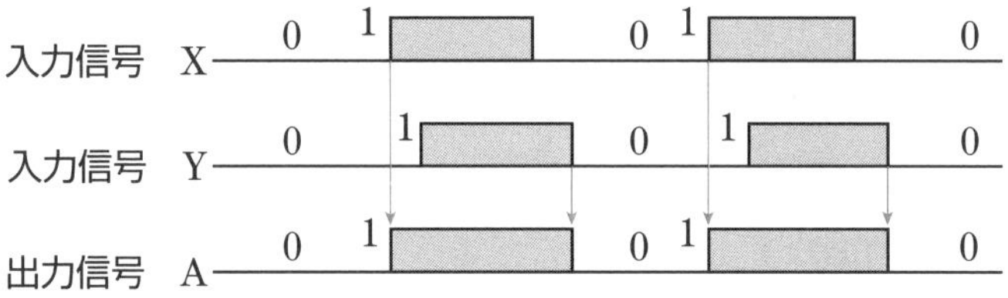

入力信号 X 0 1 0 1 0

入力信号 Y 0 1 0 1 0

出力信号 A 0 1 0 1 0

OR回路は論理和回路ともいう

★**OR回路**とは、たとえば二つの入力信号X、Yがある場合、XまたはYのどちらか一方あるいは両方とも「1」信号になったとき、出力信号Aが「1」信号になる回路をいいます。この入力条件のXまたはYの“**または**”を英語でORということから、この回路を“**OR（オア）回路**”といいます。

この二つの入力信号X、Yと、出力信号Aとの関係を示した表を“**OR回路の動作表**”といいます。この動作表からわかるように、入力信号XとYをそれぞれ２進法で加算すると出力信号になるのでOR回路を別名“**論理和回路**”ともいいます。

OR回路の時間軸に対する動作を示したのが、“**タイムチャート**”です。

OR回路の図記号にはJISC0617に規定された図記号と米国の電気電子技術規格であるANSI Y32.14に規定された通称**MIL論理記号**があります。

★電磁リレーによるOR回路とは、入力信号として電磁リレーXと電磁リレーYのメーク接点を並列にし、電磁リレーAのコイルに接続して、その電磁リレーAのメーク接点A-mを出力信号とした回路をいいます（次頁参照）。

98 OR回路の回路図

OR回路の集積回路(IC)　— 例 —

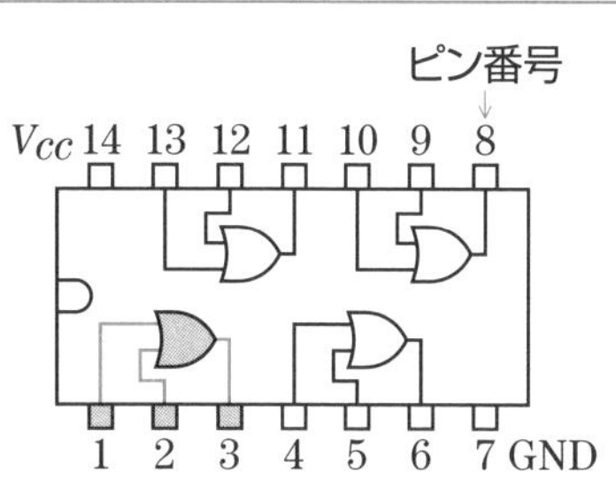

- OR回路の集積回路(IC)は1個のパッケージに2入力のOR論理素子が4回路分入っています。
- ICパッケージの1·2、4·5、9·10、12·13ピンが入力で、出力は3、6、8、11ピンです。14ピンは電源(Vcc)で、7ピンは接地(GND)です。

IC-OR回路の入力と出力

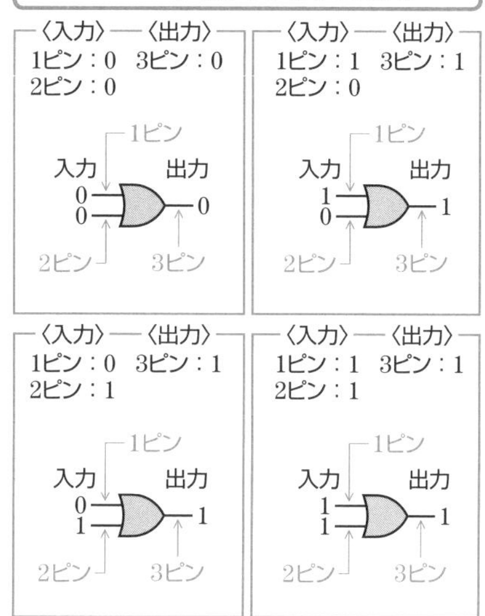

電磁リレーによるOR回路図　— 実体配線図 —

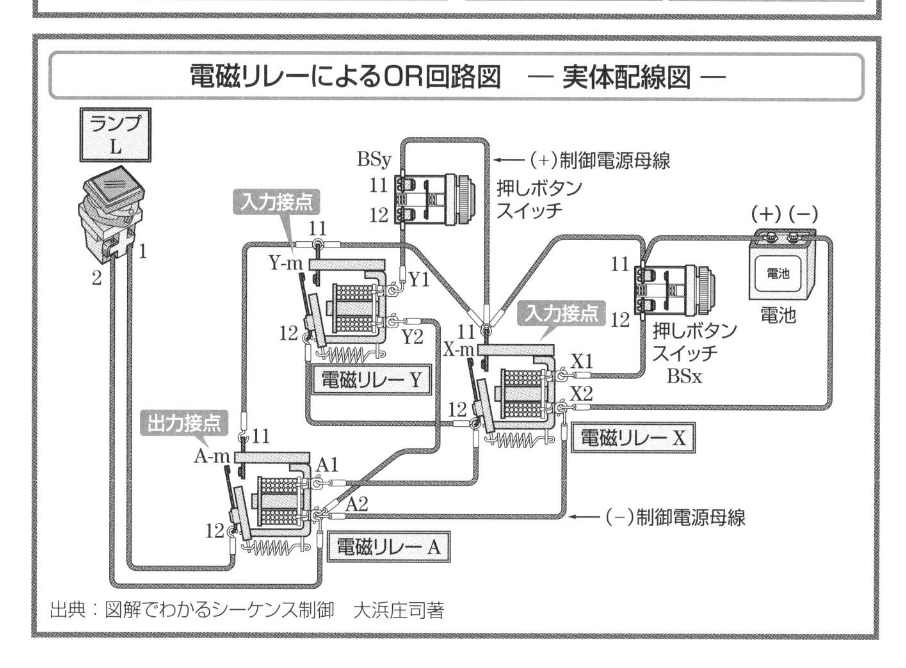

出典：図解でわかるシーケンス制御　大浜庄司著

99 電磁リレーによるOR回路の動作

例 入力信号X=「1」・Y=「0」、出力信号A=「1」の動作図

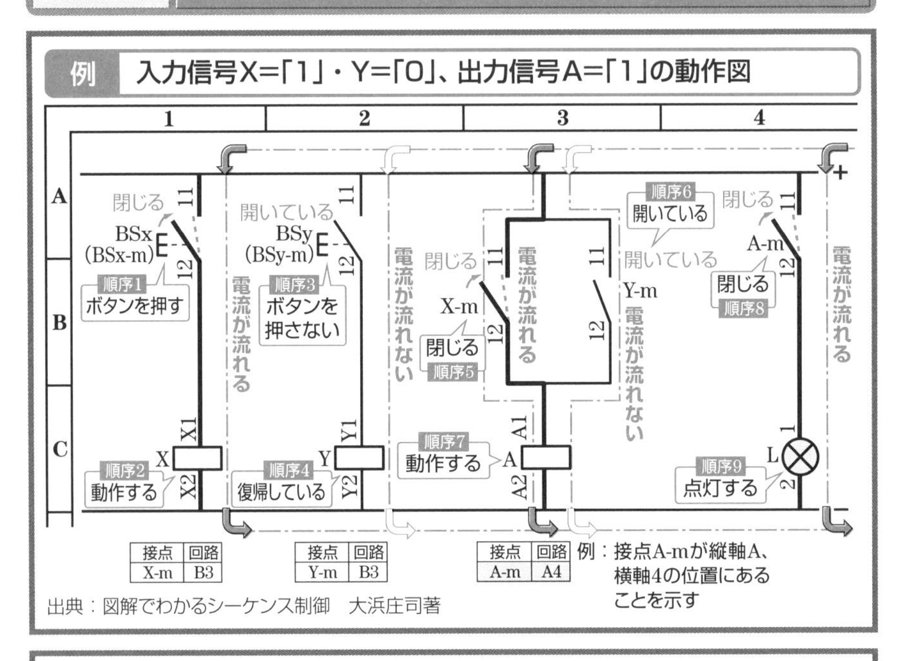

出典：図解でわかるシーケンス制御　大浜庄司著

例 入力信号X=「1」・Y=「0」、出力信号A=「1」の動作順序

押しボタンスイッチBSxを押し（入力X「1」）、BSyを押さない（入力Y「0」）とき、ランプLは点灯（出力A「1」）します。

順序1：押しボタンスイッチBSxを押すと、メーク接点BSx-mが閉じる。

順序2：メーク接点BSx-mが閉じると、電磁リレー Xが動作する。

順序3：押しボタンスイッチBSyを押さないと、メーク接点BSy-mは開いている。

順序4：メーク接点BSy-mが開いていると、電磁リレー Yは復帰している。

順序5：電磁リレー Xが動作すると、メーク接点X-mが閉じる。

順序6：電磁リレー Yが復帰していると、メーク接点Y-mは開いている。

順序7：メーク接点X-mが閉じているので、電磁リレー Aは動作する。

順序8：電磁リレー Aが動作すると、メーク接点A-mが閉じる。

順序9：メーク接点A-mが閉じると、ランプLに電流が流れ点灯する。

100 入力信号を否定する出力となるNOT回路

NOT回路の動作表

入力信号	出力信号
X	A
0	1
1	0

NOT回路の図記号

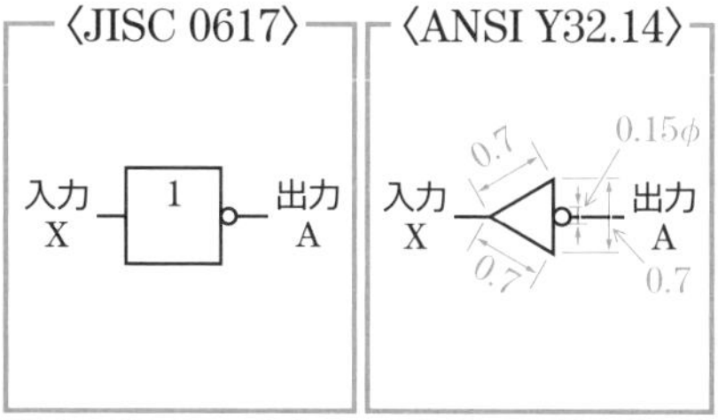

〈JISC 0617〉

入力 X ― [1]o― 出力 A

〈ANSI Y32.14〉

入力 X ―▷o― 出力 A　0.7　0.7　0.15φ　0.7

NOT回路のタイムチャート

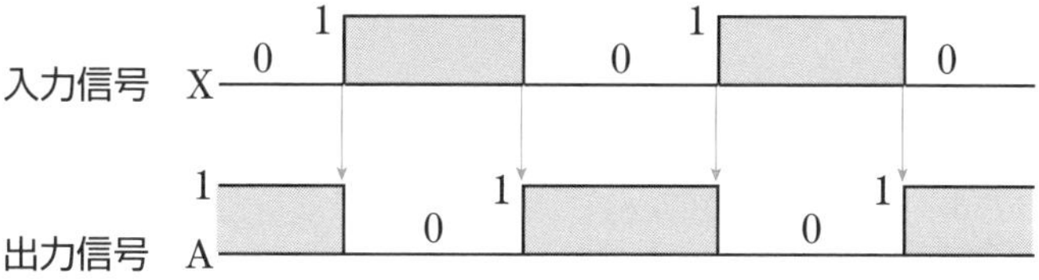

入力信号 X：0 → 1 → 0 → 1 → 0

出力信号 A：1 → 0 → 1 → 0 → 1

NOT回路は論理否定回路ともいう

★**NOT回路**とは、入力信号Xが「0」信号のとき、出力信号Aが「1」信号となり、逆に入力信号Xが「1」信号のとき、出力信号Aが「0」信号になる回路をいいます。

この回路は、入力信号に対して反転した状態の出力信号となることから、入力信号に対して、出力信号が否定された形になります。

この否定することを英語でNOTということから、この回路を“**NOT（ノット）回路**”といい、出力が否定されることから別名“**論理否定回路**”ともいいます。

NOT回路は、入力信号を入れると出力信号が出ませんので、“**停止信号**”として使用されます。また、入力信号が「0」のとき出力信号が「1」、入力信号が「1」のとき出力信号が「0」となりますので“**信号の反転**”にも使われます。

★電磁リレーによるNOT回路は、電磁リレーXのメーク接点X-mを入力信号として電磁リレーAのコイルに直列に接続して、電磁リレーAを動作させ、その電磁リレーAのブレーク接点A-bを出力信号とした回路のことをいいます（次頁参照）。

101 NOT回路の回路図

NOT回路の集積回路(IC) — 例 —

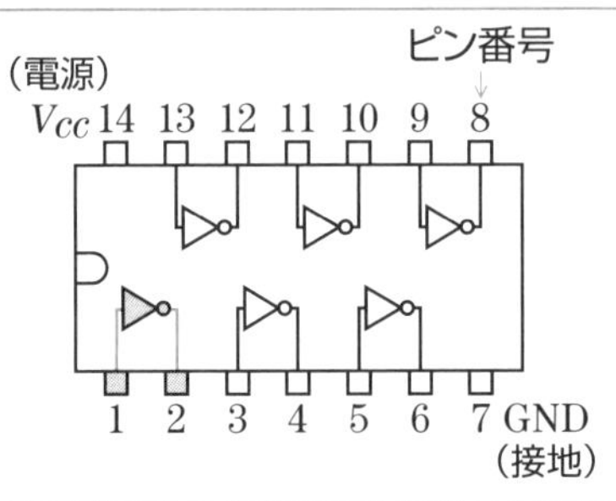

- NOT回路の集積回路(IC)は1個のパッケージにNOT論理素子が6回路分入っています。
- ICパッケージの1、3、5、9、11、13ピンが入力で、出力は2、4、6、8、10、12ピンです。14ピンは電源(Vcc)で、7ピンは接地(GND)です。

IC-NOT回路の入力と出力

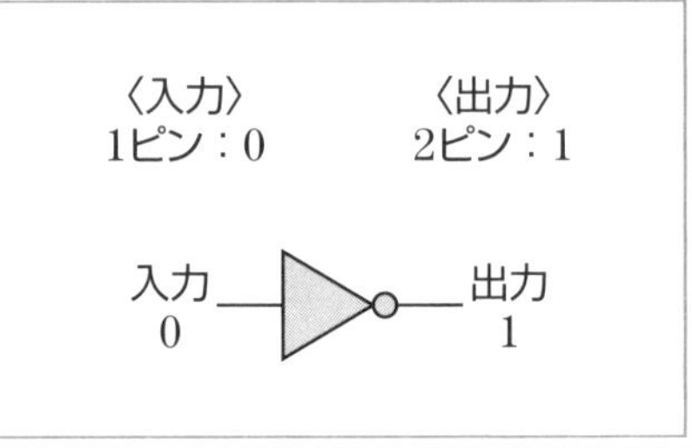

〈入力〉
1ピン：1
〈出力〉
2ピン：0

入力 1　出力 0

電磁リレーによるNOT回路図 — 実体配線図 —

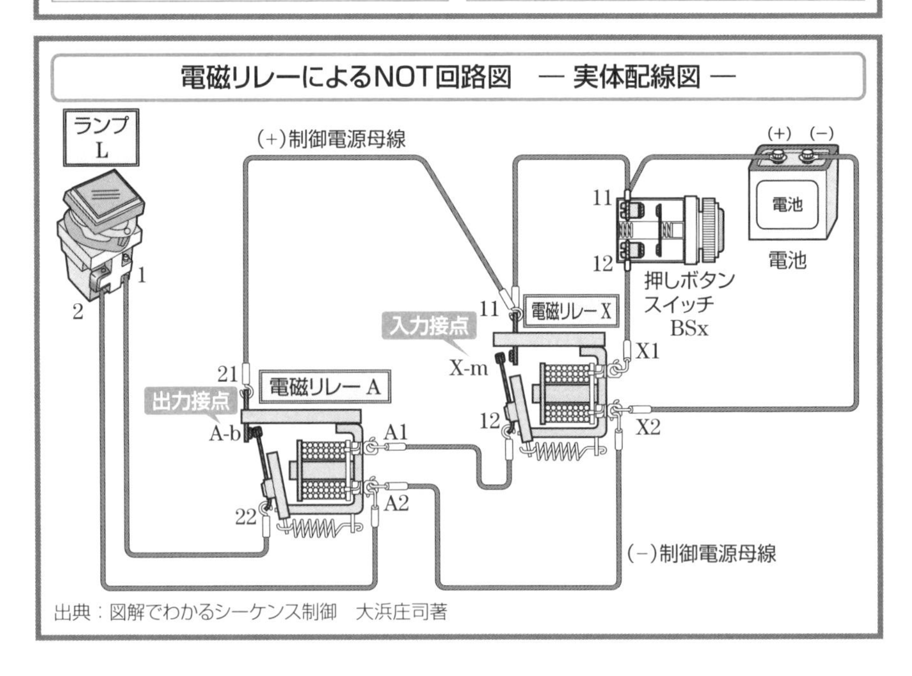

出典：図解でわかるシーケンス制御　大浜庄司著

102 電磁リレーによるNOT回路の動作

例　入力信号X=「1」、出力信号A=「0」の動作図

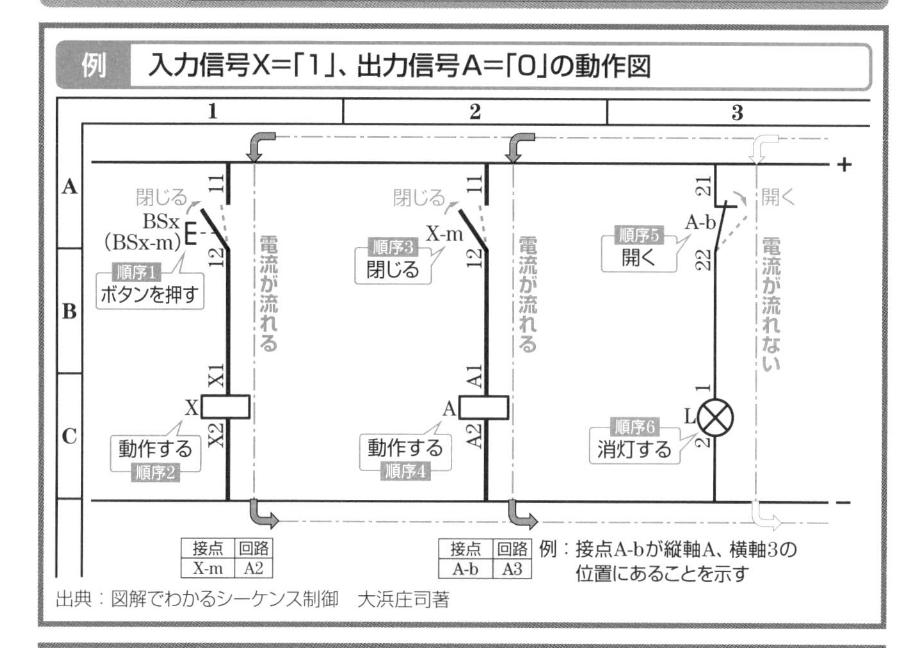

出典：図解でわかるシーケンス制御　大浜庄司著

例　入力信号X=「1」、出力信号A=「0」の動作順序

押しボタンスイッチBSxを押す（入力X「1」）と、ランプLは消灯（出力A「0」）します。

順序1：押しボタンスイッチBSxを押すと、メーク接点BSx-mが閉じる。

順序2：メーク接点BSx-mが閉じると、電磁リレー Xが動作する。

順序3：電磁リレー Xが動作すると、メーク接点X-mが閉じる。

順序4：メーク接点X-mが閉じると、電磁リレー Aが動作する。

順序5：電磁リレー Aが動作すると、ブレーク接点A-bが開く。

順序6：ブレーク接点A-bが開くと、ランプLに電流が流れず消灯する。

103 AND機能を否定するNAND回路

NAND回路の動作表

入力信号		出力信号
X	Y	A
0	0	1
1	0	1
0	1	1
1	1	0

NAND回路の図記号

〈JISC 0617〉 〈ANSI Y32.14〉

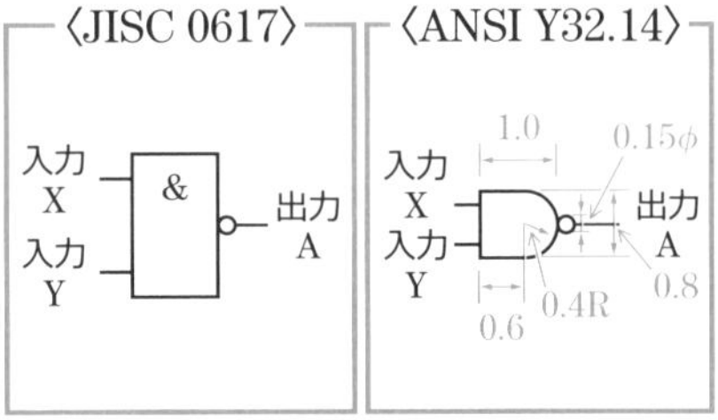

NAND回路のタイムチャート ― 2入力の場合 ―

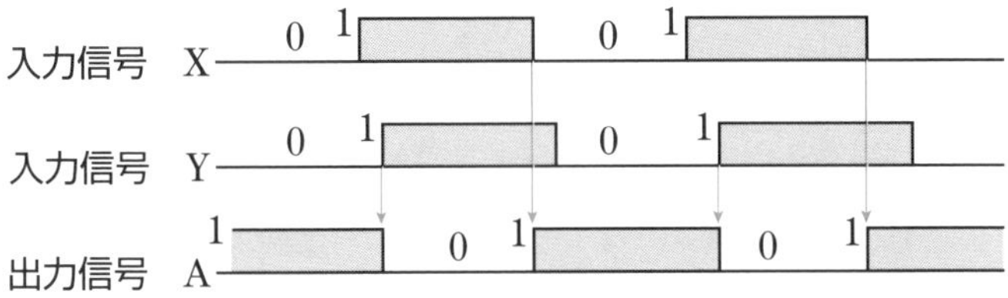

NAND回路は論理積否定回路ともいう

★**NAND回路**とは、たとえば二つの入力信号X、Yがある場合、XおよびYの両方とも「1」信号になったときだけ、出力信号が「0」信号になる回路をいいます。

NAND回路は、AND回路とNOT回路を組み合わせた回路でAND機能を否定する機能をもっていることから、ANDの前にNOTの“N”を付けて“**NAND（ナンド）回路**”といい、別名“**論理積否定回路**”ともいいます。

この二つの入力信号X、Yと出力信号との関係を示した表を“**NAND回路の動作表**”といい、時間軸に対する動作を示したのが“**タイムチャート**”です。

NAND回路の図記号にはJISC0617に規定された図記号と米国の電気電子技術規格であるANSI Y32.14に規定された通称**MIL論理記号**があります。

★電磁リレーによるNAND回路は、入力信号として電磁リレーXおよび電磁リレーYのメーク接点を直列にし、電磁リレーAのコイルに接続して、その電磁リレーAのブレーク接点A-bを出力信号とした回路をいいます（次頁参照）。

104 NAND回路の回路図

NAND回路の集積回路(IC) ― 例 ―

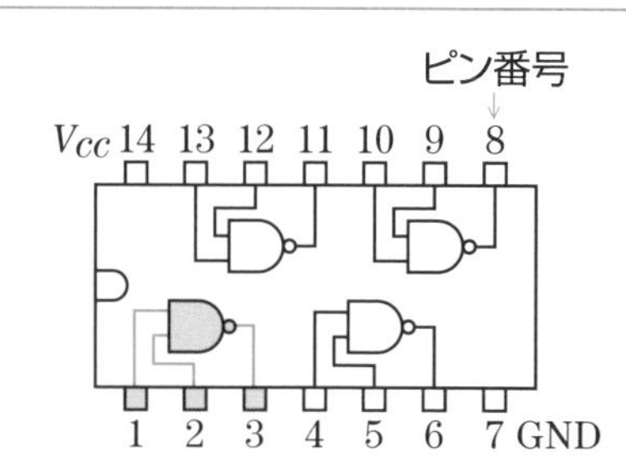

- NAND回路の集積回路(IC)は1個のパッケージに2入力のNAND論理素子が4回路分入っています。
- ICパッケージの1·2、4·5、9·10、12·13ピンが入力で、出力は3、6、8、11ピンです。14ピンは電源(Vcc)で、7ピンは接地(GND)です。

IC-NAND回路の入力と出力

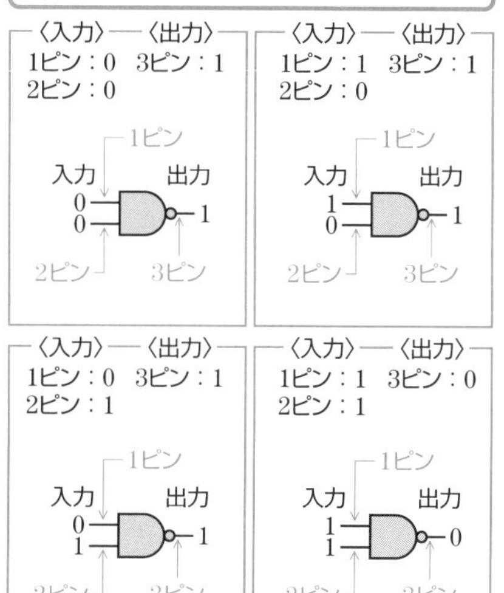

電磁リレーによるNAND回路図 ― 実体配線図 ―

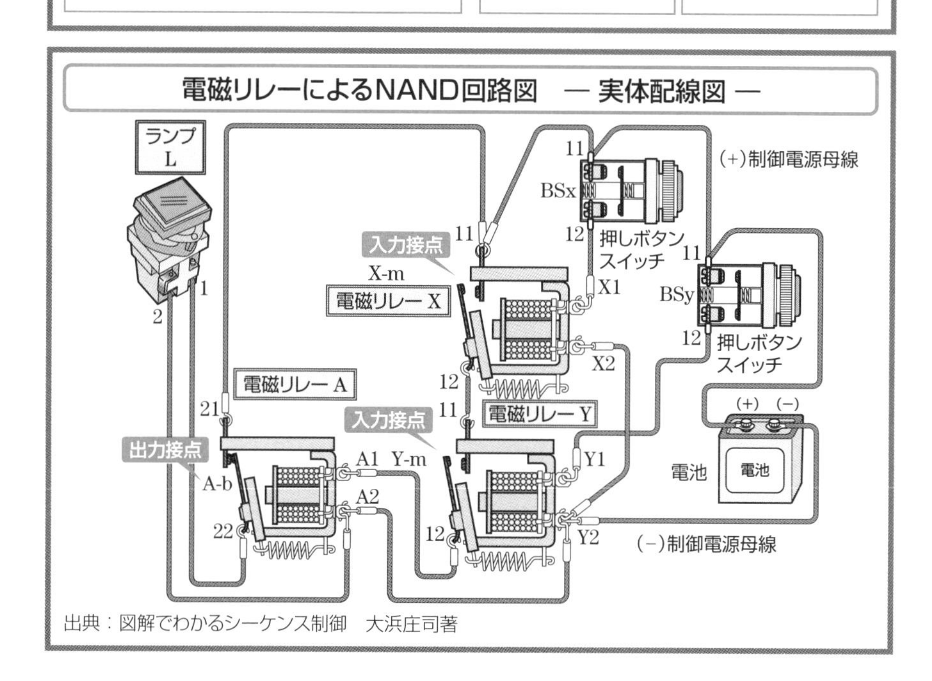

出典：図解でわかるシーケンス制御　大浜庄司著

105 電磁リレーによるNAND回路の動作

例 入力信号X=「1」・Y=「1」、出力信号A=「0」の動作図

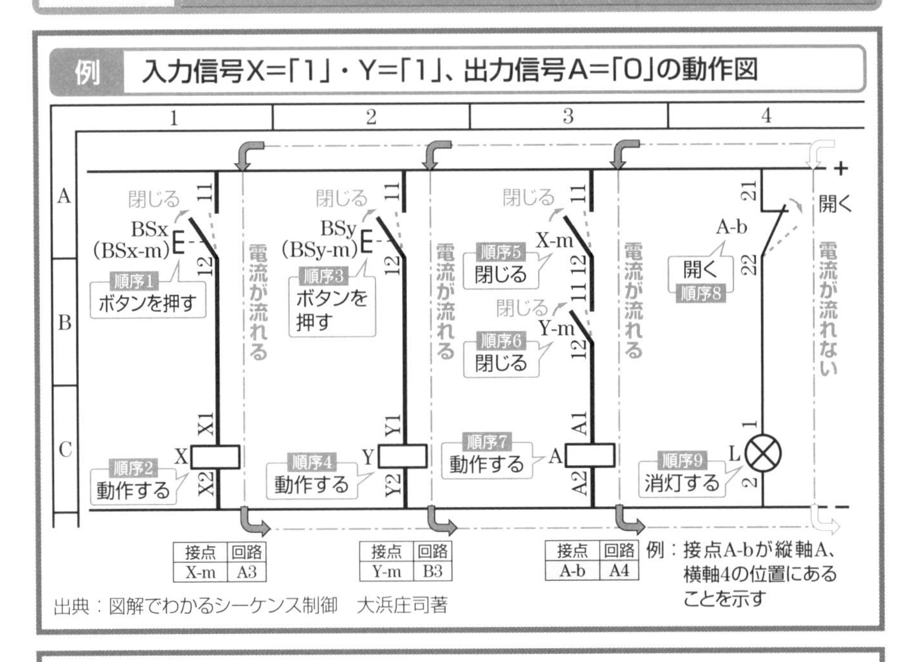

出典：図解でわかるシーケンス制御　大浜庄司著

例 入力信号X=「1」・Y=「1」、出力信号A=「0」の動作順序

押しボタンスイッチBSxを押し(入力X「1」)、BSyを押すと(入力Y「1」)、ランプLは消灯(出力A「0」)します。

順序1：押しボタンスイッチBSxを押すと、メーク接点BSx-mが閉じる。

順序2：メーク接点BSx-mが閉じると、電磁リレー Xが動作する。

順序3：押しボタンスイッチBSyを押すと、メーク接点BSy-mが閉じる。

順序4：メーク接点BSy-mが閉じると、電磁リレー Yが動作する。

順序5：電磁リレー Xが動作すると、メーク接点X-mが閉じる。

順序6：電磁リレー Yが動作すると、メーク接点Y-mが閉じる。

順序7：メーク接点X-mとメーク接点Y-mの両方が閉じているので、電磁リレー Aのコイルに電流が流れ、電磁リレー Aは動作する。

順序8：電磁リレー Aが動作すると、ブレーク接点A-bが開く。

順序9：ブレーク接点A-bが開くと、ランプLに電流が流れず消灯する。

106 OR機能を否定するNOR回路

NOR回路の動作表

入力信号		出力信号
X	Y	A
0	0	1
1	0	0
0	1	0
1	1	0

NOR回路の図記号

〈JISC 0617〉

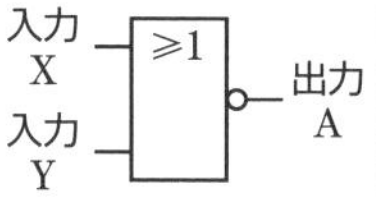

入力X
入力Y
≧1
出力A

〈ANSI Y32.14〉

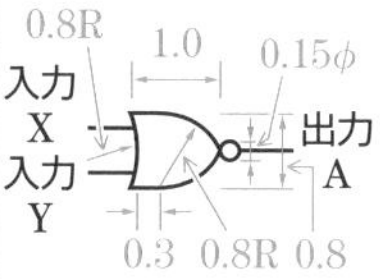

0.8R
1.0
0.15φ
入力X
入力Y
出力A
0.3
0.8R
0.8

NOR回路のタイムチャート — 2入力の場合 —

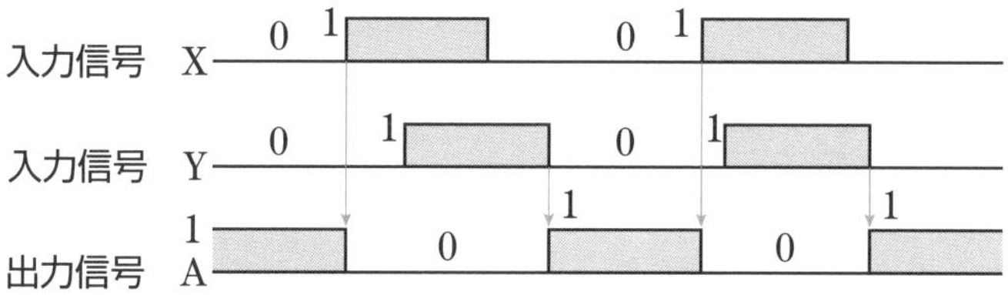

入力信号 X 0 1 0 1
入力信号 Y 0 1 0 1
出力信号 A 1 0 1 0 1

NOR回路は論理和否定回路ともいう

★**NOR回路**とは、たとえば二つの入力信号X、Yがある場合、XまたはYのどちらか一方あるいは両方とも「1」信号になったとき、出力信号Aが「0」信号になる回路をいいます。

NOR回路は、OR回路とNOT回路を組み合わせた回路で、OR機能を否定する機能をもっていることから、“OR”の前にNOTの“N”を付けて、**“NOR（ノア）” 回路**といいます。また、別名“**論理和否定回路**”ともいいます。

この二つの入力信号X、Yと出力信号Aとの関係を示した表を“**NOR回路の動作表**”といい、時間軸に対する動作を示したのが“**タイムチャート**”です。

NOR回路の図記号にはJISC0617に規定された図記号と米国の電気電子技術規格であるANSI Y32.14に規定された通称**MIL論理記号**があります。

★電磁リレーによるNOR回路は、入力信号として電磁リレーXと電磁リレーYのメーク接点を並列にし、電磁リレーAのコイルに接続して、その電磁リレーAのブレーク接点A-bを出力信号とした回路をいいます（次頁参照）。

107 NOR回路の回路図

NOR回路の集積回路(IC) ―例―

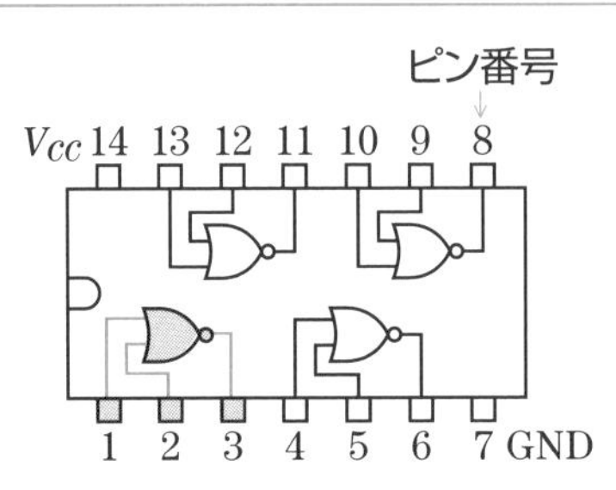

- NOR回路の集積回路(IC)は1個のパッケージに2入力のNOR論理素子が4回路分入っています。
- ICパッケージの1·2、4·5、9·10、12·13ピンが入力で、出力は3、6、8、11ピンです。14ピンは電源(Vcc)で、7ピンは接地(GND)です。

IC-NOR回路の入力と出力

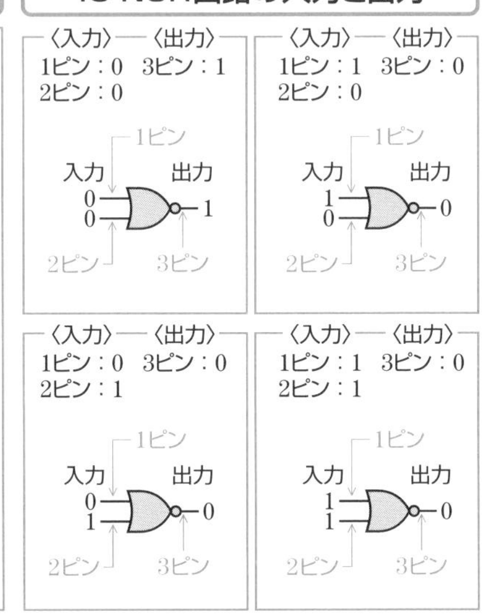

電磁リレーによるNOR回路図 ―実体配線図―

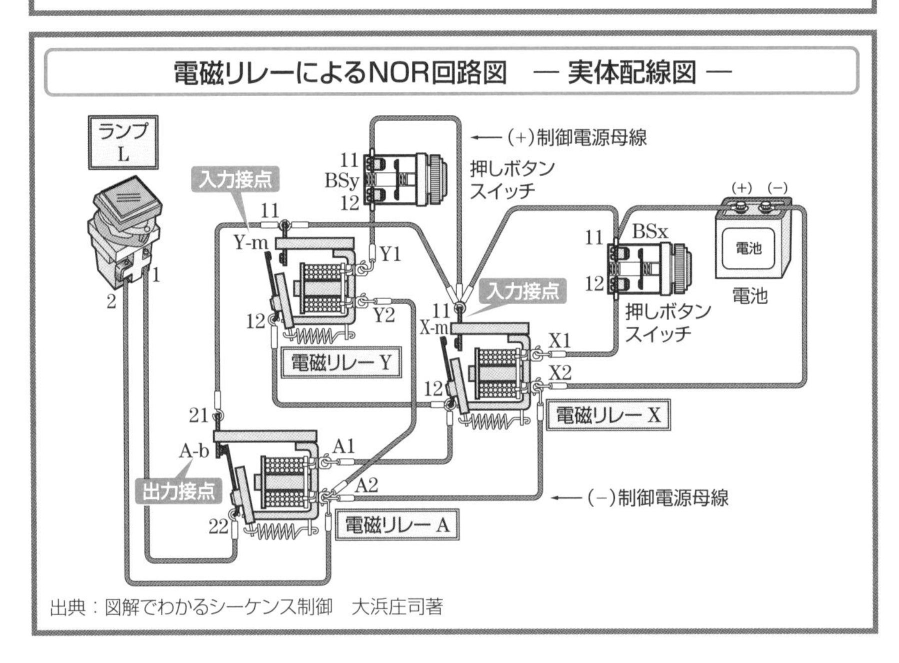

出典：図解でわかるシーケンス制御　大浜庄司著

108 電磁リレーによるNOR回路の動作

例 入力信号X=「1」・Y=「0」、出力信号A=「0」の動作図

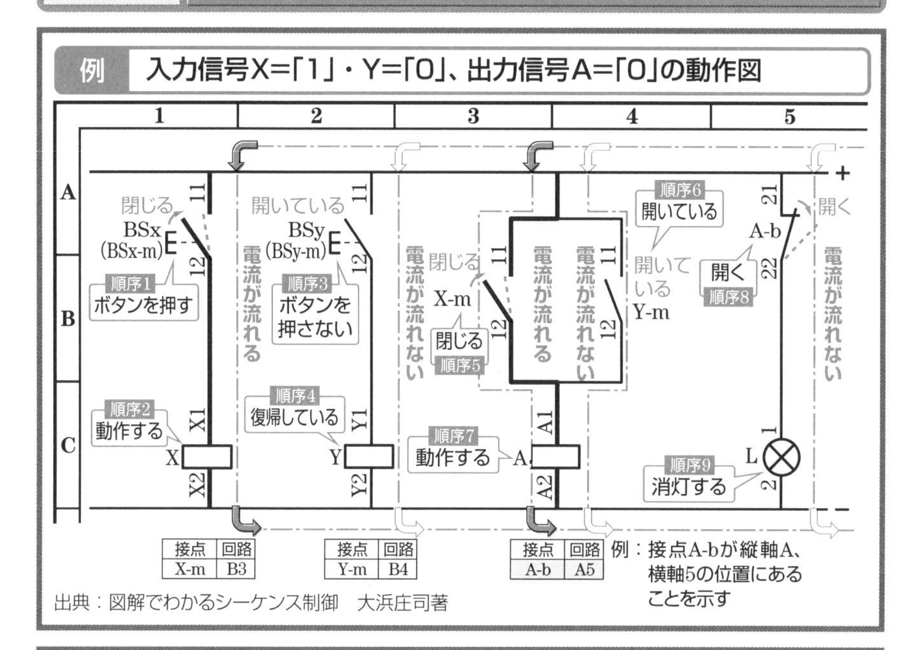

接点	回路
X-m	B3

接点	回路
Y-m	B4

接点	回路
A-b	A5

例：接点A-bが縦軸A、横軸5の位置にあることを示す

出典：図解でわかるシーケンス制御　大浜庄司著

例 入力信号X=「1」・Y=「0」、出力信号A=「0」の動作順序

押しボタンスイッチBSxを押し(入力X「1」)、BSyを押さない(入力Y「0」)とき、ランプLは消灯(出力A「0」)します。

順序1：押しボタンスイッチBSxを押すと、メーク接点BSx-mが閉じる。

順序2：メーク接点BSx-mが閉じると、電磁リレー Xが動作する。

順序3：押しボタンスイッチBSyを押さないと、メーク接点BSy-mは開いている。

順序4：メーク接点BSy-mが開いていると、電磁リレー Yは復帰している。

順序5：電磁リレー Xが動作すると、メーク接点X-mが閉じる。

順序6：電磁リレー Yが復帰していると、メーク接点Y-mは開いている。

順序7：メーク接点X-mが閉じているので、電磁リレー Aは動作する。

順序8：電磁リレー Aが動作すると、ブレーク接点A-bが開く。

順序9：ブレーク接点A-bが開くと、ランプLに電流が流れず消灯する。

〈MEMO〉

第11章 半導体回路

109 半導体のもとになるシリコン原子

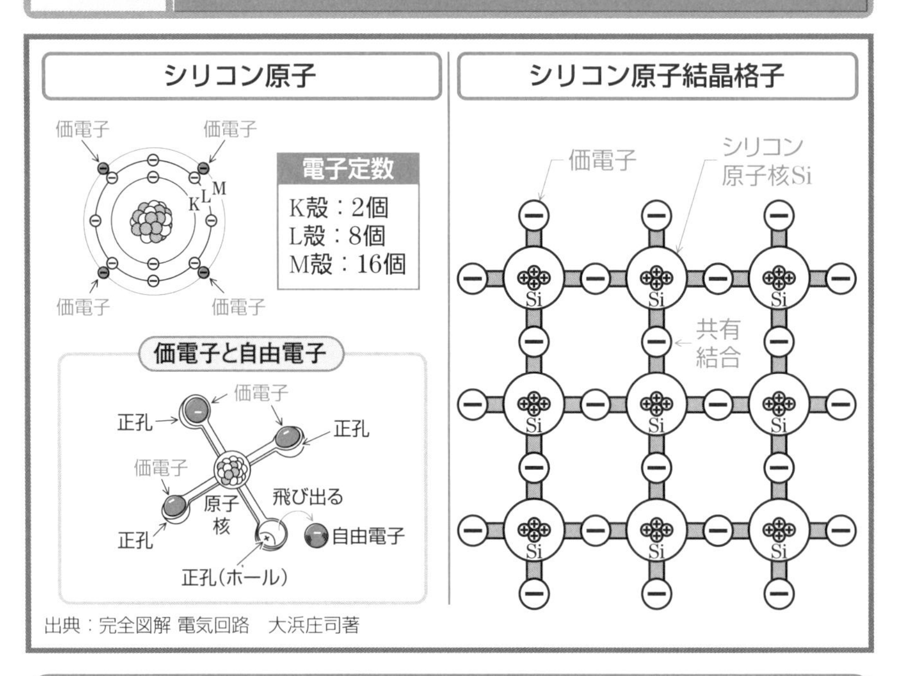

出典：完全図解 電気回路　大浜庄司著

シリコン原子に電圧を加えると自由電子が生まれそのあとは正孔となる

★半導体のもとになるシリコンの原子Siは、14個の電子をもっており、原子核に近いK殻、L殻は電子の定数を満たし2個、8個ですが、一番外側のM殻は定数16個に対して4個となっています。

この一番外側の軌道にある電子を“**価電子**”といいますので、シリコン原子Siの価電子は4個ということになります。

この価電子は、一番外側の軌道にあるため、原子核の陽子との吸引力が最も弱いので、電圧などのエネルギーを与えると、軌道から飛び出して“**自由電子**”となって電気伝導を行います。

シリコンの原子Siから自由電子が飛び出したあとに残った空席をホールといいます。負電荷をもつ自由電子が抜けたので、陽子のもつ正電荷の方が多くなることから、ホールは正電荷と同じはたらきをするので、ホールを“**正孔**”といいます。

シリコンSiの結晶は、隣り同士の原子が4個の価電子を共有する形で結びついていることから、“**共有結合**”といいます。

110 正孔が電気を運ぶP型半導体

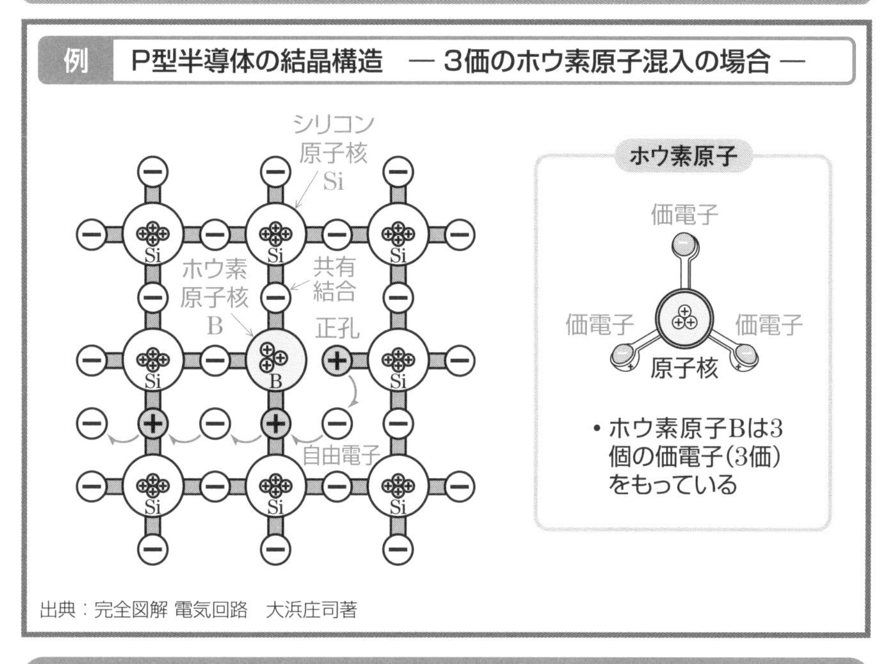

シリコンの結晶に3価の原子を混入すると正孔が生ずる —P型半導体—

★シリコンSiの結晶の中に、たとえば3価の原子（価電子3個をもつ原子）であるホウ素原子Bをごくわずか混入しますと、ホウ素原子Bは周りの価電子4個をもつシリコン原子Siと共有結合をしますが、ホウ素原子Bの価電子は3個しかないため、シリコン原子Siとの共有結合に必要な4個には、1個不足となります。

したがって、シリコン原子Siは余った価電子1個を自由電子として放出しますので、混入させたホウ素原子Bの数だけ、シリコン原子Siに正孔（ホール）が生じます。

シリコン原子Siに生じた正孔は、周りのシリコン原子Siから電子を奪い取りますので、周りのシリコン原子Siは、奪われた電子のあとに新しい正孔を生じます。そして、この現象が繰り返され、これにより正電荷が運ばれます。

シリコン原子Siにホウ素原子Bのように3価の原子を混入させた半導体は、正の電気の性質をもつ正孔（ホール）が、電気を運ぶ（運搬人：キャリア）ので、正電気の“**正**”を意味する英語の“Positive”の頭文字“**P**”をとって“**P型半導体**”といいます。

111 電子が電気を運ぶN型半導体

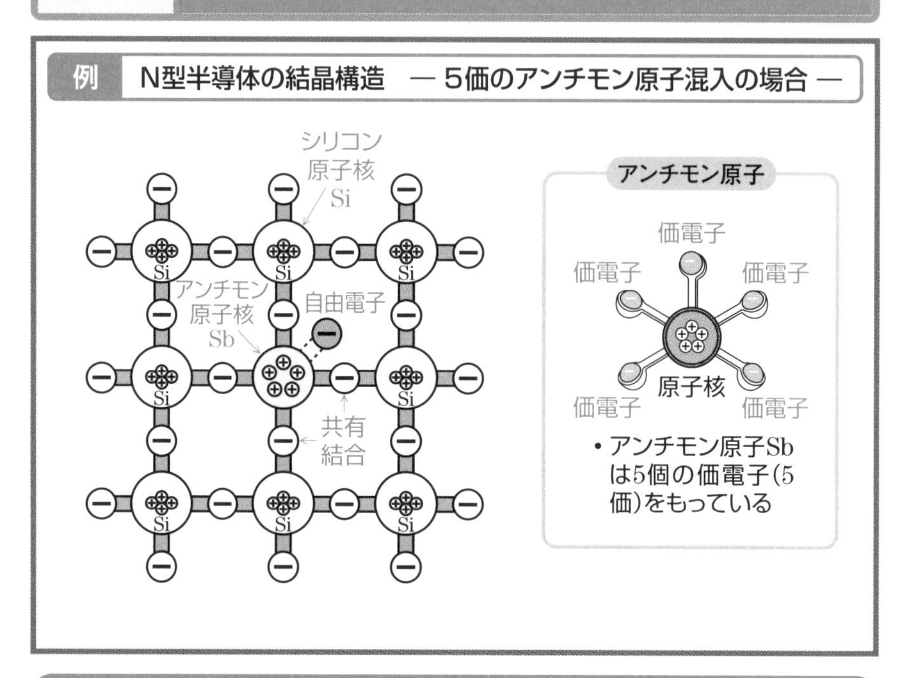

シリコンの結晶に5価の原子を混入すると電子が生ずる ―N型半導体―

★シリコンSiの結晶の中に、たとえば5価（価電子5個をもつ原子）であるアンチモン原子Sbをごくわずか混入させます。

これによりアンチモン原子Sbは、周りの価電子4個をもつシリコン原子Siと共有結合しますが、共有結合に必要な価電子は、4個でよいのにアンチモン原子Sbは、5個の価電子がありますから、価電子1個が余ります。

アンチモン原子Sbの余った1個の価電子は、一番外側の軌道にあるので、原子核との吸引力が弱く、自由電子になります。

シリコンSiの結晶の中にアンチモン原子Sbのような5価の原子を混入させた半導体は、混入した5価の原子の数だけの自由電子が生まれます。

この生まれた負電荷をもつ電子が電気を運ぶキャリア（運搬人）となります。

このように、負電荷をもつ電子が、電気を運ぶような半導体は、電子のもつ負電荷の“**負**”を意味する英語の“Negative”の頭文字“N”をとって“**N型半導体**”といいます。

112 ダイオードはP型半導体とN型半導体の結合である

例 ダイオードに順方向電圧・逆方向電圧を加えた場合の配線図

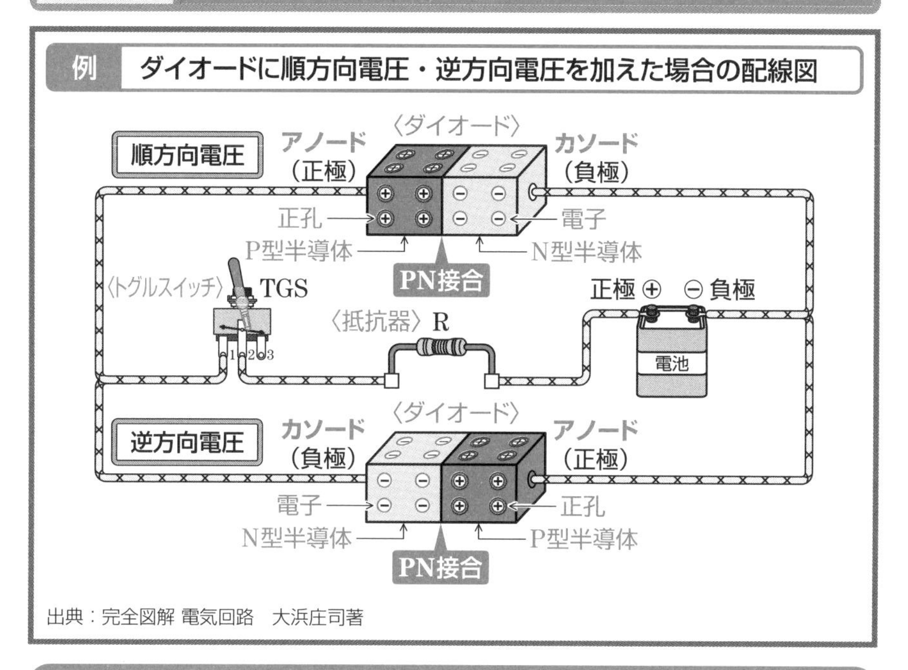

出典：完全図解 電気回路　大浜庄司著

ダイオードはP型半導体をアノード（正極）、N型半導体をカソード（負極）とする

★**ダイオード**とは、P型半導体（正孔：正電荷をもつ）とN型半導体（電子：負電荷をもつ）を結合した半導体をいい、この結合を“**PN接合**”といいます。

ダイオードでは、PN接合したP型半導体側を**アノード**（正極：Anode）といい、N型半導体側を**カソード**（負極：Cathode）といいます。

ダイオードのアノード（正極）に直流電源である電池の正極（+）を接続し、ダイオードのカソード（負極）に電池の負極（−）を接続することを、ダイオードに“**順方向電圧**”を加えるといいます。

ダイオードに順方向電圧を加えると、アノードからカソードに向けて、電流が流れます。この動作をダイオードの“**ON動作**”（113項参照）といいます。

★ダイオードのアノードに直流電源である電池の負極を接続し、ダイオードのカソードを正極に接続することをダイオードに“**逆方向電圧**”を加えるといいます。

ダイオードに逆方向電圧を加えると、ダイオードには電流が流れません。

この動作をダイオードの“**OFF動作**”（114項参照）といいます。

113 ダイオードに順方向電圧を加えると“ON動作”する

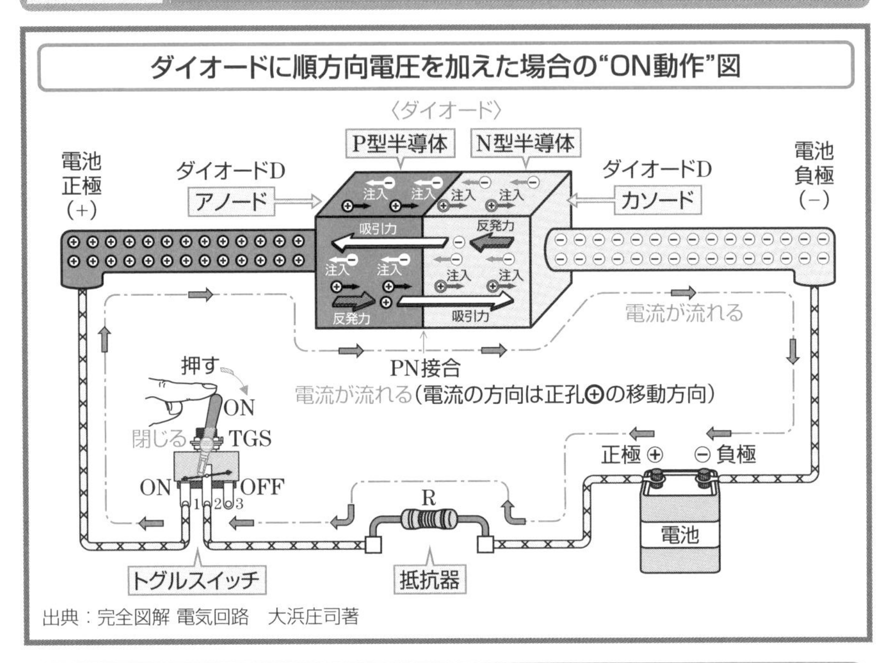

ダイオードに順方向電圧を加えた場合の“ON動作”の説明

★ダイオードに順方向電圧を加える配線図（上図参照）において、トグルスイッチTGSを閉じる（ON）と、ダイオードのアノードに電池の正極（+）が接続され、ダイオードのカソードに電池の負極（−）が接続されます。

これにより、P型半導体内の正孔⊕は、電池の正極（+）と同種の電荷ですから反発され、電池の負極（−）とは異種の電荷ですから吸引されて、PN接合面を越えて、P型半導体からN型半導体に向けて移動します。

N型半導体内の自由電子⊖は、電池の負極（−）と同種の電荷ですから反発され、電池の正極（+）とは異種の電荷ですから吸引されて、PN接合面を越えて、N型半導体からP型半導体に向けて移動します。

電流の流れる方向は、正の電荷の移動する方向ですから、ダイオードでは正孔がP型半導体からN型半導体に移動する方向に電流が流れます。これはダイオードのアノードとカソード間を見掛け上のスイッチとすれば、電流が流れるのでスイッチが閉じているのと同じことから、これを**ダイオードのON動作**といいます。

114 ダイオードに逆方向電圧を加えると“OFF動作”する

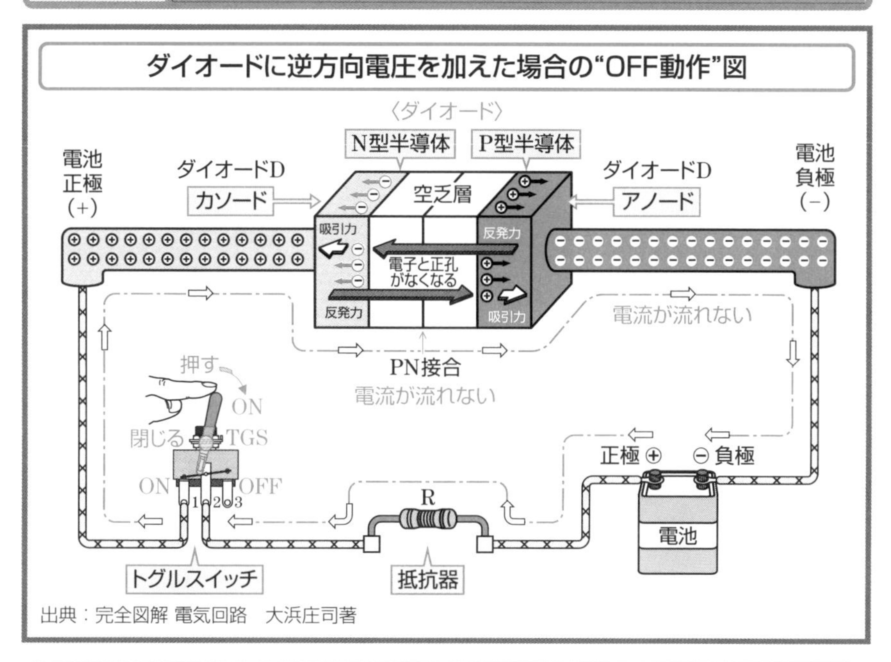

出典：完全図解 電気回路　大浜庄司著

ダイオードに逆方向電圧を加えた場合の“OFF動作”の説明

★ダイオードに逆方向電圧を加える配線図（上図参照）において、トグルスイッチTGSを閉じる（ON）と、ダイオードのアノードに電池の負極（−）が接続され、ダイオードのカソードに電池の正（+）極が接続されます。

これにより、P型半導体内の正孔⊕は、電池の負極（−）とは異種の電荷ですから吸引され、電池の正極（+）とは同種の電荷ですから反発されて、ダイオードのアノード側に移動します。N型半導体内の自由電子⊖は、電池の正極（+）とは異種の電荷ですから吸引され、電池の負極とは同種の電荷ですから反発されて、ダイオードのカソード側に移動します。

P型半導体内の正孔はアノード側に、N型半導体内の自由電子はカソード側に移動して、PN接合面の部分は正孔も電子もない“**空乏層**”となり、PN接合面を通っての正孔、電子の移動がないので電流は流れません。これはダイオードのアノードとカソード間を見掛け上のスイッチとすれば、電流が流れないのでスイッチが開いているのと同じことから、これを**ダイオードのOFF動作**といいます。

115 トランジスタにはPNP型とNPN型とがある

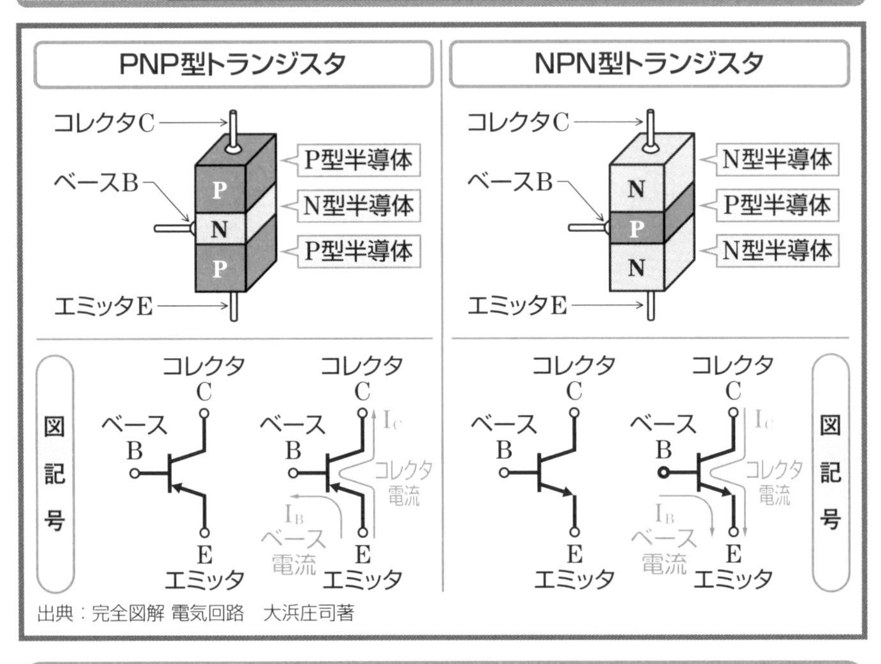

トランジスタにはコレクタ電極・ベース電極・エミッタ電極がある

★**トランジスタ**とは、P型半導体とN型半導体を交互に接合した3層の半導体で、その組合せにより、PNP型トランジスタとNPN型トランジスタとがあります。

PNP型トランジスタとは、P型半導体とN型半導体をP型・N型・P型の順に接合したトランジスタをいいます。

PNP型トランジスタでは、上側のP型半導体を**コレクタC（Collector）電極**、中央のN型半導体を**ベースB（Base）電極**、下側のP型半導体を**エミッタE（Emitter）電極**といいます。

NPN型トランジスタとは、P型半導体とN型半導体をN型・P型・N型の順に接合したトランジスタをいいます。

NPN型トランジスタでは、上側のN型半導体を**コレクタC（Collector）電極**、中央のP型半導体を**ベースB（Base）電極**、下側のN型半導体を**エミッタE（Emitter）電極**といいます。

116 ベースとエミッタ回路に電圧を加えた場合の動作 —PNP型トランジスタ—

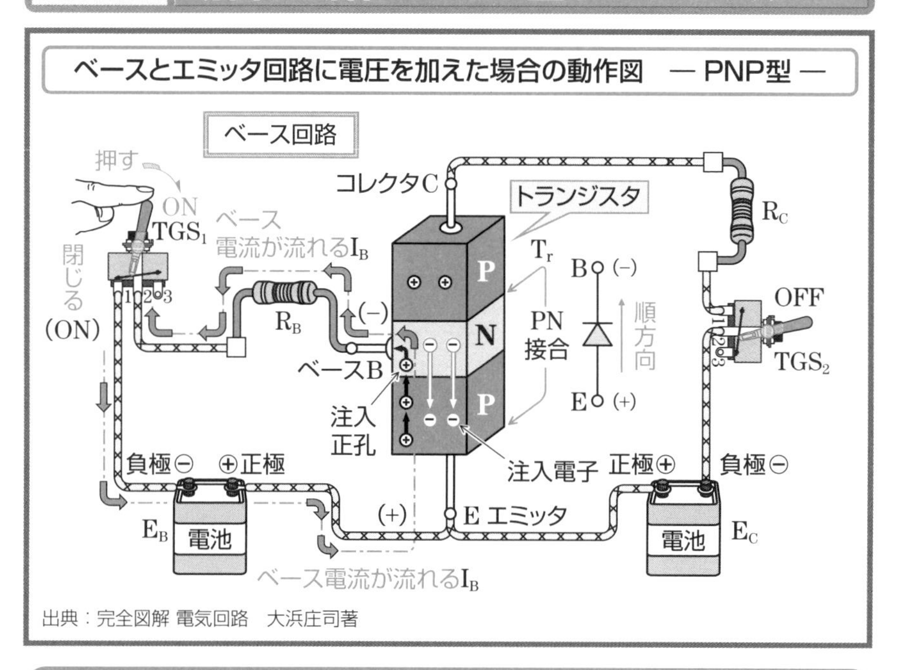

出典：完全図解 電気回路　大浜庄司著

ベースBとエミッタE回路に電圧を加えるとベース電流が流れる

★PNP型トランジスタのベース回路に直流電源として電池E_B、トグルスイッチTGS_1とベース抵抗R_Bを、上図のように接続します。

PNP型トランジスタのベースB（N型半導体）とエミッタE（P型半導体）とは、ダイオードにおけるPN接合になっております。

ベース回路において、トグルスイッチTGS_1を閉じる（ON）と、N型半導体のベースBに電池E_Bの負（−）極が接続され、P型半導体のエミッタEには電池E_Bの正（＋）極が接続されるので、これは順方向電圧（113項参照）となります。

ベースB（N型半導体）内に存在する自由電子⊖は、電池E_Bの正（＋）極に吸引されて、PN接合を通りP型半導体のエミッタE（＋）に向かって移動します。

エミッタE（P型半導体）内に存在する正孔⊕は、電池E_Bの負（−）極に吸引されて、PN接合を通りN型半導体のベースB（−）に向かって移動します。

したがって、ベースBとエミッタEの間に電圧E_Bを加えると、エミッタEからベースBに向かって正孔⊕が移動するので、ベース電流I_Bが流れます。

117 エミッタ・コレクタ回路に電圧を加えた場合の動作 —PNP型トランジスタ—

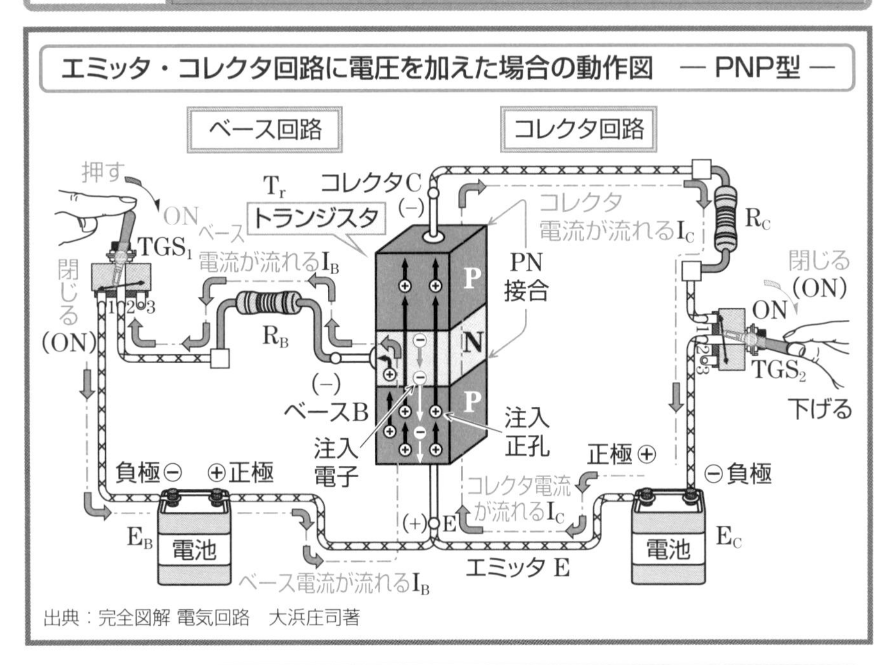

出典：完全図解 電気回路　大浜庄司著

エミッタEとコレクタC回路に電圧を加えるとコレクタ電流が流れる

★PNP型トランジスタの前頁の図に加え、コレクタ回路に直流電源の電池E_C、トグルスイッチTGS_2、コレクタ抵抗R_Cを接続したのが、上の図です。

PNP型トランジスタでは、ベースB（N型半導体）とコレクタC（P型半導体）とは、ダイオードにおけるPN接合となっております。

ベース回路のトグルスイッチTGS_1を閉じる（ON）と、P型半導体のエミッタEからN型半導体のベースBに向かってベース電流I_Bが流れます（前頁参照）。

コレクタ回路のトグルスイッチTGS_2を閉じる（ON）と、コレクタCとエミッタE間には、電圧E_Bよりも高い電圧E_Cが加えられているので、P型半導体のエミッタE内の正孔⊕は、ベースBの電池E_Bの負極（−）に吸引され、さらにP型半導体のコレクタCの電池E_Cの負（−）極に吸引されて、N型半導体のベースBを通りこして、コレクタCに移動しコレクタ電流I_Cが流れます。したがって、ベースBとエミッタ間に電圧E_Bを加えるとベース電流I_Bが流れ、エミッタEとコレクタCに電圧E_Cを加えるとエミッタEからコレクタCに向かってコレクタ電流I_Cが流れます。

118 ベースとエミッタ回路に電圧を加えた場合の動作 ―NPN型トランジスタ―

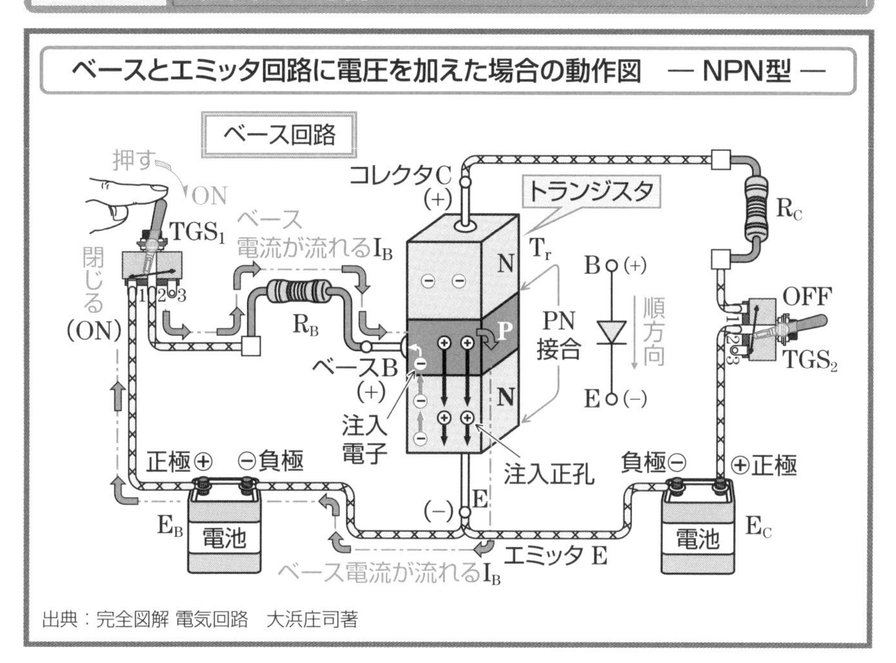

出典：完全図解 電気回路　大浜庄司著

ベースBとエミッタE回路に電圧を加えるとベース電流が流れる

★NPN型トランジスタのベース回路に、直流電源として電池E_B、トグルスイッチTGS_1とベース抵抗R_Bを上図のように接続します。

NPN型トランジスタのベースB（P型半導体）とエミッタE（N型半導体）とは、ダイオードにおけるPN接合になっています。

ベース回路において、トグルスイッチTGS_1を閉じる（ON）と、P型半導体のベースBに電池E_Bの正（＋）が接続され、N型半導体のエミッタEには電池E_Bの負（－）極が接続されるので、これは順方向電圧（113項参照）となります。

エミッタE（N型半導体）内に存在する自由電子㊀は、電池E_Bの正（＋）極に吸引されて、PN接合を通りP型半導体のベースB（＋）に向かって移動します。

ベースB（P型半導体）内に存在する正孔㊉は、電池E_Bの負（－）極に吸引されて、PN接合を通りN型半導体のエミッタE（－）に向かって移動します。

したがって、ベースBとエミッタEの間に電圧E_Bを加えると、ベースBからエミッタEに向かって正孔㊉が移動するので、ベース電流I_Bが流れます。

119 エミッタ・コレクタ回路に電圧を加えた場合の動作 ―NPN型トランジスタ―

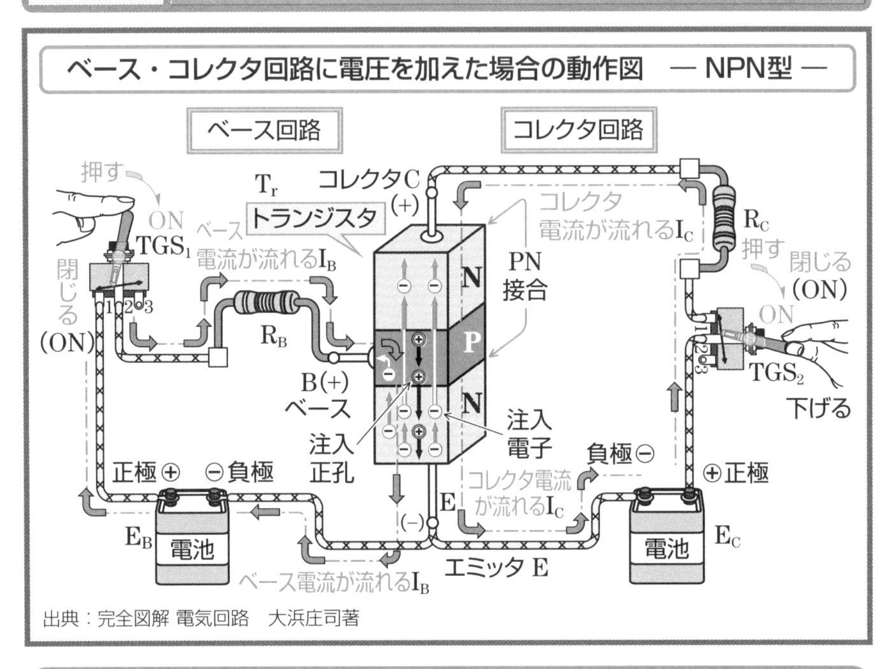

エミッタEとコレクタC回路に電圧を加えるとコレクタ電流が流れる

★NPN型トランジスタの前頁の図に加え、コレクタ回路に直流電源の電池E_C、トグルスイッチTGS_2、コレクタ抵抗R_Cを接続したのが、上の図です。

NPN型トランジスタでは、ベースB（P型半導体）とコレクタC（N型半導体）とは、ダイオードにおけるPN接合となっております。

ベース回路のトグルスイッチTGS_1を閉じる（ON）と、P型半導体のベースBからN型半導体のエミッタEに向かってベース電流I_Bが流れます（前頁参照）。

コレクタ回路のトグルスイッチTGS_2を閉じる（ON）とコレクタCとエミッタE間には電池E_Bより高い電圧E_Cが加えられているので、N型半導体のエミッタ内の自由電子㊀はベースBの電池E_Bの正極（＋）に吸引され、さらにN型半導体のコレクタCの電池E_Cの正（＋）極に吸引されてP型半導体のベースBを通り越してコレクタCに移動するので逆方向にコレクタ電流I_Cが流れます。したがってベースBとエミッタE間に電圧E_Bを加えるとベース電流I_Bが流れ、エミッタEとコレクタC間に電圧E_Cを加えるとコレクタCからエミッタEに向かってコレクタ電流I_Cが流れます。

120 トランジスタのスイッチング動作とは

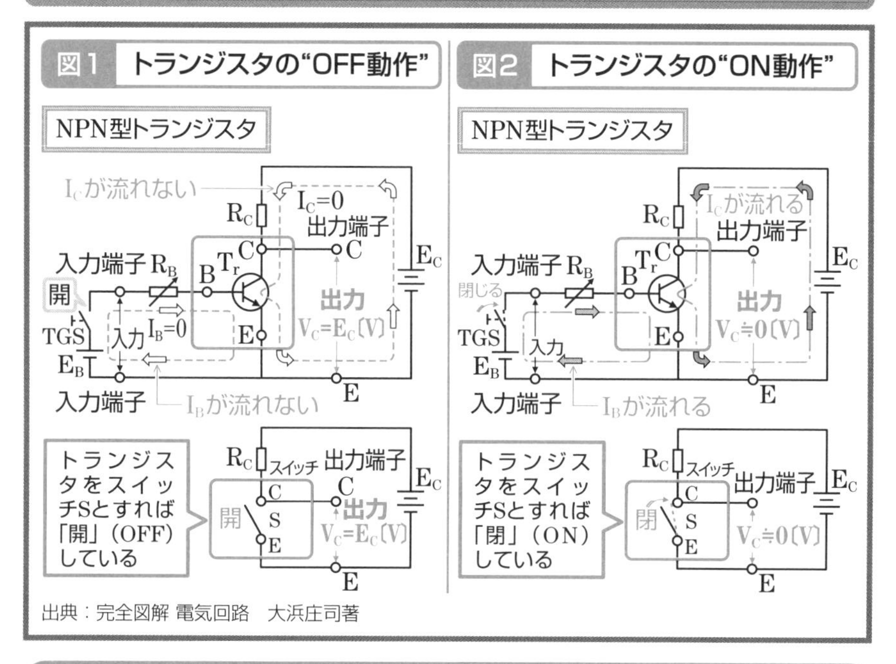

出典：完全図解 電気回路　大浜庄司著

トランジスタの"OFF動作"・"ON動作"—トランジスタのスイッチング動作—

★NPN型トランジスタにおいて、上図１のように、ベース回路のスイッチTGSを開いた状態では、ベースBに電池E_Bの電圧が加わらず、ベース電流I_Bが流れないので、コレクタCとエミッタEとの間にコレクタ電流I_Cも流れません。

コレクタ電流I_Cが流れないことは、コレクタCとエミッタEとの間が開いているのと同じですから、トランジスタを見掛け上のスイッチSとすれば、開いていることになります。これをトランジスタの"**OFF動作**"といいます。

★NPN型トランジスタにおいて、上図２のように、ベース回路のスイッチTGSを閉じると、電池E_Bから抵抗R_Bを通ってベース電流I_Bが流れ、コレクタCとエミッタEとの間にコレクタ電流I_Cも流れます（118・119項参照）。

コレクタ電流I_Cが流れることは、コレクタCとエミッタEとの間が閉じているのと同じですから、トランジスタを見掛け上のスイッチSとすれば、閉じていることになります。これをトランジスタの"**ON動作**"といいます。このトランジスタの"ON動作・OFF動作"をトランジスタの"**スイッチング動作**"といいます。

〈MEMO〉

第12章 シーケンス制御回路

121 シーケンス制御ということ

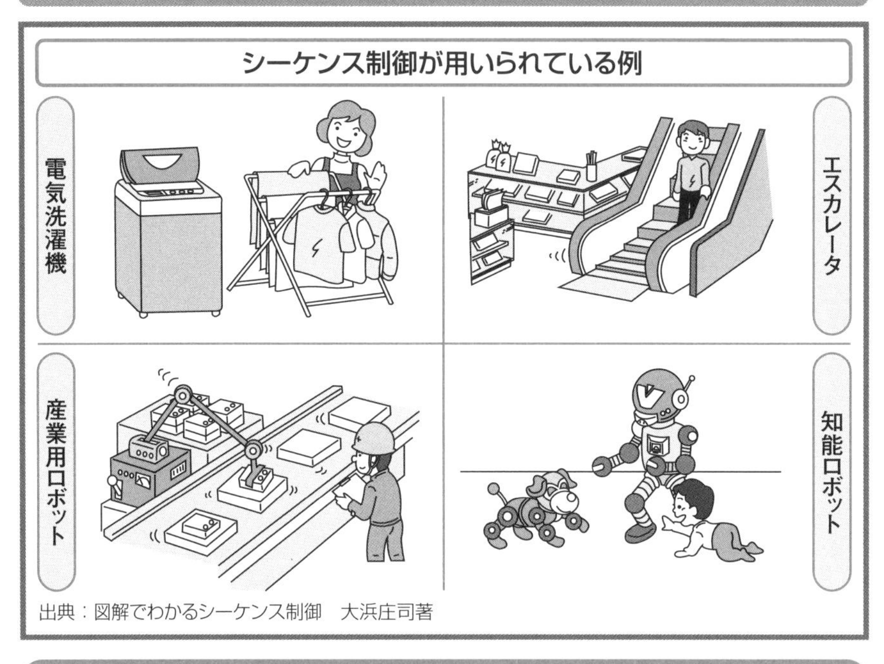

出典：図解でわかるシーケンス制御　大浜庄司著

自動化・省力化に必要不可欠なシーケンス制御

★**シーケンス制御**とは、あらかじめ定められた、または一定の論理によって定められた順序に従って、制御の各段階を逐次進めていく制御をいいます。

シーケンス制御は、次の段階で行うべき制御動作があらかじめ定められていて、前段階における制御動作が完了した後、または動作後一定時限を経過した後に、次の動作に移行する場合や、制御結果に応じて次に行うべき動作を選定して、次の段階に移行する場合などがあります。

★シーケンス制御の応用例としては、電気洗濯機、電気掃除機、電気冷蔵庫などの家庭用電気器具、街頭での自動販売機、交通信号、ネオンサイン、ビル内でのエレベータ、エスカレータ、工場における工作機械、産業用ロボット、そして個人用に愛用されている知能ロボットなどがあります。

シーケンス制御では、人が始動信号を与えると、後は全部自動で動作が行われるので、自動化、省力化、無人化が可能であり、特にFA（Factory Automation）分野でのシーケンス制御は欠くことができない制御手法といえます。

122 電気用図記号とシーケンス制御記号

おもな開閉接点の図記号

開閉接点名称		メーク接点	ブレーク接点
手動操作開閉器接点	電力用接点		
	自動復帰接点	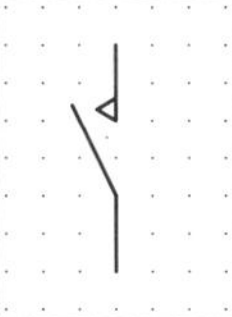	
	非自動復帰接点	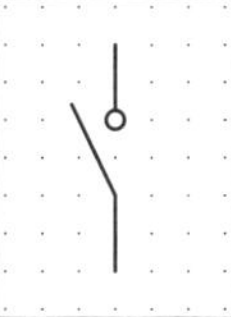	

開閉接点名称		メーク接点	ブレーク接点
継電器接点	電磁リレー接点		
限時リレー接点	限時動作瞬時復帰接点		
	瞬時動作限時復帰接点	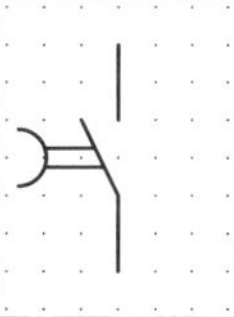	

電気用図記号はJISC0617・シーケンス制御記号はJEM1115による

★シーケンス制御回路を構成する機器をシーケンス図として図面に記載するとき、共通の図記号として用いられるのが、“**電気用図記号**”です。

電気用図記号の規格としては、日本産業規格JISC0617（電気用図記号）があり、一般にシーケンス図に用いられています。

ボタンスイッチや電磁リレーなど開閉接点を有する機器の電気用図記号は、開閉接点図記号（上欄参照）に接点機能図記号・操作機構図記号（次頁参照）を組み合わせて表します。

★シーケンス制御回路を構成する機器の名称を略号化し、文字記号としたのが“**シーケンス制御記号**”です。シーケンス制御記号には、機器を表す“**機器記号**”（127項参照）と機能・動作を表す“**機能記号**”（126項参照）があります。

文字記号は、機器・機能の英語名の頭文字、第２、第３文字で表します。

シーケンス制御記号の規格としては、日本電機工業会規格JEM1115（配電盤・制御盤・制御装置の用語及び文字記号）があります。

123 開閉接点の接点機能図記号・操作機構図記号

開閉接点の接点機能図記号　JISC0617

接点機能図記号名称	接点機能図記号	接点機能図記号名称	接点機能図記号
接点機能		位置スイッチ機能	
遮断機能	×	自動復帰機能	◁
断路機能	—	非自動復帰機能	○
負荷開閉機能		遅延動作機能 ・限時動作瞬時復帰機能	
自動引外し機能	■	・瞬時動作限時復帰機能	

開閉接点の操作機構図記号〔例〕　JISC0617

手動操作（一般）		近隣効果操作	
押し操作		電磁効果による操作	
引き操作		熱継電器による操作	
回転操作		電動機操作	M
非常操作		カム操作	

124 おもな電気機器の電気用図記号 [1]

分類	機器名称		電気用図記号
基礎受動部品	抵抗器	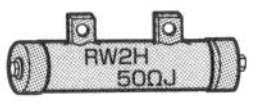RW2H 50ΩJ	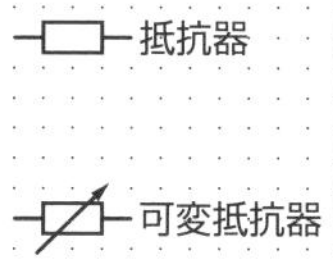抵抗器 可変抵抗器
基礎受動部品	コンデンサ	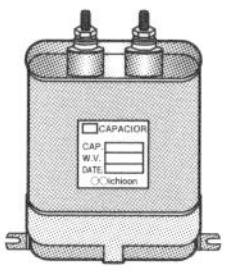CAPACITOR CAP. W.V. DATE	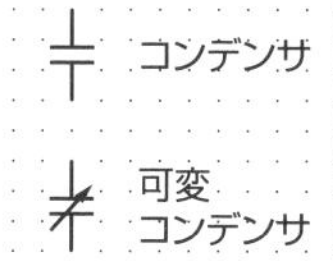コンデンサ 可変 コンデンサ
スイッチ	押しボタンスイッチ	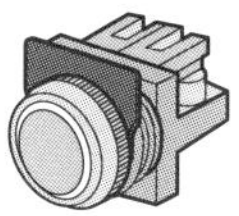	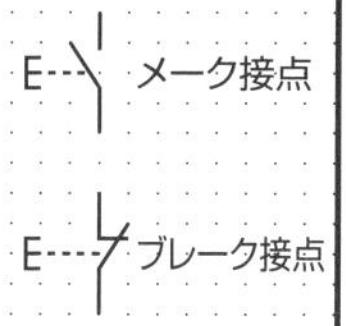メーク接点 ブレーク接点
スイッチ	リミットスイッチ	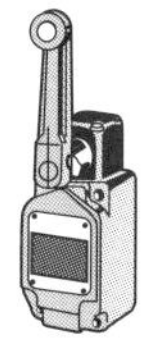	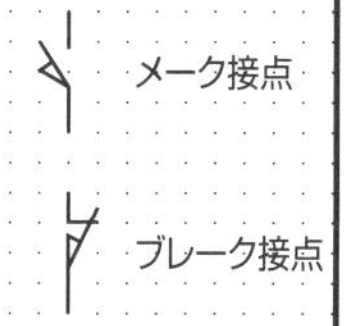メーク接点 ブレーク接点
スイッチ	ナイフスイッチ	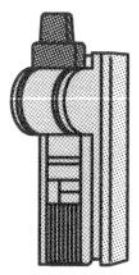	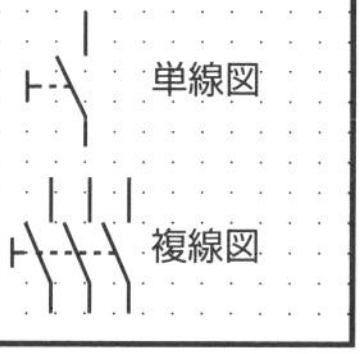単線図 複線図

分類	機器名称		電気用図記号
遮断器	配線用遮断器	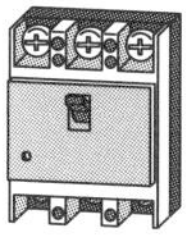	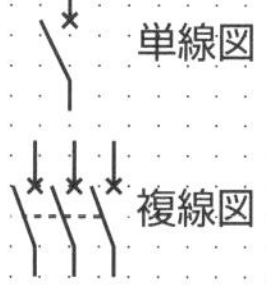単線図 複線図
遮断器	交流遮断器	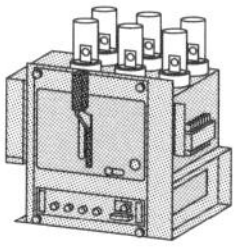	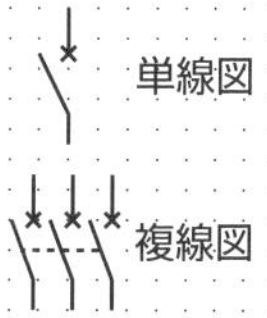単線図 複線図
開閉器	断路器	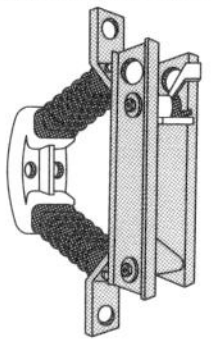	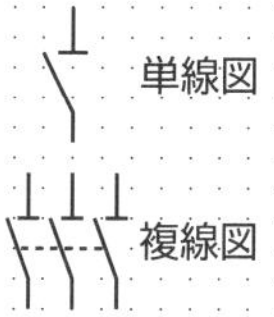単線図 複線図
開閉器	交流負荷開閉器(ヒューズ付)	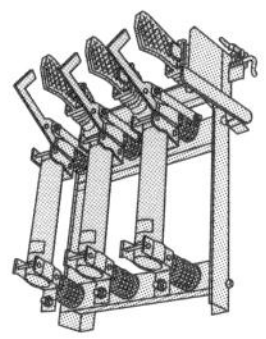	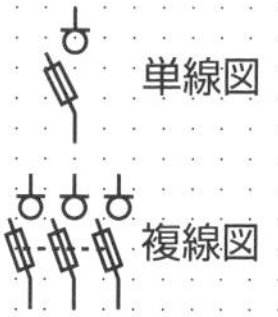単線図 複線図
接触器	電磁接触器	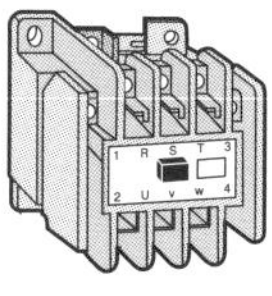R S T U V W	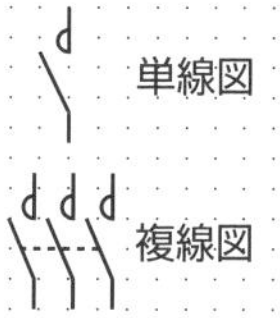単線図 複線図

出典：図解でわかるシーケンス制御　大浜庄司著

125 おもな電気機器の電気用図記号［2］

	機器名称	電気用図記号
リレー	電磁リレー	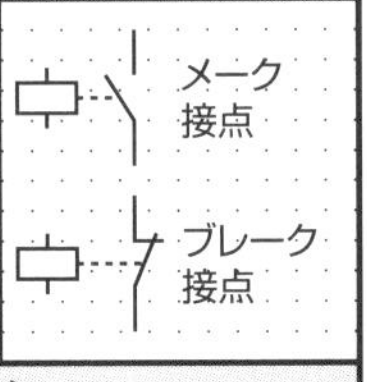 メーク接点 ブレーク接点
リレー	タイマ	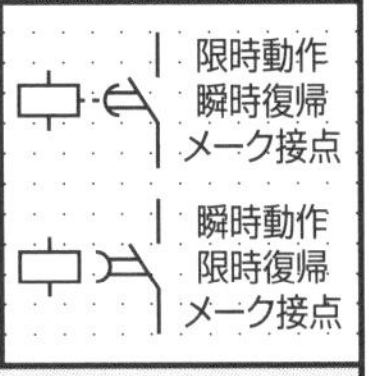 限時動作瞬時復帰メーク接点 瞬時動作限時復帰メーク接点
変成器	変圧器	 単線図用　複線図用
変成器	計器用変圧器	 単線図用　複線図用
変成器	変流器	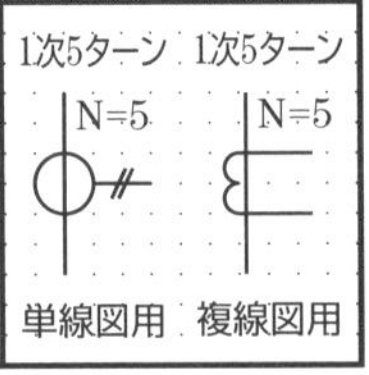 1次5ターン N≒5 単線図用 1次5ターン N≒5 複線図用

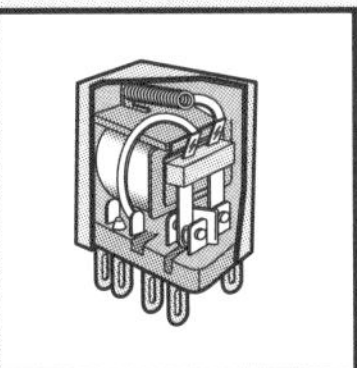

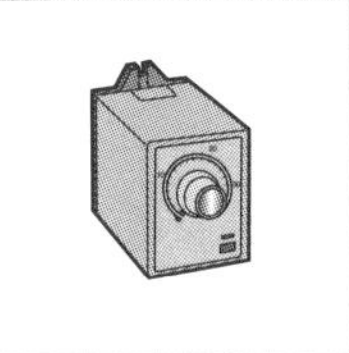

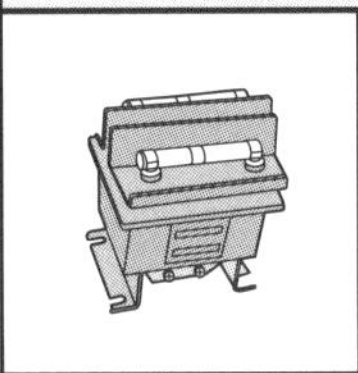

	機器名称	電気用図記号
電池	電池	
電動機	電動機	＊ 回転機の種類 M 電動機
警報器	ベル・ブザ	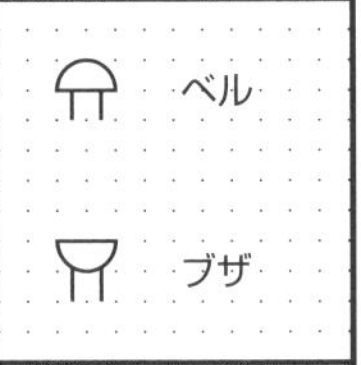 ベル ブザ
計器	計器	＊ 計器の種類 V 電圧計 A 電流計
表示灯	表示灯	 ランプの色表示記号 R 赤　B 青 Y 黄　W 白 G 緑

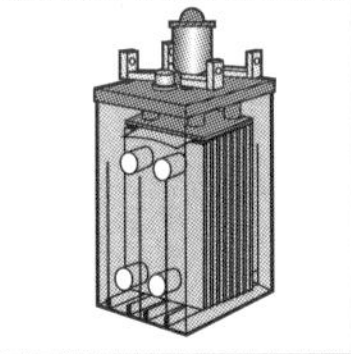

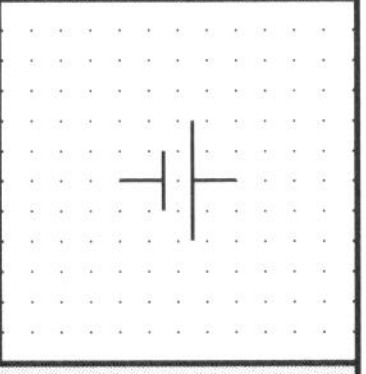

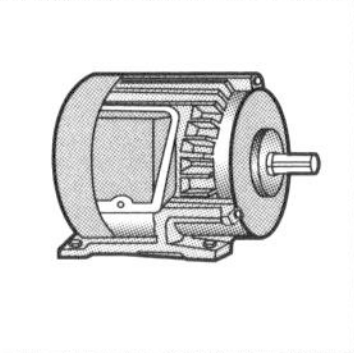

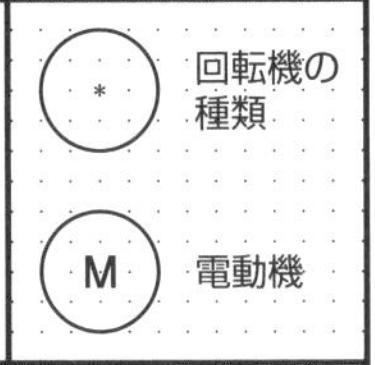

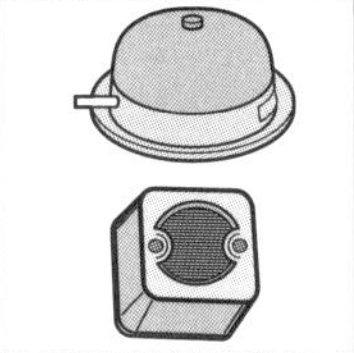

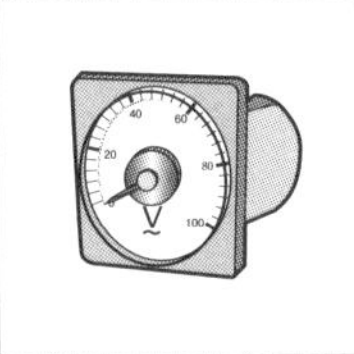

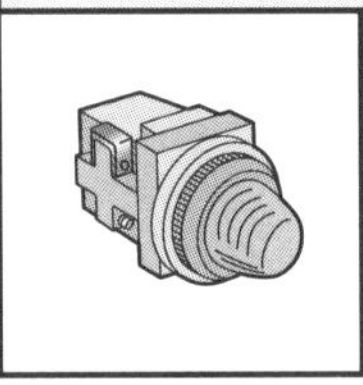

出典：図解でわかるシーケンス制御　大浜庄司著

126 機能を表すシーケンス制御記号

シーケンス制御記号は電気用図記号に付記する〔例〕

用語	始動ボタンスイッチ ST-BS
英語名	Start Button Switch

ST-BS

用語	上昇用電磁接触器 U-MC
英語名	Up Electromagnetic Contactor

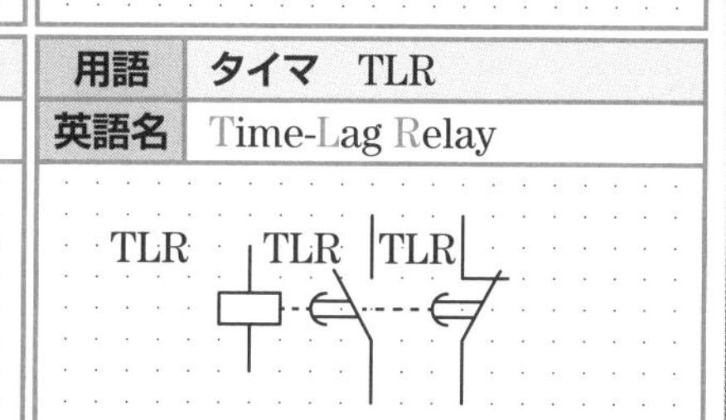

用語	電磁リレー R
英語名	Relay

R
R R

用語	タイマ TLR
英語名	Time-Lag Relay

TLR TLR TLR

おもな機能を表すシーケンス制御記号（機能記号）〔例〕 ― JEM1115 ―

用語	文字記号	用語	文字記号	用語	文字記号	用語	文字記号
自動	AUT	停止	STP	前	FW	上	U
手動	MAN	寸動	ICH	後	BW	下	D
動作	ACT	瞬時	INS	遠方	R	過	O
復帰	RST	正	F	直接	D	不足	U
操作	OPE	逆	R	現場	L	保持	HL
制御	C	高	H	閉路	ON	切換	Co
記録	R	低	L	開路	OFF	選択	S
駆動	D	増	INC	閉	CL	インタロック	IL
制動	B	減	DEC	開	OP	連動	Cop
始動	ST	左	L	昇	R	投入	C
運転	RUN	右	R	降	L	遮断	B

出典：図解でわかる シーケンス制御　大浜庄司著

127 機器を表すシーケンス制御記号

スイッチ・開閉器の文字記号（機器記号）

機器名	文字記号
制御スイッチ	CS
ナイフスイッチ	KS
ボタンスイッチ	BS
足踏スイッチ	FTS
タンブラスイッチ	TS
トグルスイッチ	TGS
ロータリスイッチ	RS
切換スイッチ	COS
非常スイッチ	EMS
リミットスイッチ	LS
フロートスイッチ	FLTS
レベルスイッチ	LVS
近接スイッチ	PROS
光電スイッチ	PHOS
圧力スイッチ	PRS
温度スイッチ	THS
速度スイッチ	SPS
電磁接触器	MC
電磁開閉器	MS
遮断器	CB
配線用遮断器	MCCB
漏電遮断器	ELCB

制御機器を表す文字記号（機器記号）

機器名	文字記号
抵抗器	R
可変抵抗器	VR
始動抵抗器	STR
コイル	C
放電コイル	DC
引外しコイル	TC
コンデンサ	C
電磁リレー	R
タイマ	TLR
サーマルリレー	THR
補助リレー	AXR
電圧計	VM
電流計	AM
電力計	WM
ベル	BL
ブザ	BZ
ヒューズ	F
赤色表示灯	RL
緑色表示灯	GL
電動機	M
誘導電動機	IM
発電機	G

出典：JEM 1115

128 シーケンス図の書き方

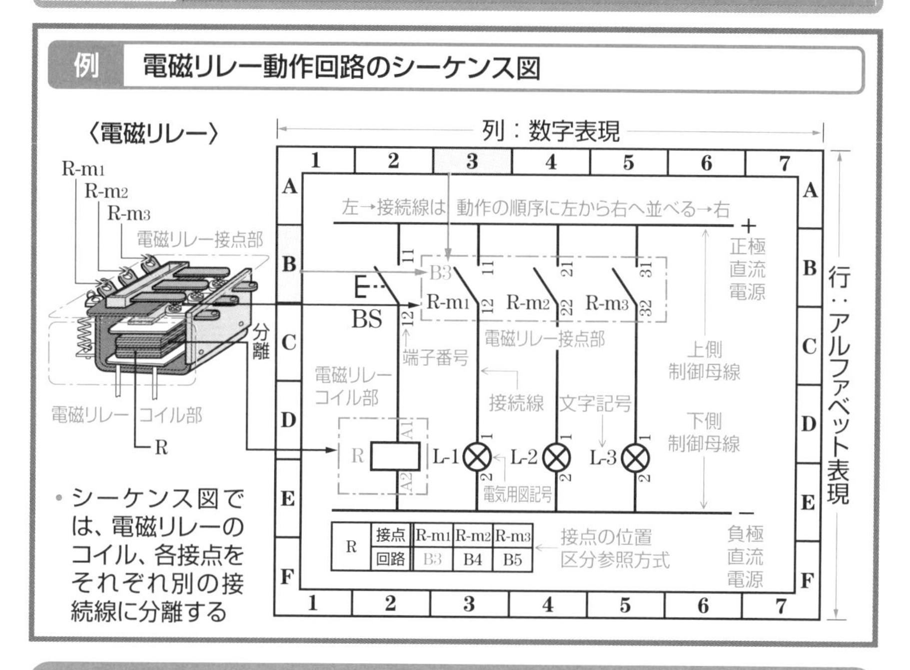

シーケンス図の書き方の原則

★シーケンス図の書き方の原則を次に記します。

1. 機器に電力を供給する制御電源母線は、図の上下に横線（縦書き）で示すか、または左右に縦線（横書き）で示す。
2. 機器を結ぶ接続線は、上下の制御電源母線の間にまっすぐな縦線（縦書き）で示すか、または左右の制御電源母線の間にまっすぐな横線（横書き）で示す。
3. 接続線は動作の順序に左から右（縦書き）、上から下（横書き）へ書く。
4. 開閉接点を有する機器は、機械的関連を省略して接点、コイルなどで表現し、各接続線に分離して示す。
5. 分離した接点、コイルには、その機器を示すシーケンス制御記号（文字記号）を添記し、その所属、関連を明示する。
6. 各接続線に分離した接点の位置は、アルファベット表示の縦の行と、数字で区分した横の列で指示する区分参照方式により明示する。
7. 各機器は、電気用図記号を用いて表示し、その端子番号を記す。

129 縦書きシーケンス図・横書きシーケンス図の書き方

例 縦書きシーケンス図の書き方 ― 信号の流れ基準 ―

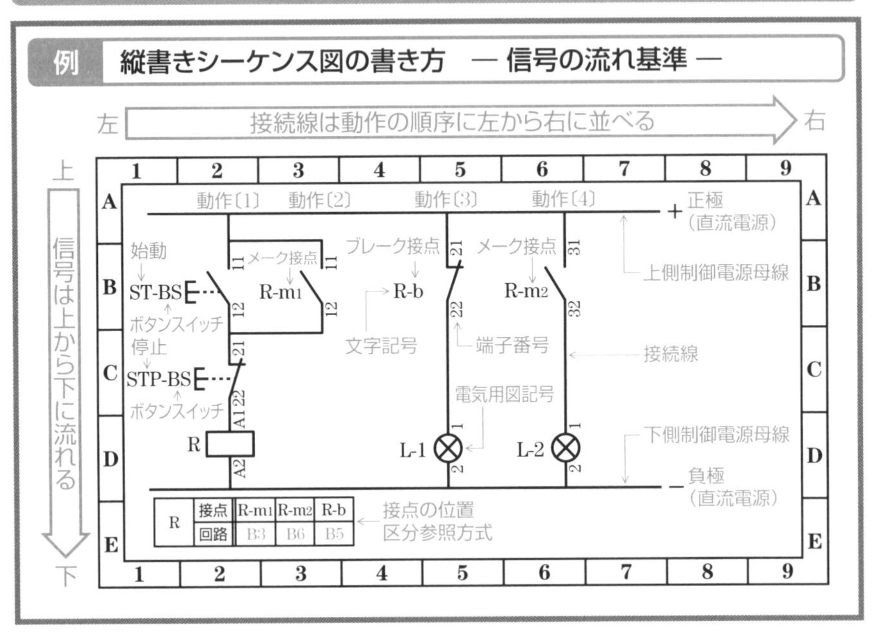

R	接点	R-m1	R-m2	R-b
	回路	B3	B6	B5

例 横書きシーケンス図の書き方 ― 信号の流れ基準 ―

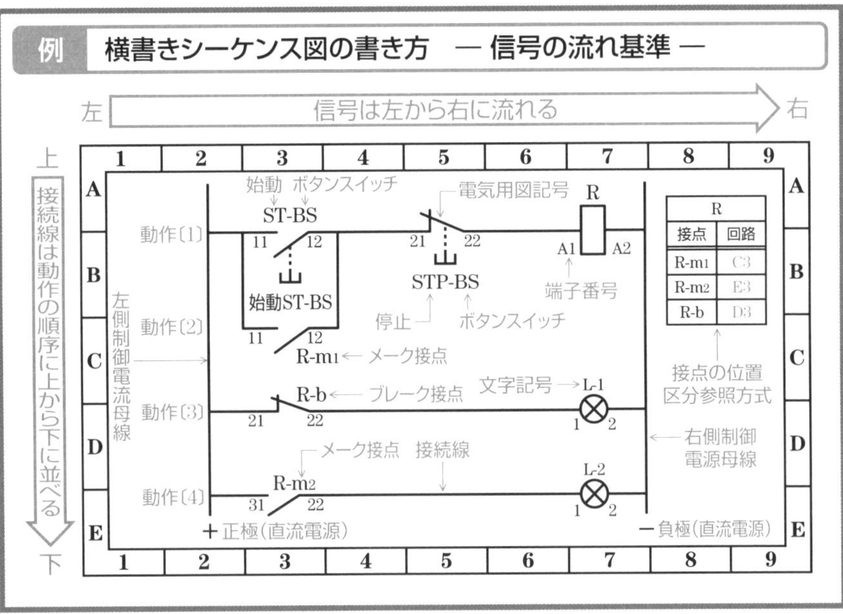

R	
接点	回路
R-m1	C3
R-m2	E3
R-b	D3

130 電磁リレーのメーク接点回路の動作

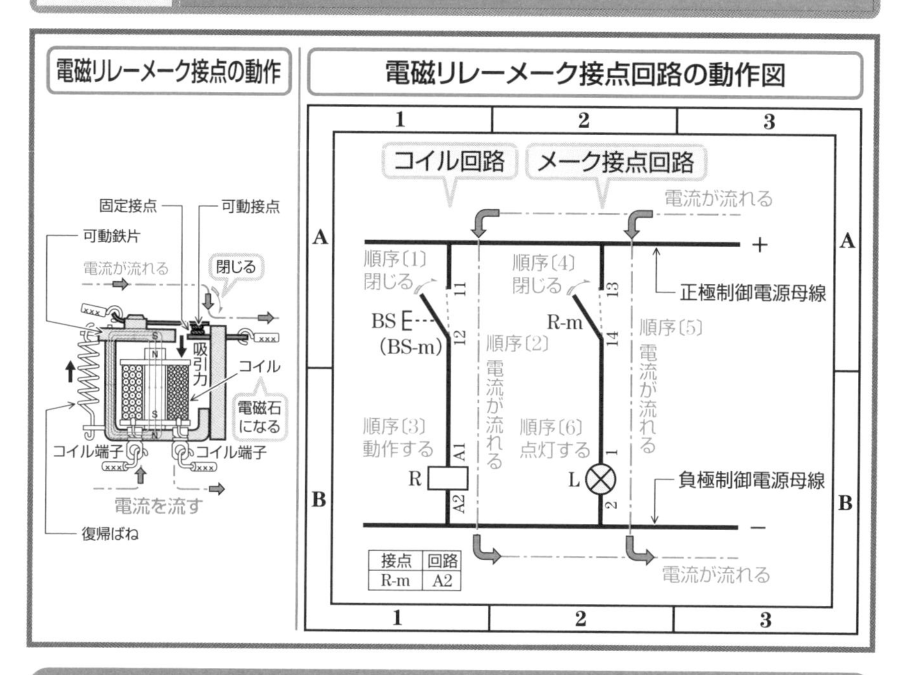

電磁リレーのメーク接点回路の動作順序

★**電磁リレーのメーク接点**は、コイルに電流を流す（動作という）と、コイルは電磁石となり、可動鉄片を吸引し、これに連動して可動接点が下方に動いて固定接点と接触し、閉路します。

―電磁リレーのメーク接点は、動作すると開いている状態から閉じる状態になります―

★電磁リレーのメーク接点は、入力信号を入れると、次のように動作します。

順序1：押しボタンスイッチBSを押すと、メーク接点BS-mが閉じる。

順序2：メーク接点BS-mが閉じると電磁リレーのコイル回路に電流が流れる。

順序3：コイル回路に電流が流れると、電磁リレーRが動作する。

順序4：電磁リレーRが動作すると、そのメーク接点R-mが閉じる。

順序5：メーク接点R-mが閉じると、メーク接点回路に電流が流れる。

順序6：メーク接点回路に電流が流れると、ランプLに電流が流れ、点灯する。

131 電磁リレーのメーク接点回路の復帰動作

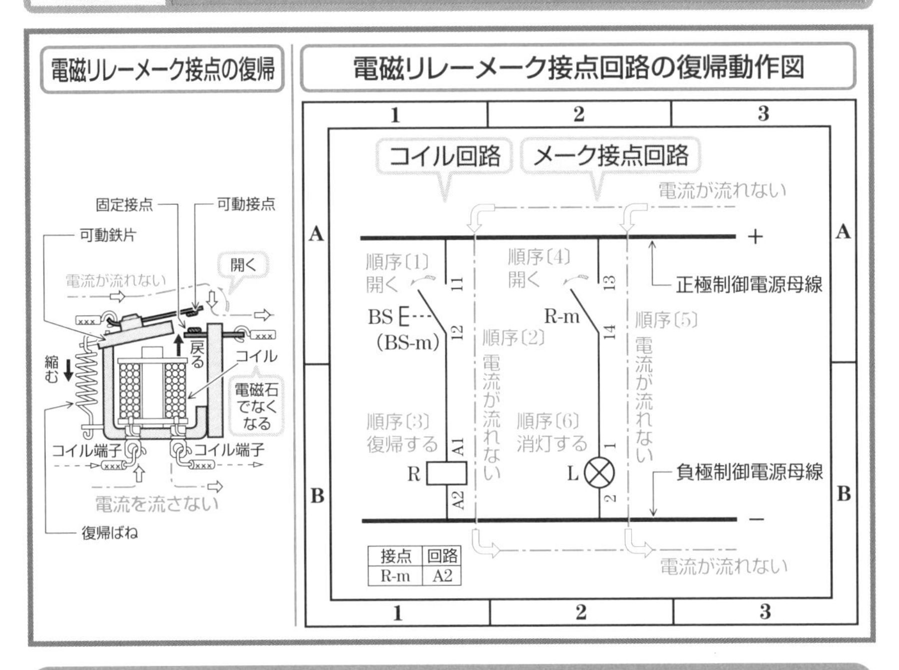

電磁リレーのメーク接点回路の復帰動作順序

★**電磁リレーのメーク接点**は、コイルに電流を流さない（復帰という）と、コイルは電磁石でなくなり、可動鉄片を吸引しないので復帰ばねにより、可動接点は上方に動いて固定接点と離れ、開路します。

—電磁リレーのメーク接点は、復帰すると閉じている状態から開く状態になります—

★電磁リレーのメーク接点は、入力信号を切ると、次のように動作します。

順序1：押しボタンスイッチBSを押す手を離すと、メーク接点BS-mが開く。

順序2：メーク接点BS-mが開くと、電磁リレーのコイル回路に電流が流れなくなる。

順序3：コイル回路に電流が流れないと、電磁リレーRが復帰する。

順序4：電磁リレーRが復帰すると、そのメーク接点R-mが開く。

順序5：メーク接点R-mが開くと、メーク接点回路に電流が流れない。

順序6：メーク接点回路に電流が流れないと、ランプLが消灯する。

132 電磁リレーのブレーク接点回路の動作

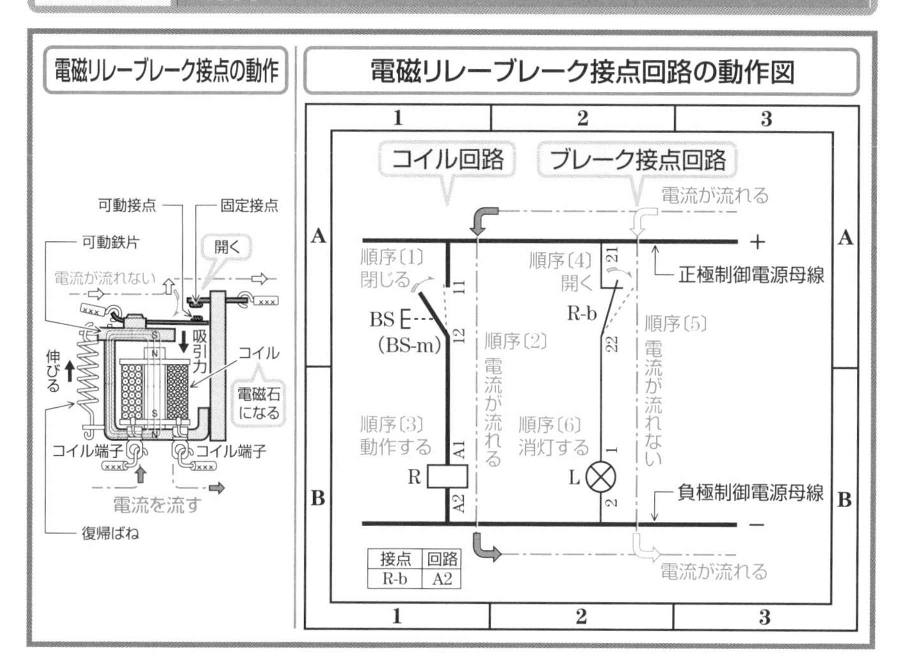

電磁リレーのブレーク接点回路の動作順序

★**電磁リレーのブレーク接点**は、コイルに電流を流す（動作という）と、コイルは電磁石となり可動鉄片を吸引し、これに連動して可動接点が下方に動いて、固定接点と離れ、開路します。

—電磁リレーのブレーク接点は、動作すると閉じている状態から、開いている状態になります—

★電磁リレーのブレーク接点は、入力信号を入れると、次のように動作します。

順序１：押しボタンスイッチBSを押すと、メーク接点BS-mが閉じる。

順序２：メーク接点BS-mが閉じると、電磁リレーのコイル回路に電流が流れる。

順序３：コイル回路に電流が流れると、電磁リレーRが動作する。

順序４：電磁リレーRが動作すると、そのブレーク接点R-bが開く。

順序５：ブレーク接点R-bが開くと、ブレーク接点回路に電流が流れない。

順序６：ブレーク接点回路に電流が流れないと、ランプLは消灯する。

133 電磁リレーのブレーク接点回路の復帰動作

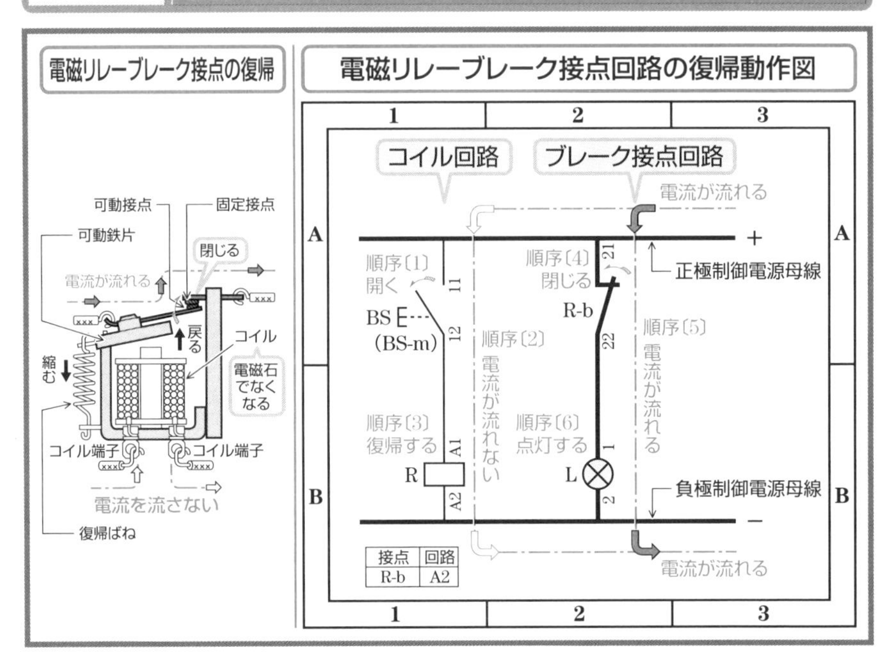

電磁リレーのブレーク接点回路の復帰動作順序

★**電磁リレーのブレーク接点**は、コイルに電流を流さない（復帰という）と、コイルは電磁石でなくなり可動鉄片を吸引しないので、復帰ばねにより可動接点は上方に動いて固定接点と接触し、閉路します。

―電磁リレーのブレーク接点は、復帰すると開いている状態から、閉じている状態になります―

★電磁リレーのブレーク接点は、入力信号を切ると、次のように動作します。

順序 1：押しボタンスイッチBSを押す手を離すと、メーク接点BS-mが開く。

順序 2：メーク接点BS-mが開くと、電磁リレーRのコイル回路に電流が流れなくなる。

順序 3：コイル回路に電流が流れないと、電磁リレーRが復帰する。

順序 4：電磁リレーRが復帰すると、そのブレーク接点R-bが閉じる。

順序 5：ブレーク接点R-bが閉じると、ブレーク接点回路に電流が流れる。

順序 6：ブレーク接点回路に電流が流れると、ランプLが点灯する。

134 電磁リレーの切換接点回路の動作

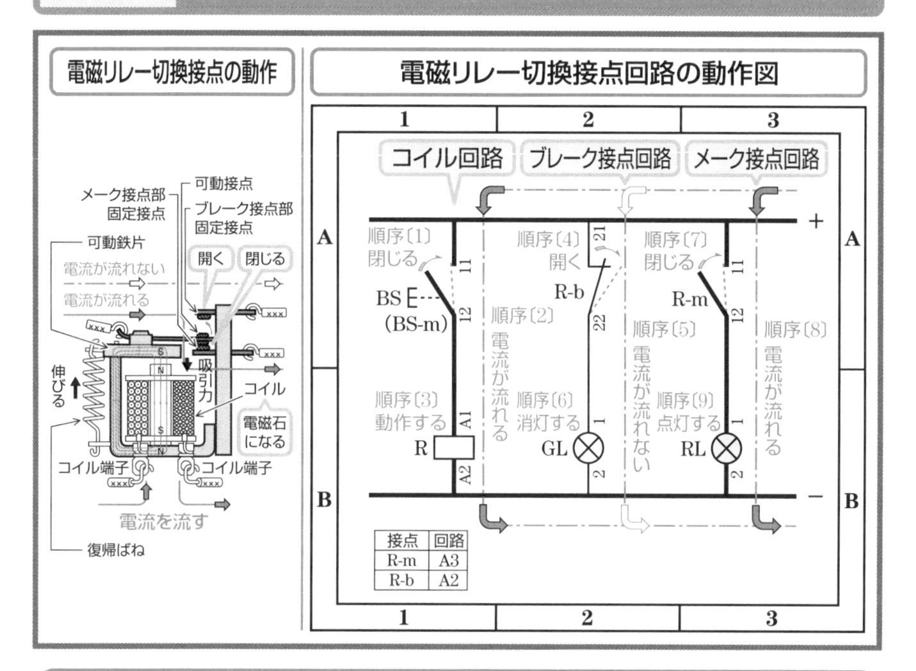

接点	回路
R-m	A3
R-b	A2

電磁リレーの切換接点回路の動作順序

★**電磁リレーの切換接点**は、コイルに電流を流す（動作という）と、コイルは電磁石となり可動鉄片を吸引し、これに連動して可動接点が下方に動いて、ブレーク接点部の固定接点を開路し、メーク接点部の固定接点を閉路して切り換わります。

★電磁リレーの切換え接点は、入力信号を入れると、次のように動作します。

順序１：押しボタンスイッチBSを押すと、メーク接点BS-mが閉じる。

順序２：メーク接点BS-mが閉じると、電磁リレーRのコイル回路に電流が流れる。

順序３：コイル回路に電流が流れると、電磁リレーRが動作する。

順序４：電磁リレーRが動作すると、そのブレーク接点R-bが開く。

順序５：ブレーク接点R-bが開くと、ブレーク接点回路に電流が流れない。

順序６：ブレーク接点回路に電流が流れないと、緑色ランプGLが消灯する。

順序７：電磁リレーRが動作すると、そのメーク接点R-mが閉じる。

順序８：メーク接点R-mが閉じると、メーク接点回路に電流が流れる。

順序９：メーク接点回路に電流が流れると、赤色ランプRLが点灯する。

135 電磁リレーの切換接点回路の復帰動作

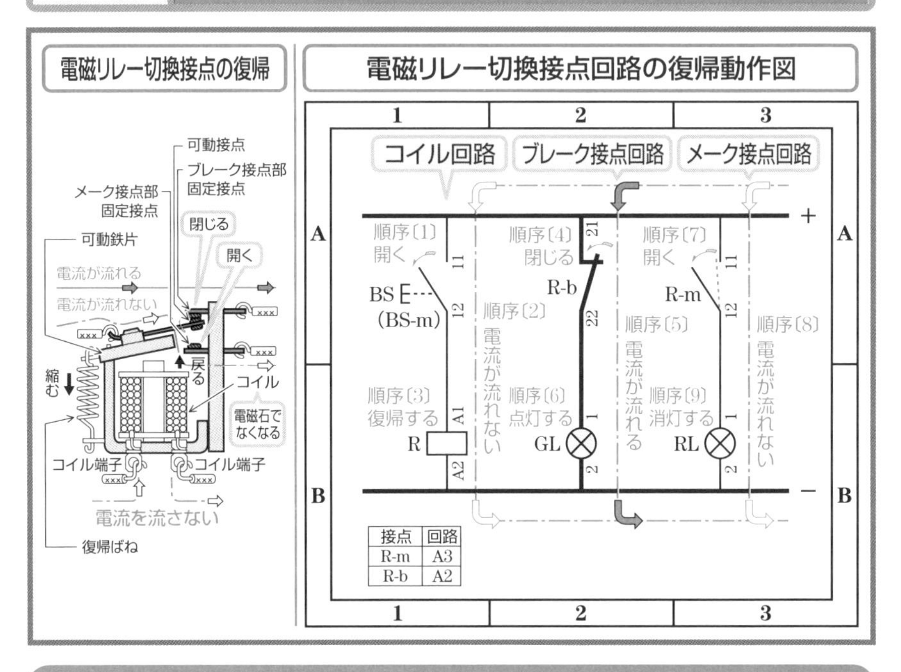

接点	回路
R-m	A3
R-b	A2

電磁リレーの切換接点回路の復帰動作順序

★**電磁リレーの切換接点**は、コイルに電流を流さない（復帰という）と、コイルは電磁石でなくなり可動鉄片を吸引しないので、復帰ばねにより可動接点が上方に動いて、メーク接点部は開路し、ブレーク接点部は閉路して切り換わります。

★電磁リレーの切換え接点は、入力信号を切ると、次のように動作します。

順序 1：押しボタンスイッチBSを押す手を離すと、メーク接点BS-mが開く。

順序 2：メーク接点BS-mが開くと、電磁リレーRのコイル回路に電流が流れない。

順序 3：コイル回路に電流が流れないと、電磁リレーRが復帰する。

順序 4：電磁リレーRが復帰すると、そのブレーク接点R-bが閉じる。

順序 5：ブレーク接点R-bが閉じると、ブレーク接点開路に電流が流れる。

順序 6：ブレーク接点回路に電流が流れると、緑色ランプGLが点灯する。

順序 7：電磁リレーRが復帰すると、そのメーク接点R-mが開く。

順序 8：メーク接点R-mが開くと、メーク接点回路に電流が流れない。

順序 9：メーク接点回路に電流が流れないと、赤色ランプRLが消灯する。

136 自己保持回路の動作

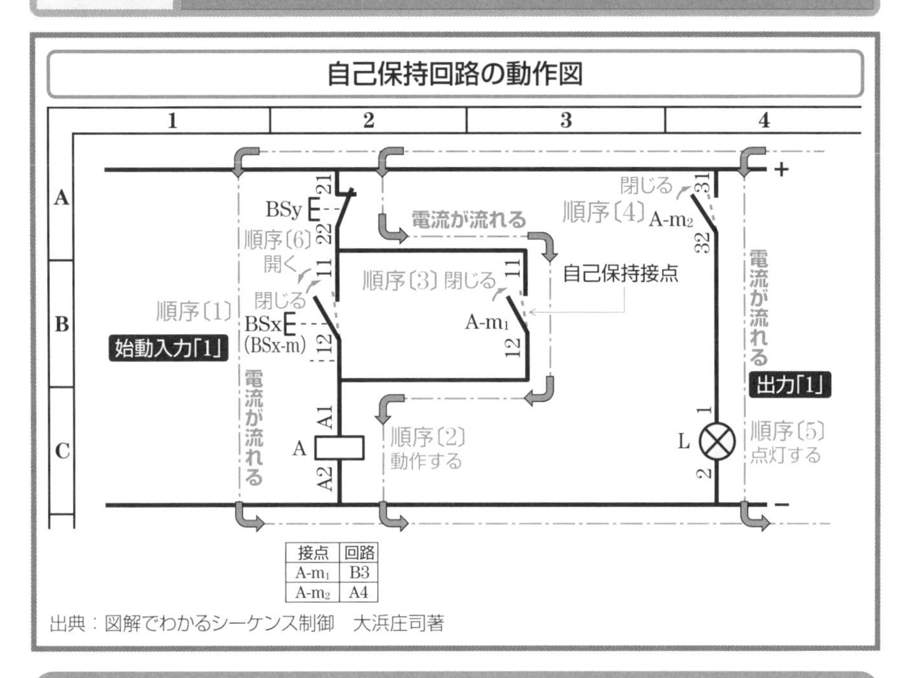

接点	回路
$A\text{-}m_1$	B3
$A\text{-}m_2$	A4

出典：図解でわかるシーケンス制御　大浜庄司著

自己保持回路の"自己保持をする"動作順序

★**自己保持回路**とは、電磁リレーに与えられた入力信号による自己の接点で、コイルに電流を流して動作回路をつくり、動作を保持する回路をいい、入力信号を除いても、電磁リレーは継続して動作します。—これを"**自己保持する**"という—

★始動押しボタンスイッチBSxを押すと、電磁リレーAが動作して、ランプLが点灯し、始動ボタンスイッチBSxの押す手を離しても動作を継続します。

順序 1：始動押しボタンスイッチBSxを押すと、メーク接点BSx-mが閉じる。

順序 2：メーク接点BSx-mが閉じると、電磁リレーAに電流が流れ動作する。

順序 3：電磁リレーAが動作すると、メーク接点$A\text{-}m_1$（自己保持接点という）が閉じ、電磁リレーAのコイルに電流を流す。

順序 4：電磁リレーAが動作すると、メーク接点$A\text{-}m_2$が閉じる。

順序 5：メーク接点$A\text{-}m_2$が閉じると、ランプLに電流が流れ点灯する。

順序 6：始動ボタンスイッチBSxを押す手を離して開いても、メーク接点$A\text{-}m_1$を通って、Aのコイルに電流が流れるので、電磁リレーAは動作を継続します。

137 自己保持回路の復帰動作

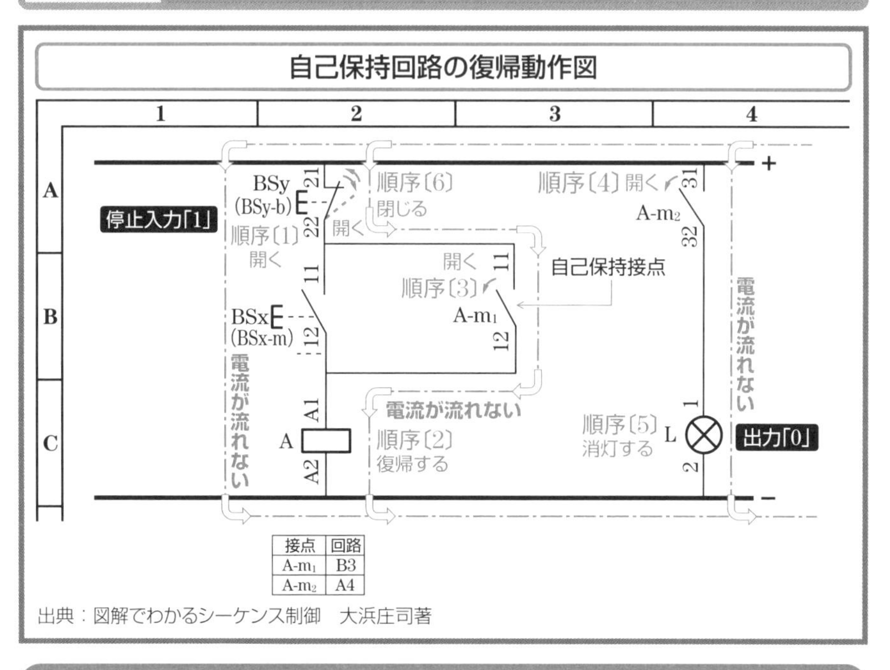

接点	回路
$A\text{-}m_1$	B3
$A\text{-}m_2$	A4

出典：図解でわかるシーケンス制御　大浜庄司著

自己保持回路の“自己保持を解く”動作順序

★**自己保持回路**は、電磁リレーに復帰の入力信号を与えると、自己保持接点が開き、コイルに電流が流れず電磁リレーは復帰し、復帰の入力信号を切っても、電磁リレーは復帰を継続します。―これを“**自己保持を解く**”という―

★停止押しボタンスイッチBSyを押すと、電磁リレーAが復帰して、ランプLが消灯し、停止押しボタンスイッチBSyを押す手を離しても復帰を継続します。

順序 1：停止押しボタンスイッチBSyを押すと、ブレーク接点BSy-bが開く。

順序 2：ブレーク接点BSy-bが開くと、電磁リレーAに電流が流れず復帰する。

順序 3：電磁リレーAが復帰すると、メーク接点$A\text{-}m_1$（自己保持接点）が開き、電磁リレーAのコイルに電流が流れない。

順序 4：電磁リレーAが復帰すると、メーク接点$A\text{-}m_2$が開く。

順序 5：メーク接点$A\text{-}m_2$が開くと、ランプLに電流が流れず消灯する。

順序 6：停止押しボタンスイッチBSyを押す手を離しても、メーク接点$A\text{-}m_1$、メーク接点BSx-mが共に開いているので、電磁リレーAは復帰を継続する。

138 電動機の始動制御回路の構成

例 電動機を駆動動力源とする電動ポンプ設備

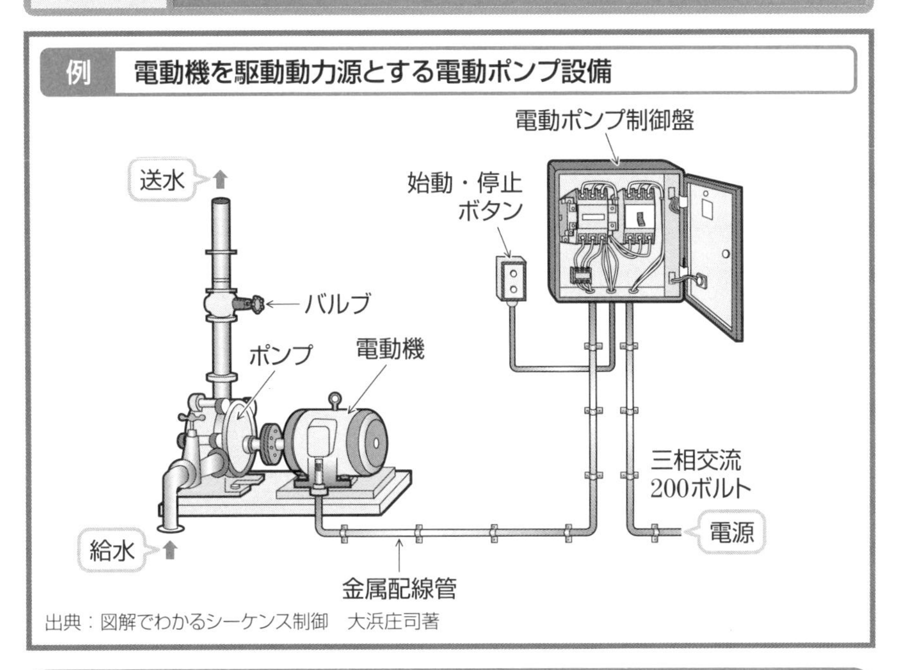

出典：図解でわかるシーケンス制御　大浜庄司著

電動機の始動制御回路は自己保持回路と2灯式表示灯回路からなる

★**電動機**は、電源から電力を供給すると回転し機械動力が得られ、遠方からの制御も容易であることから、電動ポンプ、コンベアなどの設備の動力源として多く用いられています。

★電動機のうちでも、最も多く使用されている三相誘導電動機（以下、電動機という）の始動制御について、説明いたします。

電動機の始動制御回路は自己保持回路と2灯式表示灯回路から構成されます。

電動機に始動信号を与え、運転を連続的に保持するために自己保持回路を用い、電動機の運転・停止状態をランプで表示するのに2灯式表示灯回路を用います。

電動機の始動制御回路は、電源スイッチとして配線用遮断器MCCBを用い、電動機回路の開閉は電磁接触器MCと熱動過電流継電器THRを組み合わせた電磁開閉器MSで行います。この電磁開閉器MSの開閉操作は、始動押しボタンスイッチST-BSおよび停止押しボタンスイッチSTP-BSで行うと共に、電動機の運転時には赤色ランプRLが点灯し、停止時には緑色ランプGLが点灯します。

139 電動機の始動制御回路の配線図

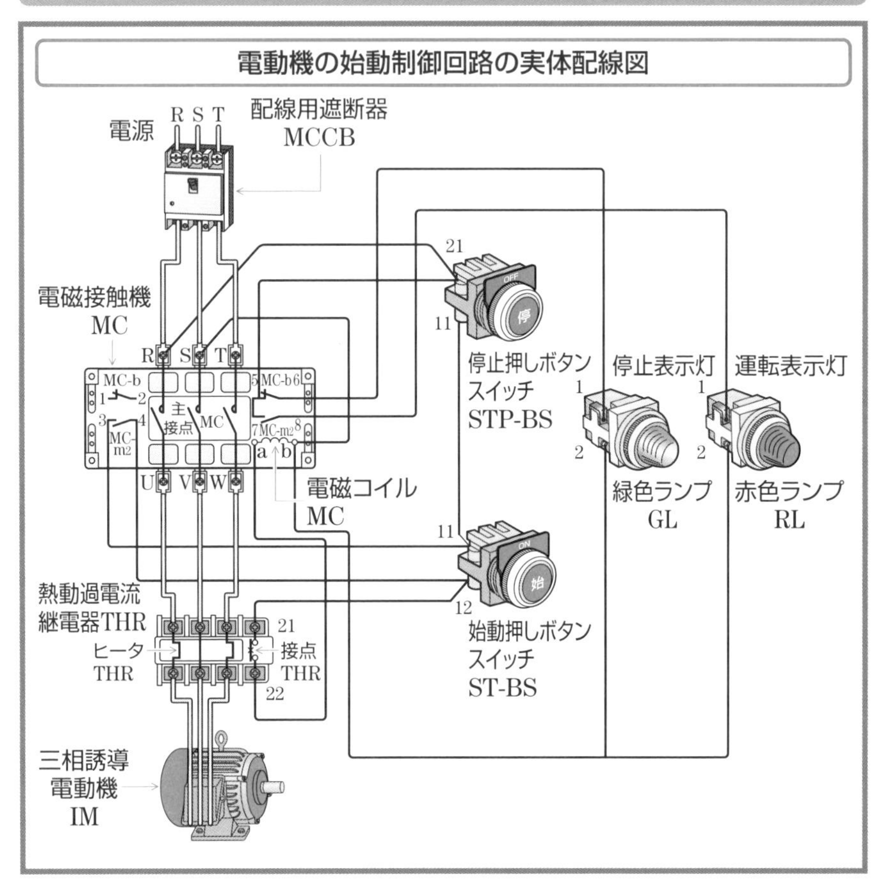

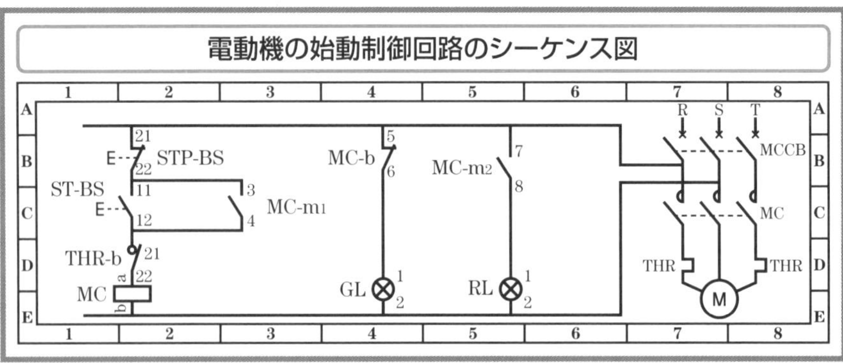

140 電動機の始動動作

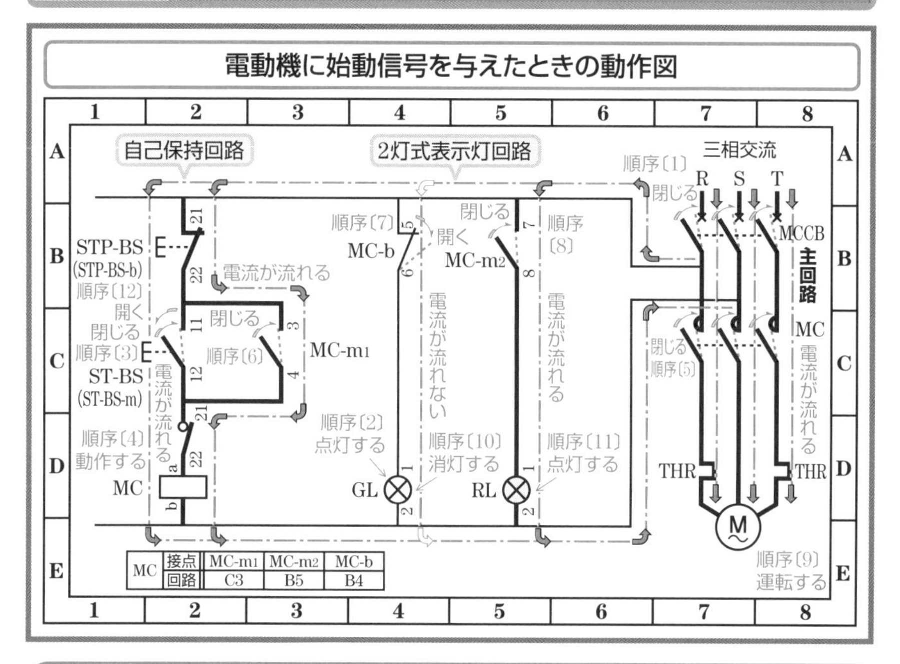

MC	接点	MC-m1	MC-m2	MC-b
	回路	C3	B5	B4

電動機に始動信号を与えたときの動作順序

★**順序1**：主回路の電源スイッチである配線用遮断器MCCBを入れると閉じる。

順序2：配線用遮断器MCCBを閉じると、電磁接触器MCのブレーク接点MC-bが閉じているので、停止表示緑色ランプGLに電流が流れ点灯する。

順序3：始動押しボタンスイッチST-BSを押すとメーク接点ST-BS-mが閉じる。

順序4：ST-BSのメーク接点ST-BS-mが閉じると、電磁接触器MCが動作する。

順序5：電磁接触器MCが動作すると、主回路の主接点MCが閉じる。

順序6：電磁接触器MCが動作すると、メーク接点MC-m1が閉じ自己保持する。

順序7：電磁接触器MCが動作すると、ブレーク接点MC-bが開く。

順序8：電磁接触器MCが動作すると、メーク接点MC-m2が閉じる。

順序9：電磁接触器MCの主接点MCが閉じると電動機Mが始動し運転する。

順序10：ブレーク接点MC-bが開くと、停止表示緑色ランプGLが消灯する。

順序11：メーク接点MC-m2が閉じると、運転表示赤色ランプRLが点灯する。

順序12：始動押しボタンスイッチST-BSの押す手を離すと、その接点が開く。

141 電動機の停止動作

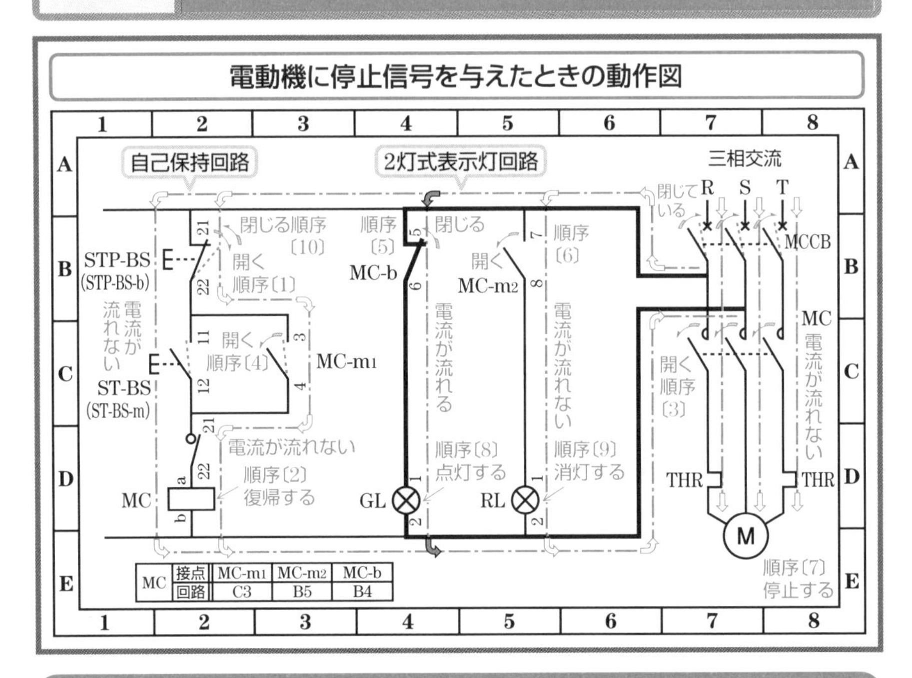

電動機に停止信号を与えたときの動作順序

★停止押しボタンスイッチSTP-BSを押すと、電磁接触器MCが復帰し主接点MCが開くので、電動機Mが停止し、運転表示赤色ランプRLが消灯し、停止表示緑色ランプGLが点灯します。次にその動作順序を記します。

順序1：停止押しボタンスイッチSTP-BSを押すとブレーク接点STP-BS-bが開く。

順序2：STP-BSのブレーク接点STP-BS-bが開くと、電磁接触器MCが復帰する。

順序3：電磁接触器MCが復帰すると、主回路の主接点MCが開く。

順序4：電磁接触器MCが復帰すると、メーク接点MC-m1が開き自己保持を解く。

順序5：電磁接触器MCが復帰すると、ブレーク接点MC-bが閉じる。

順序6：電磁接触器MCが復帰すると、メーク接点MC-m2が開く。

順序7：電磁接触器MCの主接点MCが開くと、電動機Mが停止する。

順序8：ブレーク接点MC-bが閉じると停止表示緑色ランプGLが点灯する。

順序9：メーク接点MC-m2が開くと、運転表示赤色ランプRLが消灯する。

順序10：停止押しボタンスイッチSTP-BSの押す手を離すと、その接点が閉じる。

〈MEMO〉

第2編　実務編
電気に関する実務知識

実務編の内容

この編では、電気が発電所で生まれ、送配電線により送られて、需要家の受電設備で受電され、その電力を使用する電動機設備、照明設備、防災設備と非常用電源について、電気が生まれ、それが使用されるまでを完全図解により示し、次のような内容になっております。

(1) 発電所として水力・火力・原子力・風力・太陽光発電所を、また送配電設備として架空送電線・配電線、地中送電線・配電線が示してあります。

(2) 高圧需要家は高圧引込線を経て自家用高圧受電設備で、また低圧需要家は低圧引込線から引込口配線を経て住宅用分電盤にて受電します。

(3) 接地工事には、系統接地と機器接地があります。

(4) 低圧屋内配線には、低圧屋内幹線と低圧屋内分岐回路があり、その低圧屋内配線の工事のしかたも示してあります。

(5) 非常用電源には自家発電設備、蓄電池設備があり、商用電源が異常のとき電力を供給するのが無停電電源装置で、これにはインバータが使用されています。

(6) 電気設備の動力源である電動機に関しては、その構造、回転原理、力率改善、据付工事、直結芯出し作業について説明してあります。

(7) 照明設備については、LEDの発光原理と照明器具の種類・用途、そして配置・配光による照明方式を示すと共に、住宅用スイッチとコンセントについて記してあります。

(8) 防災設備は消防設備を例として、消火設備、警報設備、避難設備について記してあります。

第13章　発電設備
第14章　送配電設備
第15章　高圧引込線設備
第16章　自家用高圧受電設備
第17章　自家用高圧受電設備を構成する機器
第18章　接地工事
第19章　低圧引込線・引込口装置
第20章　低圧屋内幹線と分岐回路
第21章　低圧屋内配線工事
第22章　自家発電設備
第23章　電池と蓄電池設備
第24章　インバータと無停電電源装置
第25章　電動機設備
第26章　照明設備
第27章　スイッチとコンセント
第28章　防災設備

第13章

発電設備

142 水力発電は水の位置のエネルギーで発電する

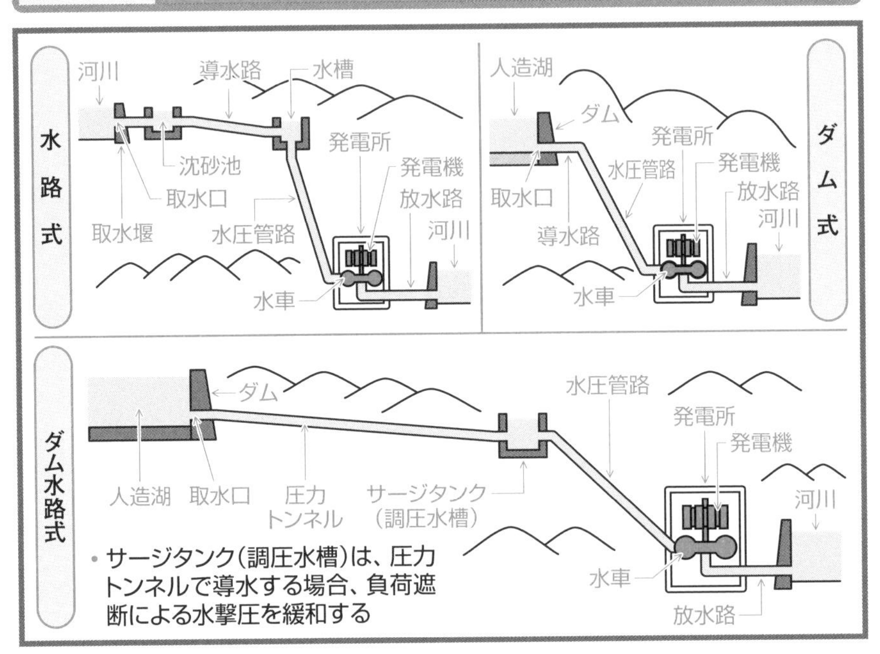

水力発電の取水方式 —水路式・ダム式・ダム水路式—

★**水力発電**は、高い所にある水を低い所に導いて、その水のもつ位置のエネルギーを水車により運動のエネルギーに換え、水車に直結させた発電機を回転して、電気エネルギーとし発電する再生可能エネルギーを用いた発電方式です。

★水力発電における取水方式には、水路式、ダム式、ダム水路式があります。

水路式は河川を上流でせき止めて取水口をつくり、長い水路によって適切な落差が得られる所まで水を導き、そこから発電所に水が落ちる力で発電します。

水路式は、流れ込み式（次項参照）と組み合わせるのが一般的です。

ダム式は、山間部で川幅が狭く両岸が高く切り立った所にダムを設けて水をせき止め人造湖をつくり、ダム直下の発電所との落差を利用して発電します。

ダム式は、調整池式、貯水池式（次項参照）と組み合せるのが一般的です。

ダム水路式は、ダムで貯めた水を圧力トンネルで下流に導いて、落差を大きくして発電しますので、水路式、ダム式が単独の場合に比べて、より大きな落差を得ることが可能で、その落差を利用して発電します。

143 水力発電の水量運用方式

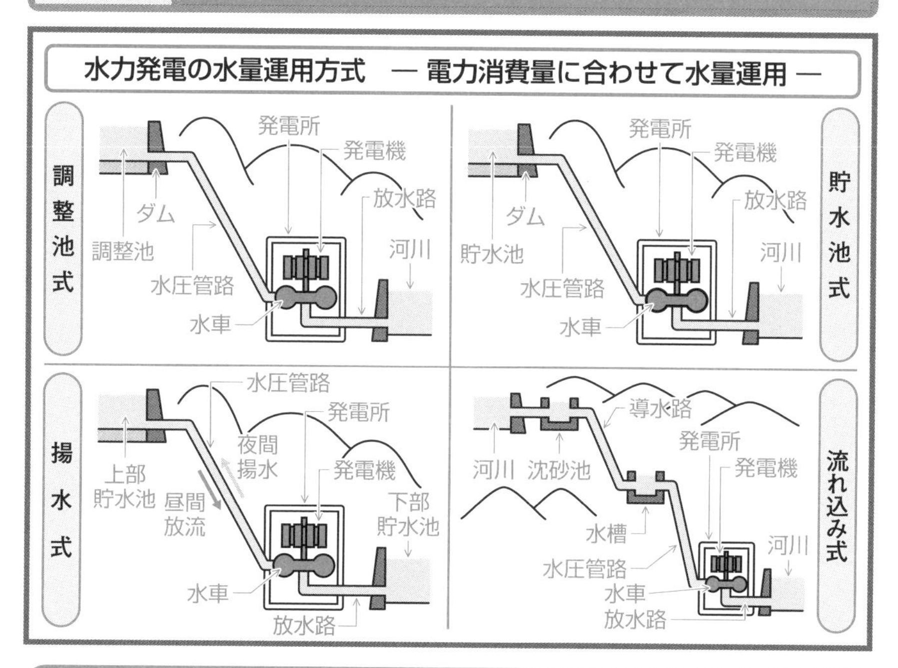

水力発電の水量運用方式 —調整池式・貯水池式・揚水式・流れ込み式—

★水力発電における水量運用方式には、調整池式、貯水池式、揚水式、流れ込み式などがあります。

調整池式は電力消費量が少ない夜間や週末に発電を抑制して河川の水を小中規模の調整池に貯め、電力消費量の増加に合わせて水量を短期に調整し発電します。

貯水池式は、河川の水の量が、季節によって変化しますので、水量が豊富で電力消費量が比較的少ない春秋に河川の水を大容量の貯水池に貯め、電力消費量が多い夏冬に放流して発電し、年間を通して水量の調整を行います。

揚水式は、発電所の上部と下部に貯水池を設け、夜間または豊水期の軽負荷時に余剰電力を用いて、下部の貯水池から上部の貯水池に水を汲み上げておき、昼間または渇水期に電力消費量が急増したときに、放流して発電します。

流れ込み式は、河川から水路に引き込んだ水を貯めることなく、河川流量に応じて発電することから、自然流量の豊水、渇水により発電量が変化しますので、安定した電力を供給することがむずかしいといえます。

144 水力発電所を構成する設備

例 水路式発電所の構成設備図

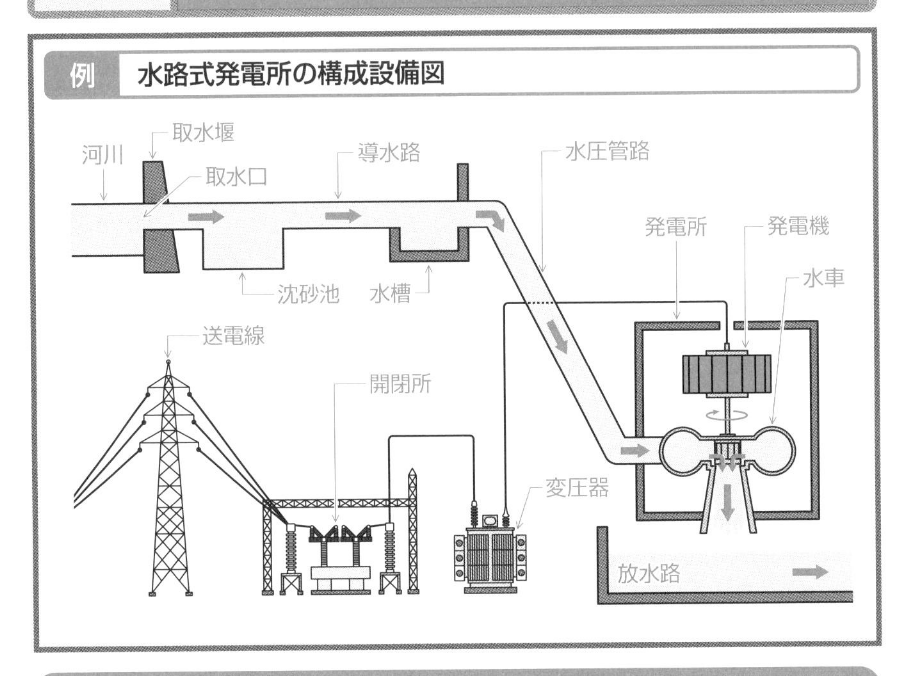

水力発電所は河川・貯水池からの導水設備と発電設備から構成される

★水力発電所の構成とその機能について、水路式を例として次に記します。

取水口は、河川または人造湖から水を取り入れする設備です。

沈砂池は、水路式の場合に、水圧管路や水車が摩耗する原因となる取入水中に含まれる土砂を、沈殿させて除去します。

導水路は、取水口から水槽またはサージタンク（ダム水路式）までの水路で、水路式では無圧トンネル、ダム水路式では圧力トンネルが用いられます。

水槽は、導水路の終端に設け流水を水圧管路に導入し、ダム水路式では水槽をサージタンクといい、水量急変時に落差変動を緩和し、水撃圧を抑えます。

水圧管路は、水槽、サージタンク（調圧水槽）から水車に導水する圧力管です。

水車は、水圧管路で導かれた水の力を回転する機械力に換えます。

発電機は、水車に直結して回転し、その機械力により発電します。

変圧器は、発電機でつくられた電気を送電に適した電圧に高くします。

開閉所は、遮断器などの開閉器で電路を開閉し、送電線に送ります。

145 水力発電所のダムの種類

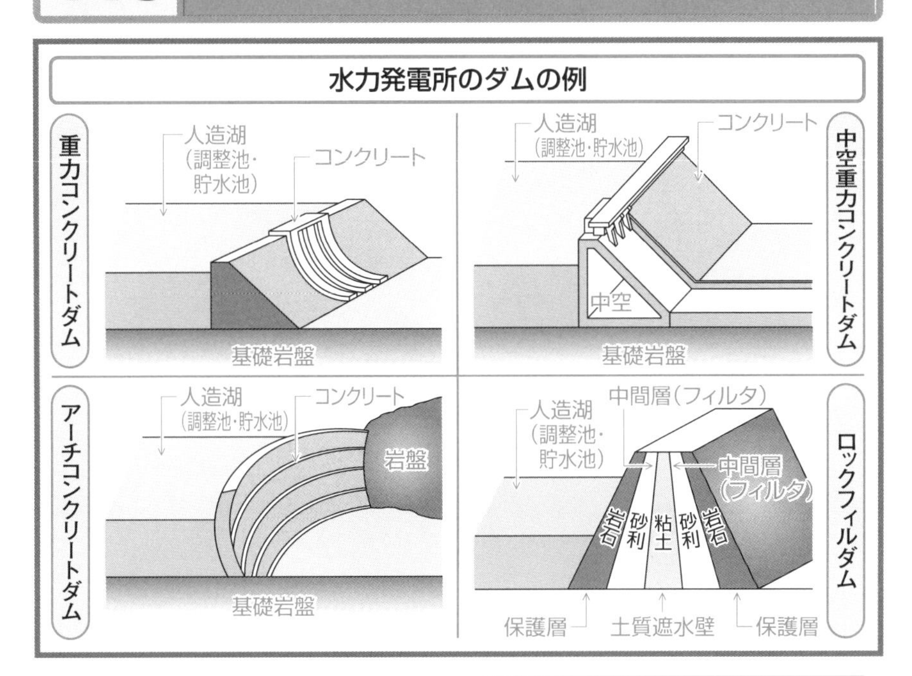

ダムには重力ダム・中空重力ダム・アーチダム・ロックフィルダムがある

★水力発電におけるダムには、次のような形式があります。

重力コンクリートダムは人造湖からの水圧をダム自身の重量で支えるダムで、構造が簡単で安定性が高いので、地震の多い日本では最も広く用いられています。

水圧は下部ほど増加し断面が直角三角形となり大量のコンクリートが必要です。

中空重力コンクリートダムはコンクリートの使用量を節約するため、堤体内部を空洞とし、ダムと基礎岩盤との接触面を広くし安定性を保つ形式のダムです。

アーチコンクリートダムは上から見た形がアーチ形になっていることにより、アーチのもつ力学的特性によって、水圧の大部分を両岸の岩盤に伝えられ、これを支えることから、基礎岩盤に加え両岸の岩盤も強固であることが必要です。

重力アーチコンクリートダムは重力コンクリートダムにアーチ作用をもたせて人造湖からの水圧を支え、コンクリートの使用量の削減を図ったダムです。

ロックフィルダムは中心部は遮水層の粘土、その両側は砂と砂利、外側は岩石で覆い、その自重により水圧を支え重力ダムの建設に適さない場合につくります。

146 水力発電に用いられる水車の種類

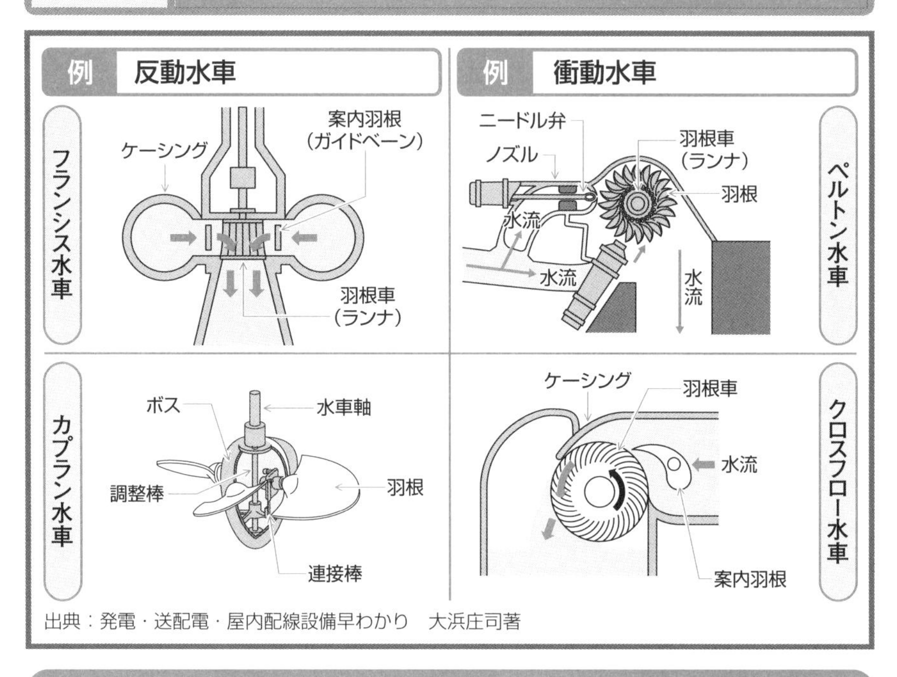

出典：発電・送配電・屋内配線設備早わかり　大浜庄司著

水車には反動水車と衝動水車がある

★**水力発電**に用いられる水車には動作原理により反動水車と衝動水車があります。

★**反動水車**は、圧力水頭をもつ流水を羽根車（ランナ）内に通過させ、羽根から出るときの反動力でランナを回転させます。これには次のような種類があります。

フランシス水車は、水圧管路からの流水を渦巻き形のケーシングを経て羽根車に導き回転させ、案内羽根の開閉により水量を制御し、水車出力を調整します。

カプラン水車は、プロペラ状の羽根車をもち、水量に合わせて羽根の角度を変えることができ、水車の軸方向に流れる水が、羽根車に当たり回転します。

★**衝動水車**は、水のもつ圧力水頭をノズルによって高速度の噴流に変え、これを羽根車に当ててその衝撃力で羽根車を回転させます。次のような種類があります。

ペルトン水車は、水圧管路からの圧力水をノズルで高速水流に変換しておわん形の羽根に噴射して回転させ、ノズルの噴射水量を制御し水車出力を調整します。

クロスフロー水車は入口管からの流水を案内羽根によって羽根車の外周に入れて回転力を発生させた後、羽根車の内部に貫流させて再度回転力を発生させます。

147 火力発電は燃料の燃焼熱で発電する

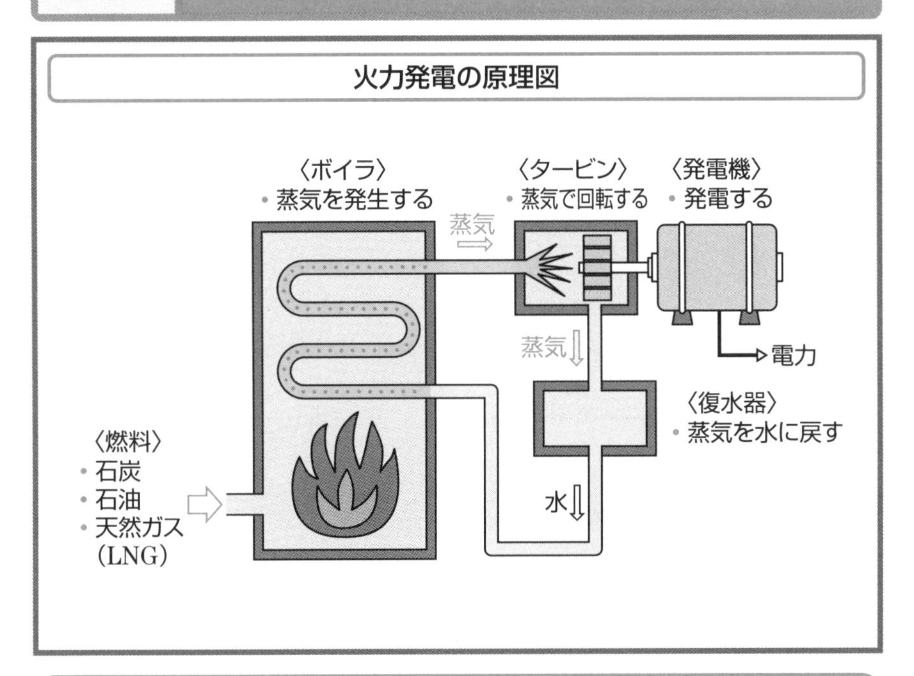

火力発電所には燃料による種類と発電方法による種類がある

★**火力発電**は、燃料の燃焼による燃焼ガスがもつ熱エネルギーを原動機で運動エネルギーに換え、発電機を回転させて発電し電気エネルギーとします。

★火力発電所の燃料による種類を、次に示します。

石炭火力発電所は、石炭を微粉機で細かく粉砕し、空気中に浮遊させてバーナーに吹き込み燃焼させ、高圧・高温の蒸気をつくり、これを蒸気タービンに当てて回転力を得、これに直結した発電機を回転させて発電します。

石油火力発電所は、加熱により粘度を低くした石油をポンプでバーナーに送り、霧状の細かい液滴としてボイラに吹き込み燃焼させて、高圧・高温の蒸気をつくり、これをタービンに当てて回転力を得、これにより発電機を回転させて発電します。

天然ガス火力発電所は、超低温で液化した天然ガス（LNG）を常温の海水で温めて気化させ、これを燃料として発電します（150・151項参照）。

★火力発電所の発電方法による種類には汽力発電所、ガスタービン発電所、コンバインドサイクル発電所、内燃力発電所などがあります（148～151項参照）。

148 火力発電所を構成する設備［1］

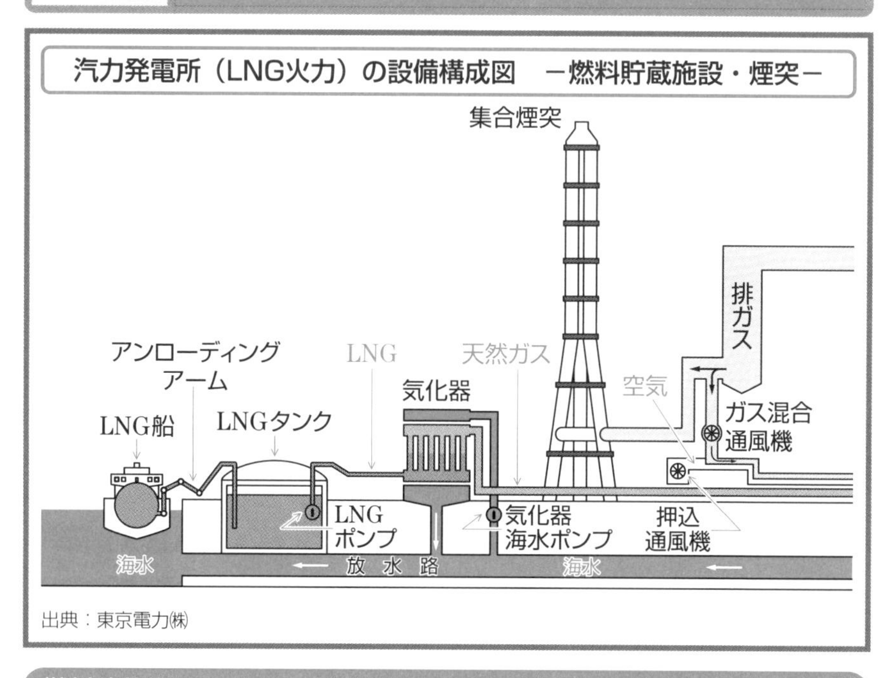

出典：東京電力㈱

燃料貯蔵施設・ボイラ・蒸気タービン —汽力発電所—

★**汽力発電**とは、燃料をボイラで燃焼して、その燃焼ガスにより高圧・高温の蒸気を発生させ、その蒸気で蒸気タービンを回転し、発電機を運転して発電します。

★次に、汽力発電所を構成する主な設備について記します。

燃料貯蔵施設は石炭を貯炭場からコンベアで、また石油を貯蔵タンクからポンプで、そして天然ガス（LNG）をLNGタンクから気化器で海水により温めて常温の天然ガスとし、それぞれをボイラに送ります。

ボイラは燃料を燃焼させて得た熱を水に伝えて蒸気に換える熱交換機能をもった熱源機器です。発電用ボイラは、内部に多くの水が通る管（水管）を伝熱部とする水管ボイラが多く採用されています。

ボイラでつくられた高圧・高温の蒸気は、蒸気タービンに送られます。

蒸気タービンは、高圧・高温の蒸気を羽根車（動翼）に吹き付け、そのエネルギーにより高速で回転します。

—次ページへつづく—

149 火力発電所を構成する設備［2］

— ボイラ・蒸気タービン・復水器・変圧器・開閉所 —

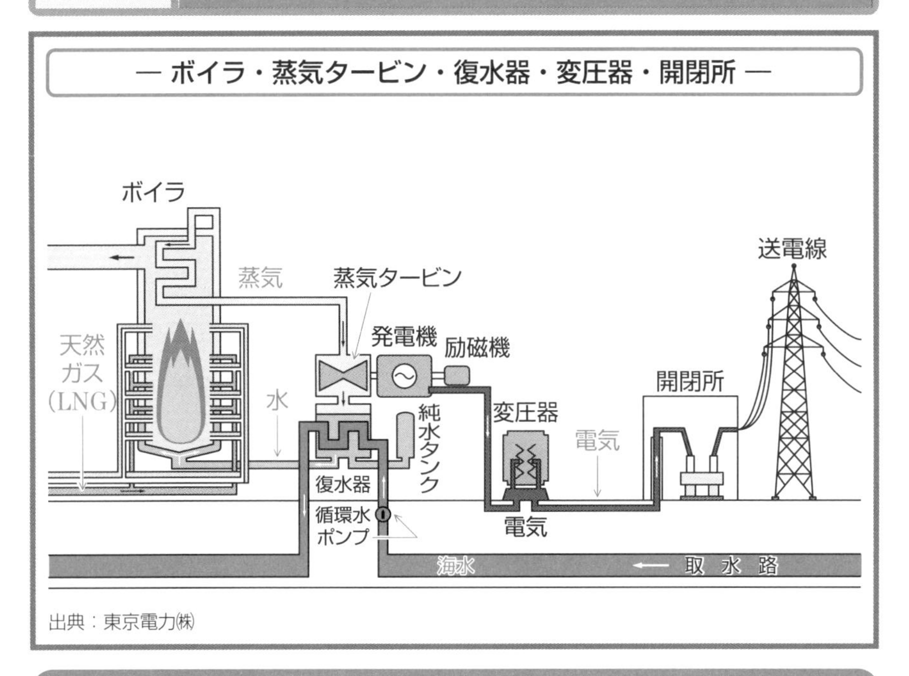

出典：東京電力㈱

蒸気タービン・発電機・復水器・変圧器・煙突 —汽力発電所—

★発電に使用される**蒸気タービン**は、熱効率を高めるため、高圧・中圧・低圧の三つのタービンから構成されています。ボイラからの高圧・高温の蒸気（主蒸気）は、高圧タービンを回した後、再熱器で熱せられ、再熱蒸気として中圧タービンへ送られ、最後に低圧タービンを回して復水器に送られます。

発電機は、蒸気タービンに直結しており、蒸気タービンが高速で回転することによって、発電機が回転し、発電した電力は変圧器に送られます。

発電機は、三相交流同期発電機が使用され、50Hz・60Hzに分けて採用されます。

復水器は、蒸気タービンからの蒸気（低圧湿り蒸気）を冷却して凝縮させ、低圧の飽和水に戻し、低圧になった飽和水は、再びボイラに送られます。

変圧器は、送電損失が電圧を高くすることで少なくなることから、発電電圧を送電電圧（275kV・500kV）に昇圧して、開閉所を通して送電線に送ります。

煙突は、高熱による上昇気流の原理で排気を上方に導き、上空に排出して、排気ガスに含まれる大気汚染物質濃度を地表に到達するまでに拡散させます。

150 ガスタービン発電所

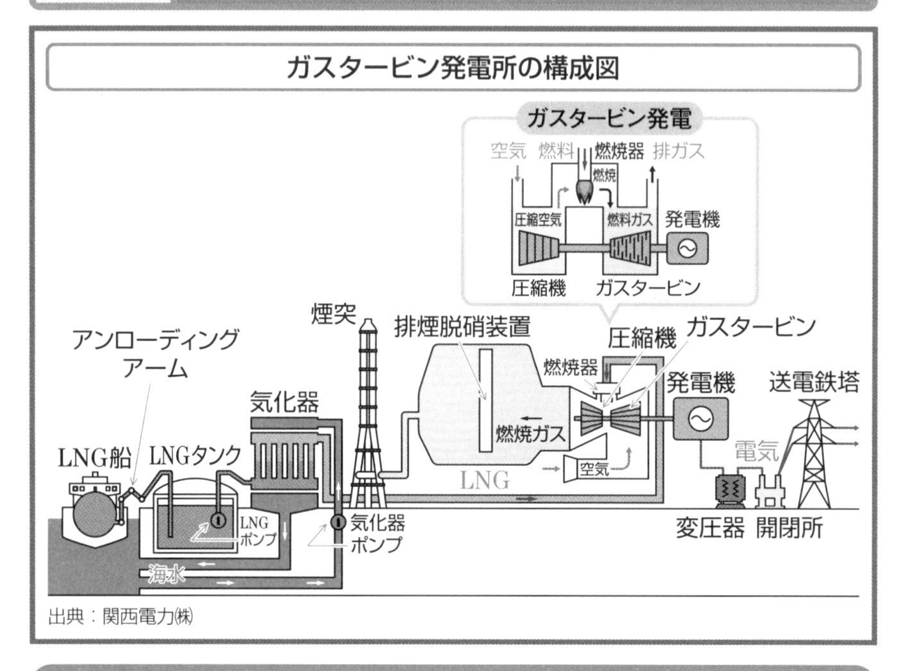

ガスタービン発電は圧縮機・燃焼器・ガスタービン・発電機からなる

★ガスタービンは、燃料（例：天然ガスLNG）の燃焼で生成された高圧・高温の燃焼ガスで、直接タービンを回転して運動エネルギーを得る内燃機関です。

★**ガスタービン発電**は、主に圧縮機、燃焼器、ガスタービン、発電機から構成され、これらの要素を気体が順に通過して発生した動力で発電機が回転して発電します。

圧縮機は、空気を取り入れて高い圧力で圧縮し、高温の空気を燃焼器に送ります（空気は圧縮すると温度が高くなる性質がある）。圧縮機では、静翼列と動翼列を一つの段とし、軸方向に幾重にも段を重ねて圧力の上昇を生み出します。

燃焼器では、圧縮器から送られてきた高圧・高温の空気に燃料を噴射して燃焼させます。燃焼器内では、一度点火するとそこに燃料を噴射し続けることにより、炎が持続し、発生した燃焼ガスは、ガスタービンに送られます。

ガスタービンでは、燃焼器からの高圧・高温の燃焼ガスが、膨張しながら高速でガスタービンの羽根車に当たることで回転し、幾重にも段を重ねることで生じた高速燃焼ガスにより回転動力として取り出し、直結した発電機を駆動して発電します。

151 コンバインドサイクル発電所

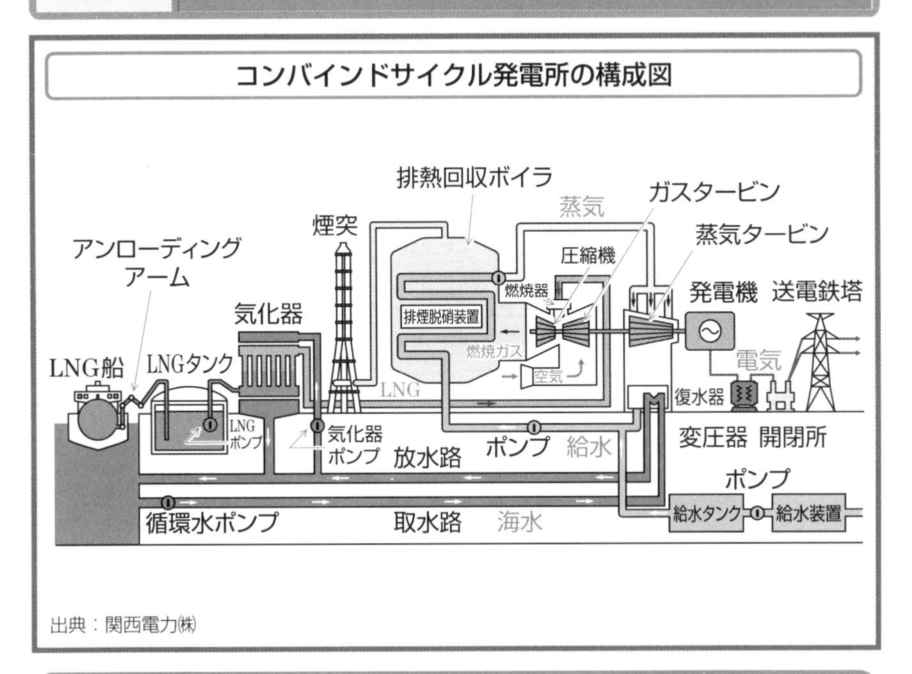

コンバインドサイクル発電はガスタービン発電と蒸気タービン発電の組合せ

★**コンバインド**（Combined：複合）**サイクル発電**とは、ガスタービン発電と蒸気タービン発電の長所を組み合わせた発電方式をいい、ガスタービンの回転力により発電機で発電した後、排出された高温ガスを排熱回収ボイラで有効に回収して、高圧・高温の蒸気を発生させ、蒸気タービンを回して発電機により発電します。

ガスタービン発電では、圧縮機で空気を圧縮して得た高圧・高温の気体に、燃焼器で燃料（例：天然ガスLNG）を噴射して燃焼させ、この高圧・高温ガスを直接ガスタービンの羽根車に吹き付けて回転力を得、発電機を回して発電し、排ガスとして排出します。燃焼ガス温度が高いほど、その排ガス温度も高くなります。

コンバインドサイクル発電では、このガスタービンからの高温の排ガスを廃熱回収ボイラ（排ガスから熱を回収する熱交換器）に取り入れて、水を沸騰させて高圧・高温の蒸気を発生させて蒸気タービンの羽根車を回転し、発電機で発電します。

同じ量の燃料の燃焼で発生する熱エネルギーの高温域はガスタービンで、低温域は蒸気タービンで発電し、高い熱効率が得られるので多く用いられています。

152 核分裂の熱で発電する原子力発電

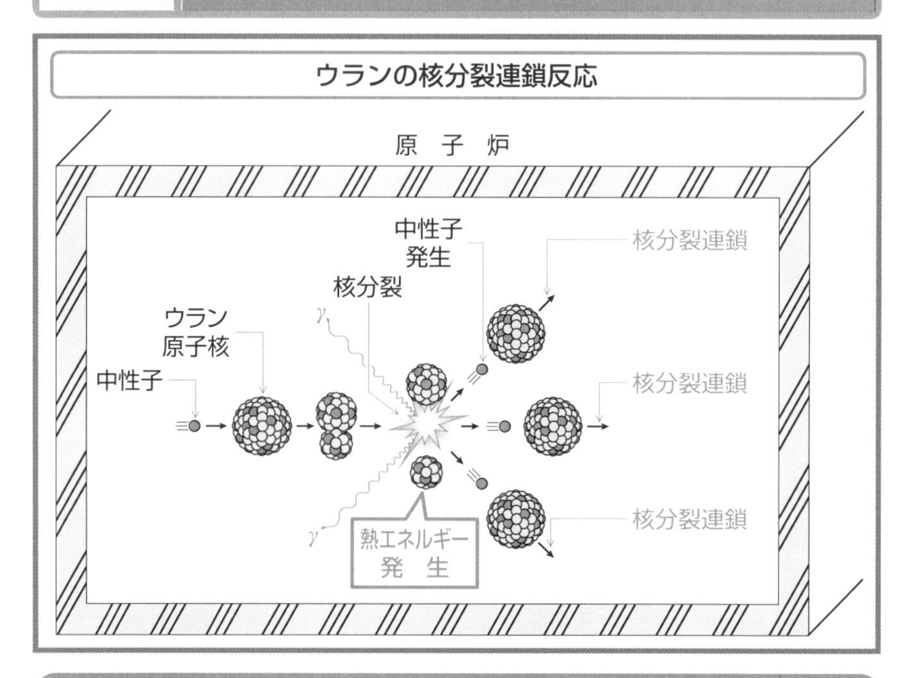

ウランが核分裂すると陽子と中性子の結合エネルギーが熱エネルギーとして放出する

★**原子力発電**は、原子炉内でウラン燃料の核分裂によって発生した熱で水を加熱してつくった蒸気の力で蒸気タービンを回転し、発電機により発電します。

原子力発電は、火力発電のボイラを原子炉にしたもので発電の原理は同じです。

★物質は、すべて原子核とそれを取りまく電子から構成され、原子核は陽子と中性子からなります（1項参照)。原子核の陽子と中性子は結合エネルギーによって結び付いており、原子核が二つ以上の原子核に分裂することを、**核分裂**といいます。

原子核が核分裂すると、原子核内に保有していた陽子と中性子との結合エネルギーが熱エネルギーになって放出されます。

核分裂しやすいウランの原子核に中性子を当てると核分裂し、熱を発生すると共に新しい中性子が発生します。

新たに発生した中性子が、別のウランの原子核に当たって核分裂を起こし、また新たに中性子が発生し核分裂の連鎖を起こし、膨大な熱が発生します。

このような状態での核分裂連鎖を**臨界**といいます。

153 原子力発電所を構成する設備

例 沸騰水型原子力発電所の設備構成図

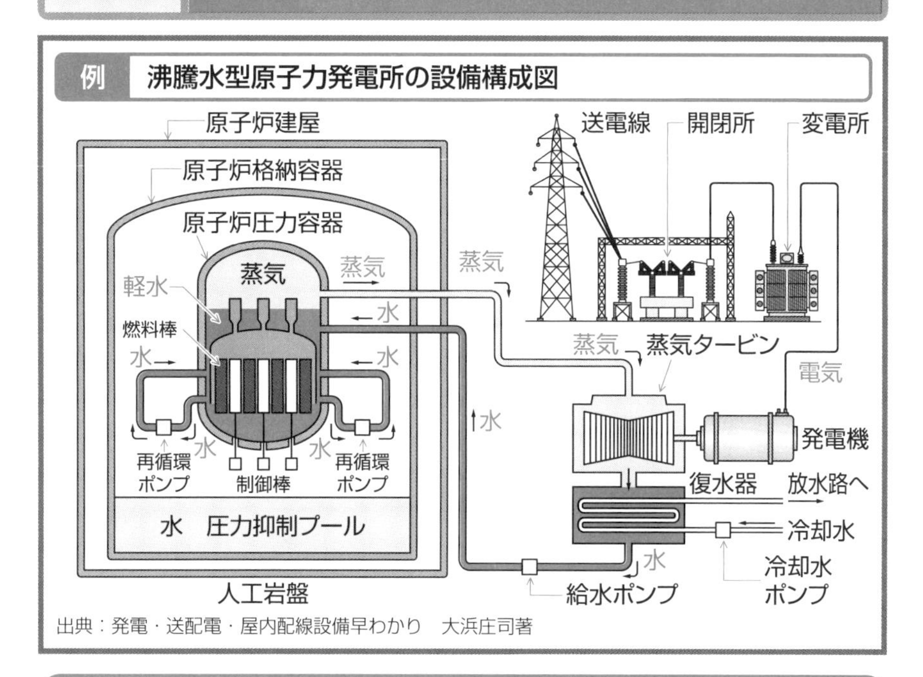

出典：発電・送配電・屋内配線設備早わかり　大浜庄司著

原子力発電所は原子炉と発電設備から構成される

★**原子力発電所**は、原子炉内でウランの核分裂によって発生した熱を燃料棒を取り巻く水（軽水）に伝え、高圧・高温の蒸気にして蒸気タービンを回転し、発電機により発電します。使用した蒸気は復水器で冷却され水となって原子炉に戻ります。

発電された電力は、変圧器に送られ発電電圧を送電電圧（275kV・500kV）に昇圧し、開閉所を通って送電線に送られます。

★**原子炉**は、ウラン核燃料の核分裂連鎖を制御し、発生する熱エネルギーを有効に取り出すための装置です。

原子炉は、放射性物質を閉じ込めるため、原子炉圧力容器に収められ、それを原子炉格納容器で覆い、さらに原子炉建屋の中に設置します。

原子炉建屋は、地震の影響を少なくするため人工岩盤の上に直接建てます。

原子炉圧力容器は、ウラン燃料の核分裂を制御しながら、発生する熱を取り出す水（軽水）と、蒸気の高い圧力に耐える鋼鉄製の容器で、火力発電所のボイラに相当します。

154 原子炉圧力容器の機能と構成要素

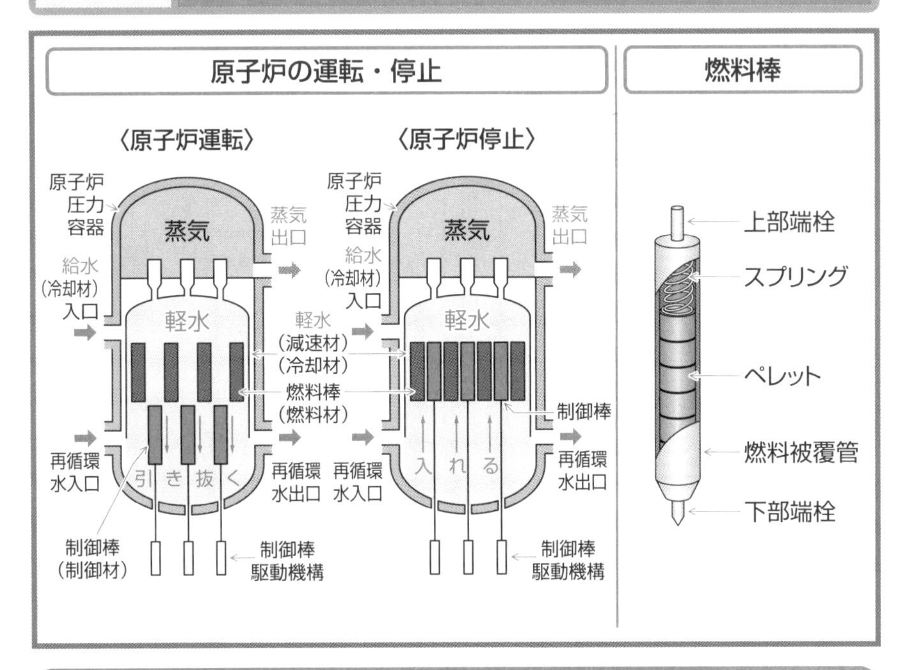

原子炉圧力容器内の構成要素 ―核燃料・減速材・冷却材・反射材・制御材―

★原子炉圧力容器内には、核燃料、減速材、冷却材、反射材、制御材などが納められています。

核燃料には、天然ウランから核分裂しやすいウラン235の含有率を高めた濃縮ウランを用い、焼き固めてペレットとし、被覆管に詰めて燃料棒とします。

減速材は、核分裂で放出される高速の中性子を低速の熱中性子に減速するもので、軽水（普通の水）を用います。軽水を用いた原子炉を**軽水炉**といいます。

冷却材は、核分裂で生じた熱を炉外に運び出すもので、軽水（普通の水）が多く用いられています。

反射材は、核分裂によって発生した中性子が炉外に漏れるのを防ぎます。

制御材は中性子を吸収し中性子数を制御することから制御棒といいます。

制御棒を原子炉から引き抜くと制御棒に吸収される中性子の数が減少して核分裂の回数が増加し、発電出力が上昇します。また制御棒を原子炉の中に入れると、中性子を吸収して核分裂の回数が減り、発電出力を下降します。

155 沸騰水型原子力発電所と加圧水型原子力発電所

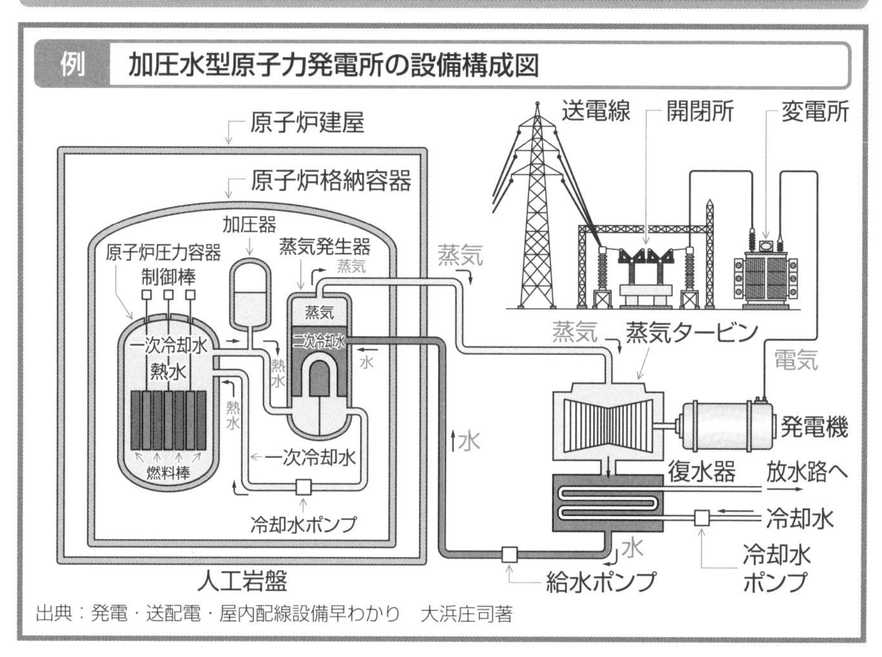

出典：発電・送配電・屋内配線設備早わかり　大浜庄司著

原子炉には蒸気発生のしくみの違いで沸騰水型と加圧水型がある

★軽水炉には蒸気発生の相違により沸騰水型原子炉と加圧水型原子炉があります。

沸騰水型原子炉（153項参照）は、原子炉圧力容器内での核分裂で発生する熱により、周囲の減速材、冷却材である水を沸騰させ高圧・高温の蒸気にし、この蒸気を直接蒸気タービンに送って回転させて発電機で発電し、タービンで使用後の蒸気は復水器を通って原子炉圧力容器に戻ります。

放射能物質を含む蒸気が流れるので、放射線管理が必要です。炉内で水を沸騰させるので沸騰水型原子炉といいます。

★**加圧水型原子炉**は、１次冷却水が原子炉圧力容器内で沸騰しないように加圧器で飽和圧以上に加圧することで、核分裂による熱では蒸気にならず、熱水状態で蒸気発生器に送られU型管内部を通って冷却水ポンプで原子炉圧力容器に戻ります。

１次冷却水を加圧器で飽和圧以上の圧力を加えるので加圧水型原子炉といいます。

蒸気発生U型管の外部を流れる２次冷却水は、１次冷却水から熱を得て高圧・高温の蒸気となって蒸気タービンを回し、発電機により発電します。

156 風の力で発電する風力発電

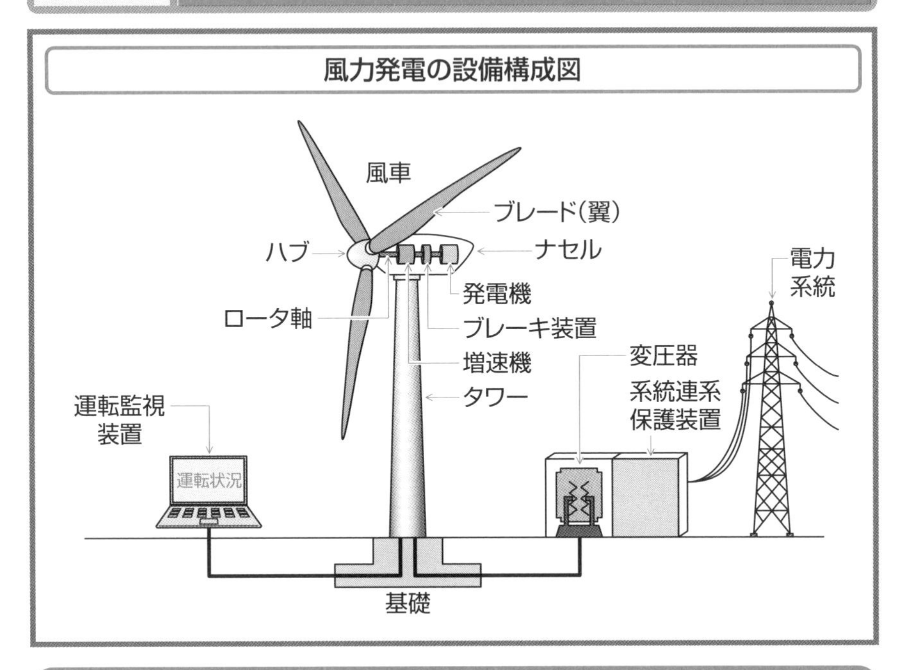

風力発電を構成する設備

★**風力発電**は、風の運動エネルギーで風車を回して回転エネルギーに換え、発電機を駆動して電気エネルギーとし発電する再生可能エネルギーを用いた発電方式です。

★風力発電は、風車、発電機、運転監視装置、発電した電力を電力系統に送るための変圧器、系統連系保護装置、そしてタワーなどから構成されます。

風車は、風力エネルギーを機械的な回転エネルギーに変換する設備で、風を受けるブレード（翼）、ハブ、ナセル（発電機・ブレーキ装置・増速機）よりなります。

発電機は、風車のロータ軸からの回転エネルギーにより回転して発電します。

発電機には同期発電機、誘導発電機などが用いられます。

運転監視装置は、風車の運転、監視、制御を行うコンピュータシステムです。

変圧器は、発電機の発電電圧を送電に適した電圧に昇圧します。

系統連系保護装置は、風力発電で発電した電力の電圧、電流、周波数異常、単独運転検出装置などの保護装置です。

タワーは、風車を構造的に支える部分で、鋼製中空円筒構造が一般的です。

157 風車の回転原理と風車の運動エネルギー

風車を回転する抗力と揚力

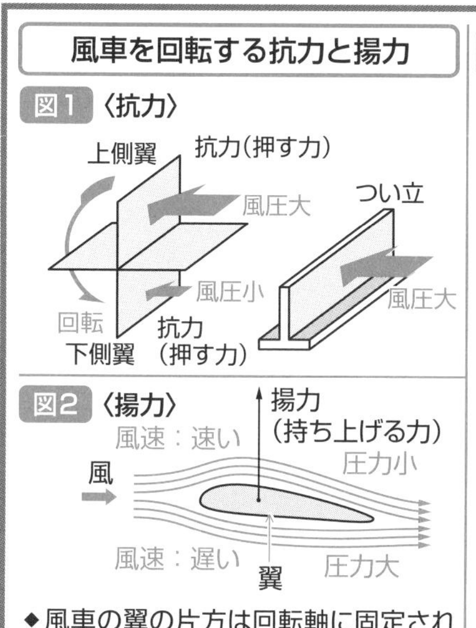

◆風車の翼の片方は回転軸に固定されているので揚力で回転する

風車の運動エネルギー

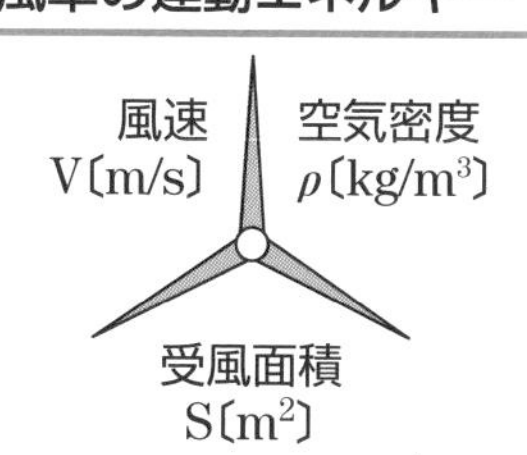

• 風車の運動エネルギー $P=\frac{1}{2}\rho SV^3$〔J/s〕

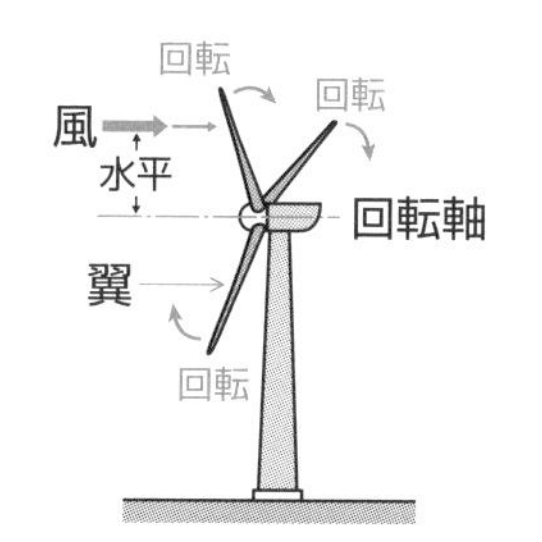

風車の出力は受風面積に比例し、風速の３乗に比例する

★風車が風の力で回る原理には、風が当たることによって生ずる押す力、これを抗力といい、またもち上げる力、これを揚力といい、これら二つの力によります。

抗力とは、たとえば、図１のように、上下の板（翼という）に風を当て、下側のみをつい立で風をさえぎると、風の押す力に差ができて回ることをいいます。

揚力とは、たとえば、図２のような翼に風を当てると、上側を流れる風の速さが下側より早くなり圧力が下側より小さくなって翼を上方にもち上げる力を生じます。

★流速V〔m/s〕の風が、断面積S〔m²〕を単位時間当たり通過する空気の体積はSV〔m³〕になります。空気の密度ρ〔kg/m³〕とすると、単位体積当たりの運動エネルギーは

運動エネルギー$=\frac{1}{2}\cdot\rho V^2$、体積SV〔m³〕では　$\frac{1}{2}\rho V^2\times SV=\frac{1}{2}\rho SV^3$〔J/s〕

風車の運動エネルギーは、風速の３乗に比例し、風速が２倍になると、運動エネルギーは８倍になり、また風車の受風面積（翼の回転面積）に比例するので、風車の受風面積を大きくすれば、それだけ多くの電力を得ることができます。

158 プロペラ型風車の発電機構

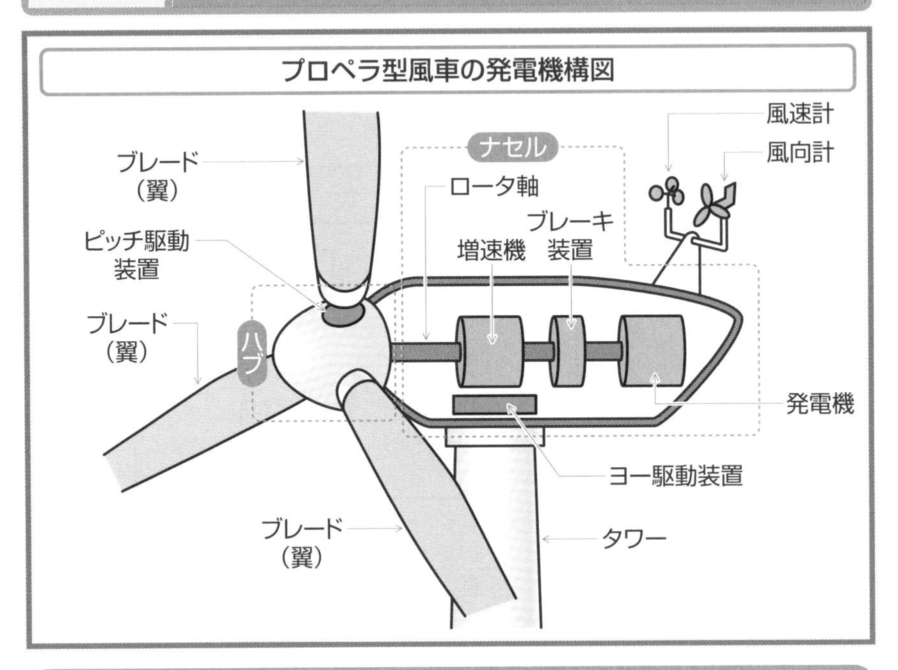

プロペラ型風車の発電機構を構成する機器

★**プロペラ型風車**はブレード、ハブ、ナセル、タワーなどから構成します。

ブレード（翼）は3枚が一般的で、風を受けて回転し、風の運動エネルギーを回転エネルギーに換えます。

ハブは、ブレードの付け根をロータ軸に連結し、回転力を伝達します。

ナセルは、ロータ軸で連結した増速機、発電機、ブレーキ装置からなります。

増速機は、ブレードからの回転を発電機に適した回転速度まで増速します。

発電機は、増速機からの回転エネルギーにより回転し、発電します。

ブレーキ装置は、点検時などにロータを固定します。

★風車の制御には、ヨー制御とピッチ制御があります。

ヨー制御は、風向計で風の方向を検知して、無駄なく風を受けるため、風車の回転面の向きを風向きに合わせて“首振り”し、追従します。

ピッチ制御は、ブレードの風に対する傾角（ピッチ角）を変化させ、風速計で検知した風速に合わせて風を受ける量を調整し、発電出力を制御します。

159 風車の種類

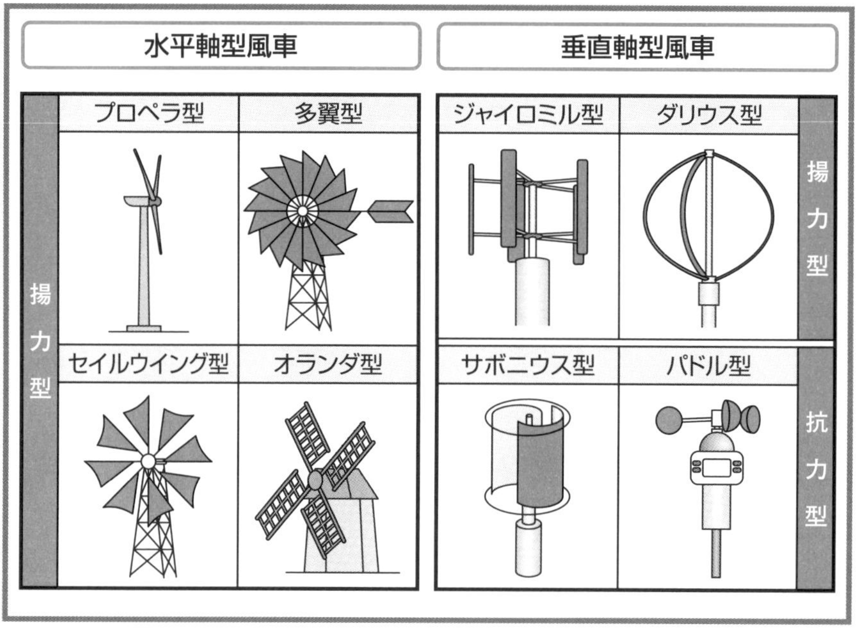

水平軸型風車

揚力型

プロペラ型
多翼型
セイルウイング型
オランダ型

垂直軸型風車

揚力型

ジャイロミル型
ダリウス型

抗力型

サボニウス型
パドル型

風車には揚力型・抗力型と水平型・垂直型がある

★風車には、回転原理により揚力型と抗力型があります。

飛行機の飛ぶ原理である揚力（157項参照）によって回転力を生ずる風車を**揚力型風車**といい、プロペラ型、多翼型、ダリウス型、ジャイロミル型、オランダ型などがあり、発電効率がよく大型化が可能なプロペラ型が多く普及しています。

帆船を動かす帆の原理である抗力（157項参照）によって回転する風車を**抗力型風車**といい、パドル型、サボニウス型などがあります。

★風車には、その回転軸の方向によって水平軸型と垂直軸型があります。

水平軸型風車は、回転軸が地面に対して平行に回る風車で、プロペラ型、オランダ型、多翼型、セイルウイング型などがあり、回転軸が変化する風向きに常に平行であり続けるために、姿勢を変える方位制御機構が必要です。

垂直軸型風車は、回転軸が地面に対して垂直に回る風車で、ダリウス型、ジャイロミル型、サボニウス型、パドル型などがあり、回転軸に対して常に直角に風が吹くため、姿勢を変える方位制御機構は必要ありません。

160 太陽の光で発電する太陽光発電

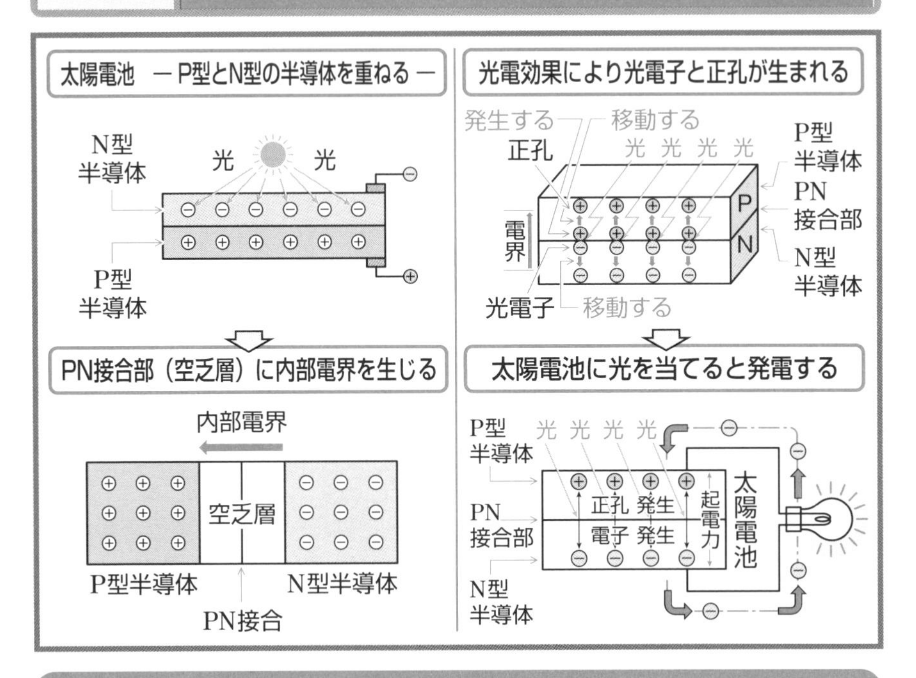

シリコン系太陽電池はP型半導体とN型半導体を重ね合わせた構造

★**太陽光発電**とは、**ソーラー発電**ともいい、太陽電池を用いて太陽光の光エネルギーを直接電気エネルギーに変換する再生可能エネルギーによる発電方式です。

★**シリコン系太陽電池**は、負の電荷をもつ電子が多いN型半導体と、電子が足りない箇所（正孔）をもつP型半導体を重ね合わせ接合（PN接合：112項）します。

PN接合すると、P型半導体の電子の足りない箇所である正孔に、N型半導体から電子が移動し、正負の電荷は打ち消し合います。

電子と正孔の正負の電荷が打ち消し合った結果、接合部付近に電子と正孔の少ない領域（空乏層）ができ、電子と正孔をそれぞれN型領域、P型領域に引き戻そうとする内部電界を生じます。

この状態でPN接合部に光を照射すると、電子が光のエネルギーを吸収し励起して光電子となり、その跡に正孔が残り、光電子はPN接合部付近の空乏層に形成される電界に導かれてN型半導体に移動し、正孔はP型半導体に移動して集まり電位（起電力）が生じ、両端に負荷をつなぐと電位（起電力）により電流が流れます。

161 太陽光発電システムの種類

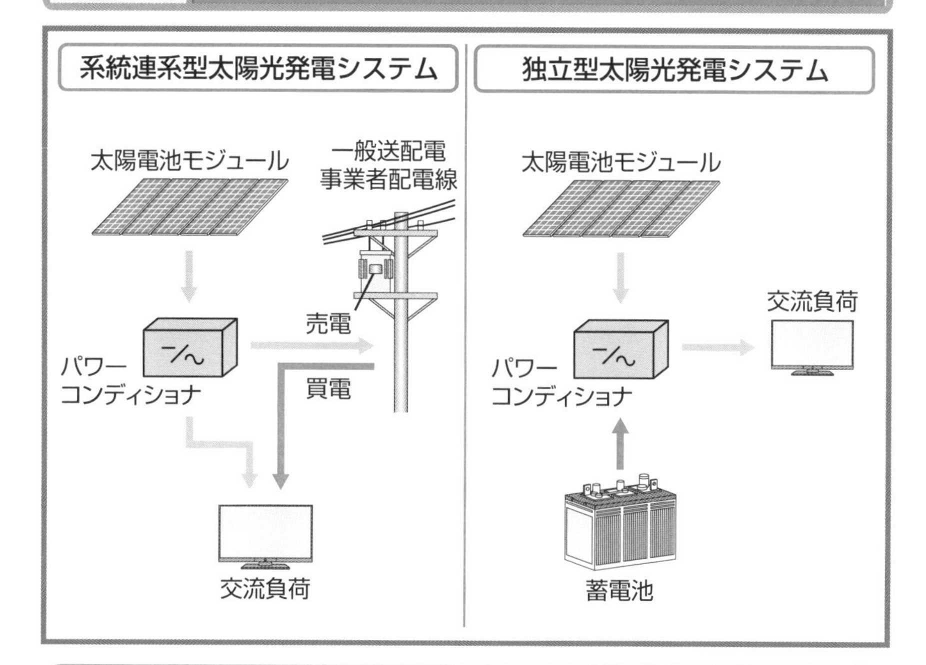

太陽光発電システムには系統連系型と独立型がある

★太陽光発電システムには、系統連系型システムと独立型システムがあります。

系統連系型システムとは、一般送配電事業者（電力会社）の配電線路と太陽光発電システムを接続して、電力を売買するシステムをいいます。

系統連系型システムにおいて、消費する電力よりも太陽光発電した電力が多くなると、その余剰電力は一般送配電事業者の配電線路に送られます。

これを**逆潮流**といい、逆潮流した分の電力は契約すると買い取ってもらえます。

また、太陽光発電の電力が消費する電力より少ないと、その不足した電力量は一般送配電事業者の配電線路から供給を受け、これを買電といいます。

系統連系型システムには、防災用として停電時に系統側を切り離し、太陽電池が発電した電力を特定負荷に供給する自立切換型システムもあります。

★**独立型システム**とは、一般送配電事業者の配電系統と完全に分離して、太陽光発電システムだけで電力を発電し使用します。夜間や悪天候時の発電量の低下に備えて、蓄電池設備を施設して電力を蓄えておく必要があります（163項参照）。

162 系統連系型太陽光発電システム

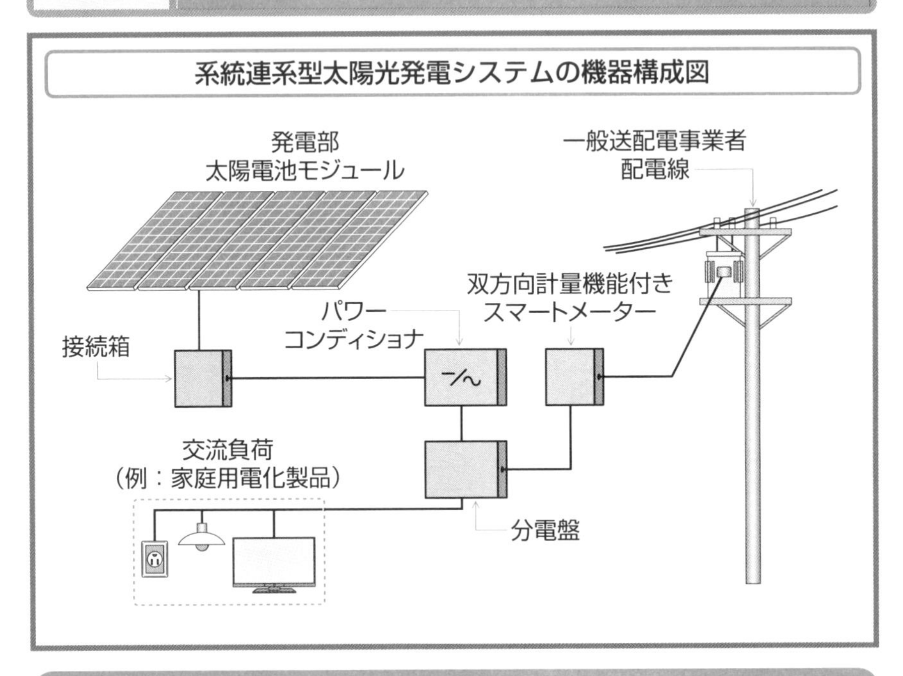

系統連系型太陽光発電システムを構成する機器

★低圧の配電線路に接続する系統連系型太陽光発電システムは、次のような機器で構成されています。

発電部は、太陽電池モジュールからなり、太陽の光エネルギーを吸収して直接電気エネルギーに変換する太陽電池から構成されています（160項参照）。

接続箱は、ブロックごとに接続された太陽電池モジュールからの配線を一つにまとめて、発電した直流電力をパワーコンディショナに送る装置です。

パワーコンディショナは、**インバータ**（第24章参照）ともいい、太陽電池モジュールで発電された直流電力を交流電力に変換し、交流負荷（例：家庭用電化製品）が使えるようにします。停電時に運転する自立切替機能を備えたものもあります。

分電盤は、電力を建物内の負荷に分配するとともに、太陽電池系統からの余剰電力（売電）、不足電力（買電）を一般送配電事業者の配電線路に振り分けます。

双方向計量機能付きスマートメーターは、１台で一般送配電事業者から需要家への供給電力量（買電）と需要家から一般送配電事業者への売電電力を計量します。

163 独立型太陽光発電システム

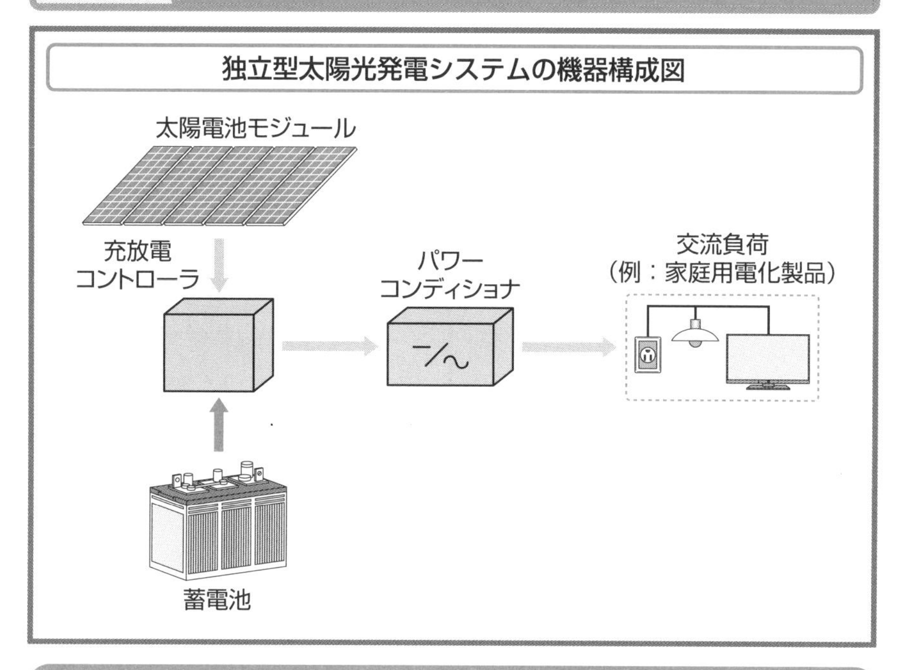

独立型太陽光発電システムを構成する機器

★**独立型太陽光発電システム**は、一般送配電事業者の電力系統と連系せずに、太陽電池モジュールが発電した電力を需要家にて使用すると共に、発電量不足に備えて蓄電池に電力を蓄えておくシステムで、次のような機器から構成されています。

太陽電池モジュールは、太陽の光エネルギーを直接電気エネルギーに変換する太陽電池から構成され、光が当たるときのみ発電し、蓄えることはできません。

蓄電池は、太陽電池モジュールで発電した電力を蓄え、夜間や悪天候時の発電量が少ないときなどに、蓄電池が蓄えた電力を使用します。

充放電コントローラは、蓄電池には蓄える電力容量に限界があるので、蓄電池電圧を監視し満充電時には遮断し、充電不足時には接続を自動的に行い充電します。

パワーコンディショナは、インバータともいい、太陽電池モジュールで発電される電力が直流なので交流に変換して、交流負荷（例：家庭用電化製品）を使用できるようにします。

〈MEMO〉

第14章 送配電設備

164 電力供給システムを電力系統という

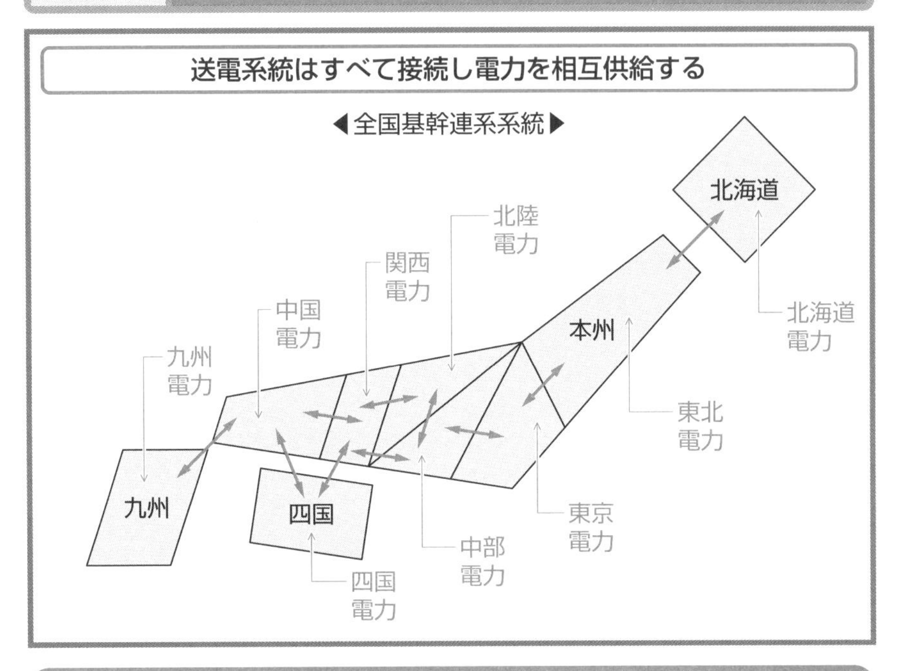

送電は発電所からの電力を送電変電所・配電変電所へ送る

★発電所から送電線、送電変電所、そして配電線、配電変電所により、需要家に電力を供給するシステムを**電力系統**といいます。

北海道から九州までの送電系統をすべて送電線でつなぐことを、**全国基幹連系系統**といいます。東日本は周波数50Hz、西日本は60Hzと、同一周波数の電力を用いる一般送配電事業者（電力会社）では、互いの電力網を接続し、異なる周波数の電力網同士も周波数の変換所を設けて電力を相互に供給し合います。

★**送電**とは、発電所で発電された電力を送電変電所へ、または送電変電所から他の送電変電所へ、そして配電用変電所まで送ることをいい、使用する電線路を**送電線**といいます。

★送電方式には、交流送電と直流送電がありますが、交流送電が主流です。

交流送電とは、変圧器を使用して三相交流電力の電圧を変換し送電する方式をいいます。

直流送電とは、三相交流電力を直流電力に変換して送電する方式をいいます。

165 架空送電線の構成とその役割

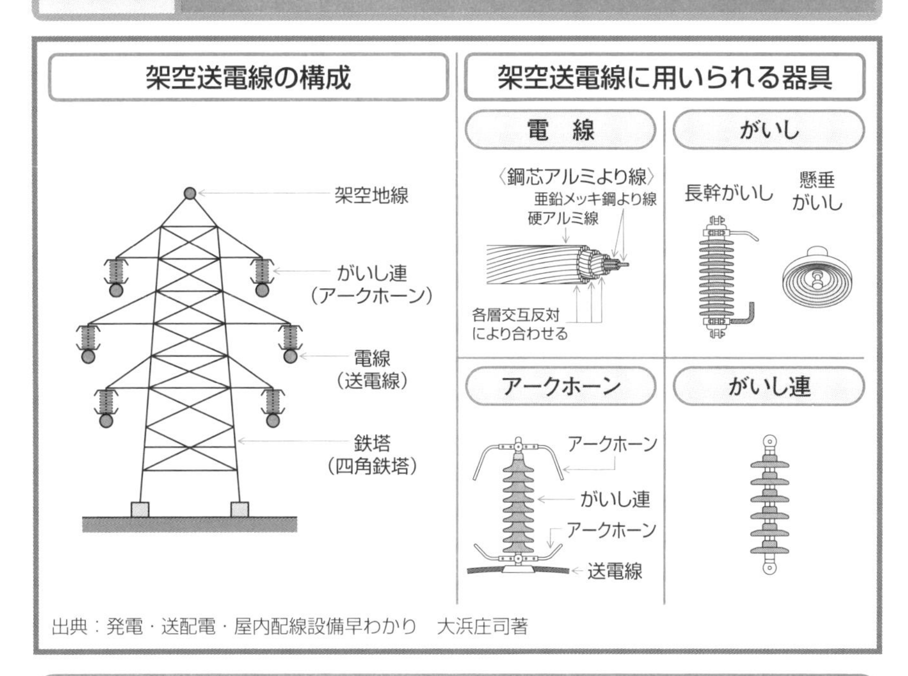

出典：発電・送配電・屋内配線設備早わかり　大浜庄司著

架空送電線は鉄塔・電線・がいし・アークホーンから構成する

★送電線には架空送電線と地中送電線（167項参照）があります。

架空送電線とは、鉄塔を使って空中に電線を架け渡して電力を送る送電線をいい、鉄塔、電線、架空地線、がいし、アークホーンなどから構成されます。

鉄塔は、送電のための電線を含む構成要素の荷重を支える役割があり、送電電圧が高圧になるほど気体放電障害防止のため、高く設置されます（次項参照）。

架空送電線に使用する**電線**は、発生する熱の放散をよくするため、絶縁被覆を施さない裸電線が用いられます。

架空送電線の鉄塔上部の電線路に短区間ごとに接地した導線を張り、雷害を抑制します。この線を**架空地線**（グランドワイヤ）といいます。

がいしは、電流が流れる送電線と鉄塔を電気絶縁する役割があり、送電電圧や所要強度に応じて必要数を連結して用い、これを**がいし連**といいます。

アークホーンは、がいし連の両端に取り付けられ、落雷時にがいし連を通らずに両端のアークホーンの間でアーク放電させ、がいしの破壊を防ぎます。

166 架空送電線の回線数・電線配列・電線構造・鉄塔

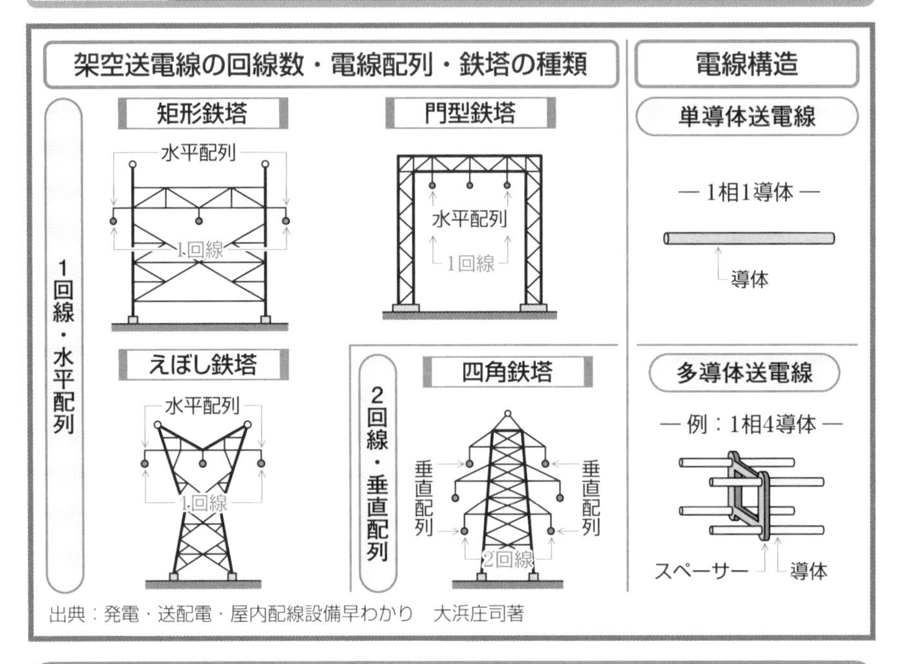

出典：発電・送配電・屋内配線設備早わかり　大浜庄司著

1回線・2回線、垂直配列・水平配列、単導体・多導体、鉄塔の種類

★架空送電線は、回線数、電線配列、電線構造、鉄塔の種類により区分されます。

架空送電線の**回線**には、鉄塔の支持物にがいしを介して3本の電線を張って送電する**1回線送電線**と、電線を6本張って送電する**2回線送電線**があります。

2回線送電線は、片方の回線が故障した場合、他方の回線で電力を供給し、停電を回避できるので、多く用いられています。

三相交流電力（76項）を3本の電線で送電する一つの単位を**回線**といいます。

架空送電線の**配列**には、支持物に対し1回線3本の電力線を垂直に並べて張る**垂直配列**と、水平（横）に並べて張る**水平配列**があります。

架空送電線の**電線構造**には、1相に対し1本の電線を張る**単導体送電線**と、1相に対し複数の電線を張る**多導体送電線**があります。

鉄塔には、4本の主柱の土台を四角に配置し一つの頂点をもつ**四角鉄塔**、土台を長方形に配置し二つの頂点をもつ**矩形鉄塔**、鉄塔の中ほどから上に広がる**えぼし鉄塔**、鉄道線路、水路、道路の上をまたがる**門型鉄塔**などがあります。

167 地中送電線の種類

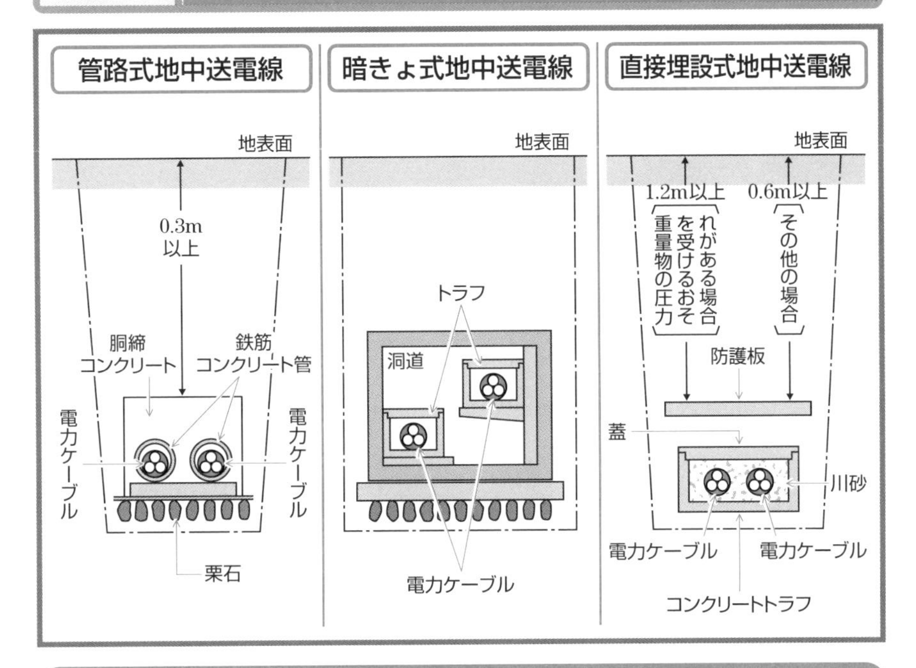

地中送電線には管路式・暗きょ式・直接埋設式がある

★**地中送電線**とは、大地に埋設した送電線で電力を送る方式をいいます。

地中送電線は、架空送電線の施設制限を受ける都会地、美観を必要とする風致地区などに施設されます。

★地中送電線の布設方式には、管路式、暗きょ式、直接埋設式があります。

管路式とは、あらかじめ地中に鋼管、鉄筋コンクリート管、硬質ビニール管など、管に加わる車両その他の重量物の圧力に耐える管路を埋設し、その中に電力ケーブルを引き入れる方式をいいます。

暗きょ式とは、地下に地中電線を施設できる空間（暗きょ）を設け、その中に電力ケーブルを布設する方式で、暗きょは車両その他の重量物の圧力に耐えうる構造とし、地中電線には耐燃措置を施します。

直接埋設式とは、ケーブルを堅ろうなトラフ、その他の防護物に収め、直接地中に埋設する方式で、車両その他の重量物の圧力を受けるおそれのある場所では、埋設深さを1.2m以上、その他の場所では0.6m以上とします。

168 変電所は送配電電圧を順次下げ電力を需要家に送る

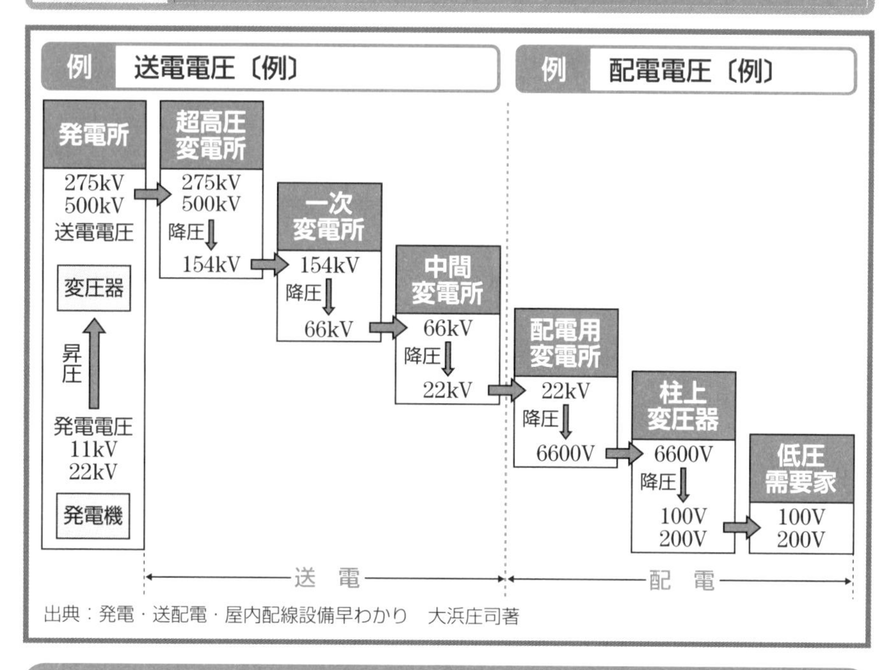

出典：発電・送配電・屋内配線設備早わかり 大浜庄司著

電力系統には超高圧変電所・一次変電所・中間変電所・配電用変電所がある

★発電所で発電された電力は、発電所内で昇圧して非常に高い電圧にして送電し、電力消費地に近づくにつれて需要家に必要な電圧に順次下げて供給します。

送電電圧を高くするのは、電力が電圧と電流の積に比例し、発熱による電力損失は電流の2乗に比例するので、電圧を高くして電流を小さくすれば、送電による電力損失を少なくすることができるからです。

★発電所の発電機で発電される三相交流電力を、たとえば11kV、22kVの電圧とすれば、これを発電所内の変圧器で超高電圧275kV、超超高電圧500kVに昇圧し送電線に送り出し、各地に設けられた**超高圧変電所**で、275kV、500kVをたとえば特別高圧154kVに降圧されて一次変電所に送電されます。

一次変電所では、154kVをたとえば特別高圧66kVに降圧され、**中間変電所**に送電され、66kVをたとえば22kVに降圧して、**配電用変電所**に送電されます。

配電用変電所では、22kVを6600Vに降圧し、配電線の柱上変圧器に送り、**柱上変圧器**では、100V、200Vに降圧してビル、商店、住宅に配電します。

169 配電は変電所から電力を需要家に配る

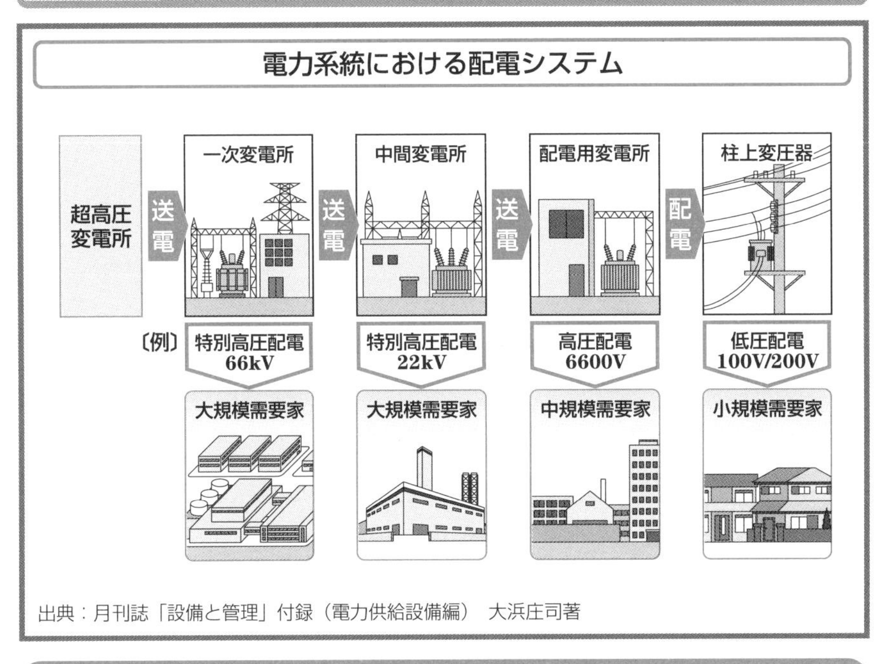

出典：月刊誌「設備と管理」付録（電力供給設備編） 大浜庄司著

配電線路には特別高圧配電線路・高圧配電線路・低圧配電線路がある

★**配電線路**とは、「変電所、変電所若しくは送電線路と需要設備との間又は需要設備相互間の電線路及びこれに附属する開閉所その他の電気工作物をいう」と、電気事業法施行規則に定義されています。

★配電線路には、電線路の電圧により特別高圧配電線路、高圧配電線路、低圧配電線路があります。

特別高圧配電線路は、一次変電所または中間変電所から、たとえば66kVまたは22kV級配電線路により、大規模な工場・ビルの大口需要家、都市部の極めて高負荷密度地域への電力供給力の確保の面から採用されています。

高圧配電線路は、配電用変電所二次側から6600Vで引き出す線路で、高圧需要家および配電用柱上変圧器へ電力を供給します。

低圧配電線路は、配電用柱上変圧器二次側から、一般に100V、200Vで引き出す線路で、住宅・商店・小規模ビル・小規模工場などに電力を供給します。

170 架空配電線と地中配電線

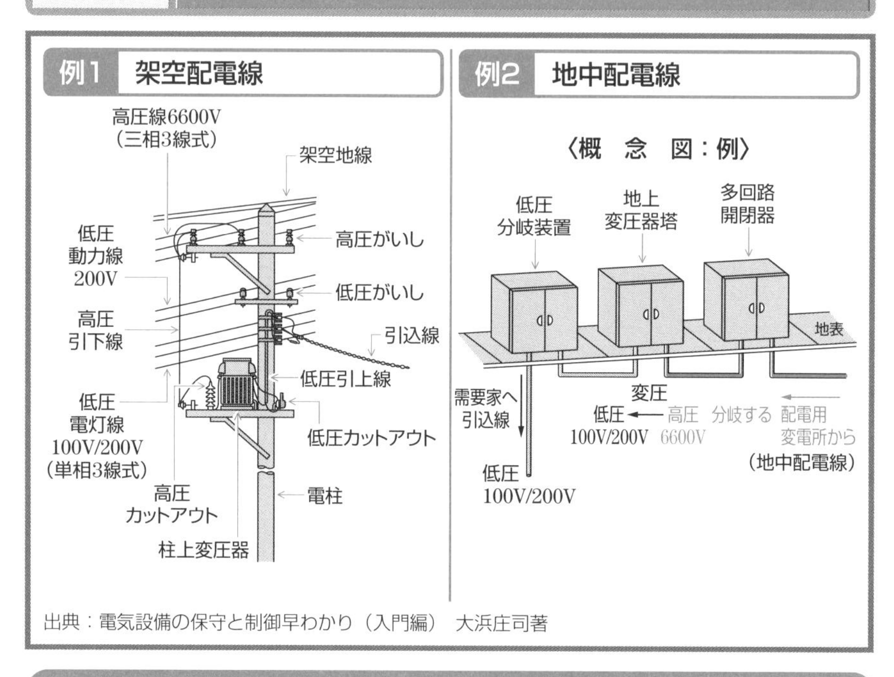

出典：電気設備の保守と制御早わかり（入門編） 大浜庄司著

配電線には架空配電線と地中配電線がある

★**架空配電線**とは、配電用変電所から各柱上変圧器まで、支持物を使って空中に電線を架け渡して電力を送る線路をいい、次のような機器から構成されます。

柱上変圧器は、配電用変電所からの高圧6600Vを低圧100V、200Vに降圧する機能をもち、単相変圧器が多く用いられています。

架空地線は、落雷に伴う誘導電圧を抑制し、配電設備を保護します。

カットアウトは、変圧器の高圧側、低圧側の電気を切るスイッチです。

がいしは、配電線と電柱を電気絶縁し、高圧がいしと低圧がいしがあります。

★**地中配電線**とは、配電用変電所から電柱を使わず地中に穴を掘って、その中に電力ケーブルを通し、電力を送る線路をいいます。

地中配電系統に使用される機器の例としては、配電用変電所からの高圧ケーブルを分岐する**多回路開閉器**、高圧6600Vを低圧100V・200Vに降圧する**地上変圧器**、地上用変圧器塔からの電力を低圧需要家に分配する**低圧分岐装置（分岐桝）**、などがあり上図右にその概念図を示します。

171 配電用変電所からの需要家の受電方式

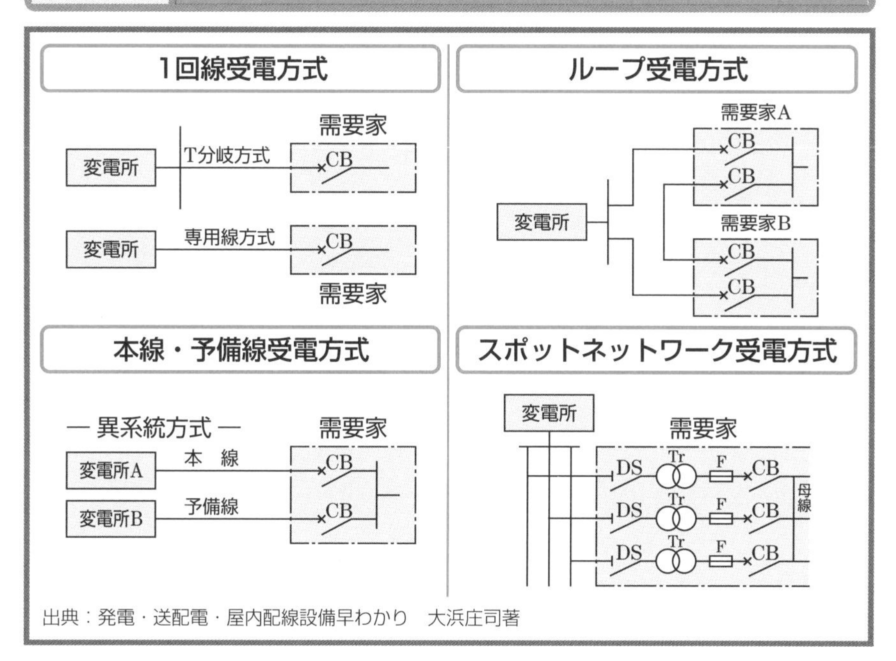

受電方式には1回線受電、本線・予備線受電、ループ受電、スポットネットワーク受電がある

★配電線からの需要家での受電には、次のような方式があります。

1回線受電方式は、需要家が配電用変電所から1回線で受電する方式で、T分岐方式と専用線方式があります。

T分岐方式は、配電線に数多くの需要家がT分岐して受電し、経済的なので多く用いられていますが、他需要家の事故（短絡など）の影響を受けることがあります。

専用線方式は、需要家が配電用変電所から、専用線で受電する方式です。

本線・予備線受電方式は、需要家が配電用変電所から、本線と予備線の2回線で受電する方式で、同系統方式と異系統方式があります。

ループ受電方式は、需要家と配電線路をループ状に構成して、需要家は常時2回線で受電するので、片方の回線が故障しても他方の回線から電力が供給されます。

スポットネットワーク受電方式は、配電用変電所の複数回線（例：3回線）からT分岐で引き込み、受電用断路器DSを経てネットワーク変圧器Trに接続し、ヒューズF、遮断器CBを通って母線を構成し受電する方式です。

〈MEMO〉

第15章 高圧引込線設備

172 高圧引込線には保安上の責任分界点を設ける

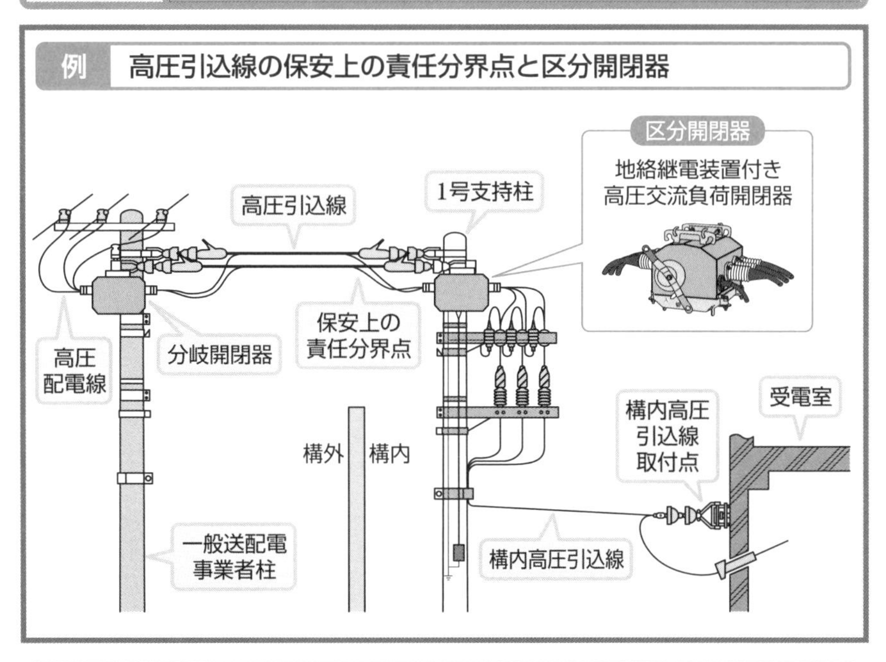

保安上の責任分界点には区分開閉器を設ける

★**高圧引込線**とは、一般送配電事業者の高圧配電線から分岐して、高圧需要家（例：自家用高圧受電設備）の最初の引込線取付点（例：１号支持柱）に至る電線路をいいます。高圧引込線には、保安上の責任分界点を設けます。

保安上の責任分界点とは、一般送配電事業者と高圧需要家の保安上の責任範囲を分ける箇所をいい、原則的には高圧需要家の構内に設定し**財産分界点**と一致します。

保安上の責任分界点は、たとえば、架空配電線の場合は構内の１号支持柱に設け、地中配電線では高圧配電塔の配電線と構内配線の最初の接続点に設けます。

★保安上の責任分界点には、区分開閉器を設置します。

区分開閉器は、保守点検の際に電路を区分するための開閉器であり、高圧需要家で電気事故が発生した場合に自動的に開路し配電線路への波及事故を防止します。

保安上の責任分界点には、地絡遮断装置を設置することになっているので、区分開閉器には**地絡継電装置付き高圧交流負荷開閉器**を用い、これをPAS（Pole Air Switch）といい、地絡電流を検出して自動遮断します。

173 高圧絶縁電線による構内高圧架空引込線の施設

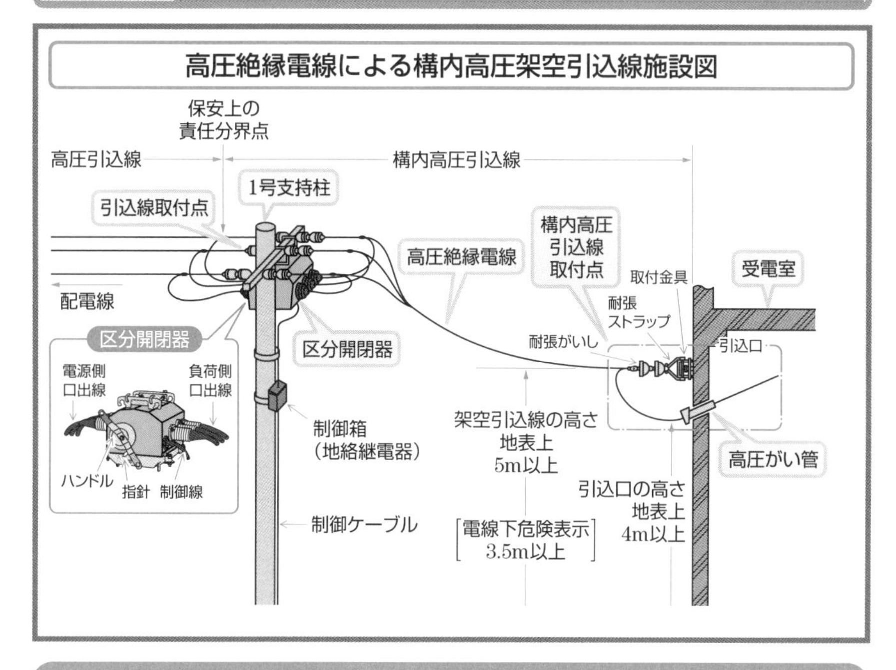

高圧絶縁電線による構内高圧架空引込線は、がいし引き工事により施設する

★高圧架空引込線の施設責任区分は、配電線の分岐開閉器電源側接続点から高圧需要家（例：自家用高圧受電設備）の最初の引込線取付点（例：１号支持柱）までは一般送配電事業者が施設し、引込線取付点の支持物（１号支持柱）以下または補助支持物以下の受電室の取付点までの構内高圧引込線は高圧需要家が施設します。

★構内高圧架空引込線には、高圧絶縁電線による引込線と高圧ケーブルによる引込線（次項参照）があります。

高圧絶縁電線による構内高圧架空引込線の施設高さは、地表上5m以上とし、電線の下方に危険である旨の表示をする場合は3.5m以上とすることができます。

高圧絶縁電線による構内高圧架空引込線は、がいし引き工事により施設します。

電線には、引張り強さ8.0kN以上の高圧絶縁電線または直径5mm以上の硬銅線を使用し、電線の許容電流は、受電する電流以上のものとします。

電線が造営材を貫通する場合は、その貫通する部分の電線ごとに高圧がい管に収め、高圧がい管は雨水が侵入しないように、屋外側を下向きに施設します。

174 高圧ケーブルによる構内高圧架空引込線の施設

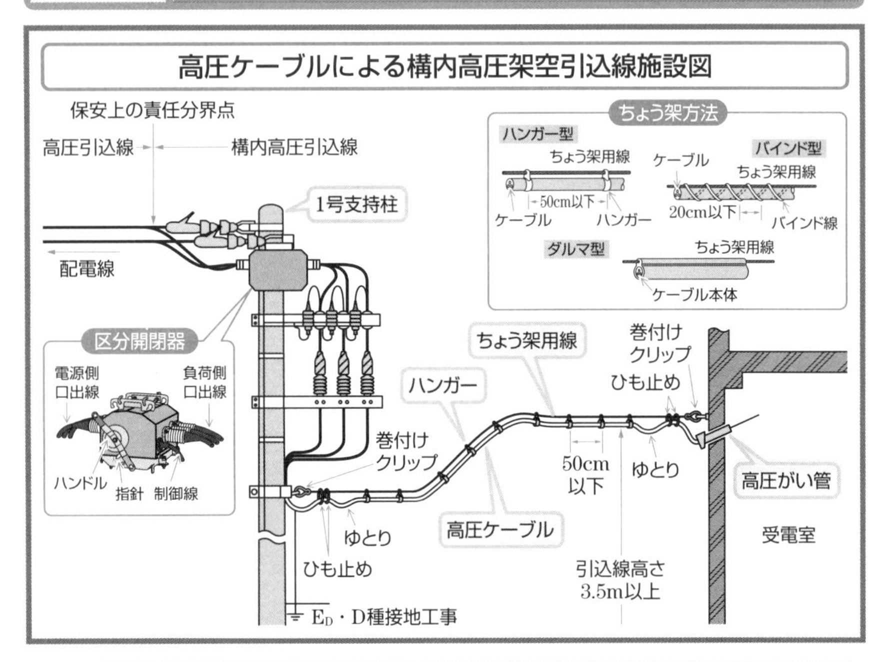

高圧ケーブルによる引込線にはハンガー型・バインド型・ダルマ型がある

★高圧ケーブルによる構内高圧架空引込線は、次のように施設します。

ちょう架用線は、引張り強さが5.93kN以上のもの、または断面積が22mm²以上の亜鉛めっき鉄より線を使用し、D種接地工事（192項参照）を施します。

ケーブルちょう架の終端接続は、耐久性のあるひもで巻き止め、引留箇所は熱収縮と機械振動ひずみに備えてケーブルにゆとり（オフセット）を設けます。

構内高圧架空引込線の高さは、特別の場合を除き地表上3.5m以上とします。

★高圧ケーブルのちょう架用線によるちょう架には、次のような方法があります。

ハンガー型：高圧ケーブルをちょう架用線にハンガーを使用してちょう架し、そのハンガーの間隔を50cm以下として施設します。

バインド型：ちょう架用線を高圧ケーブルの外装に接触させ、その上にバインド線を20cmの間隔を保って、ら線状に巻き付けちょう架します。

ダルマ型：ちょう架用線を高圧ケーブルの外装に堅ろうに取り付けて、ちょう架します。

175 高圧ケーブルによる構内高圧地中引込線の施設

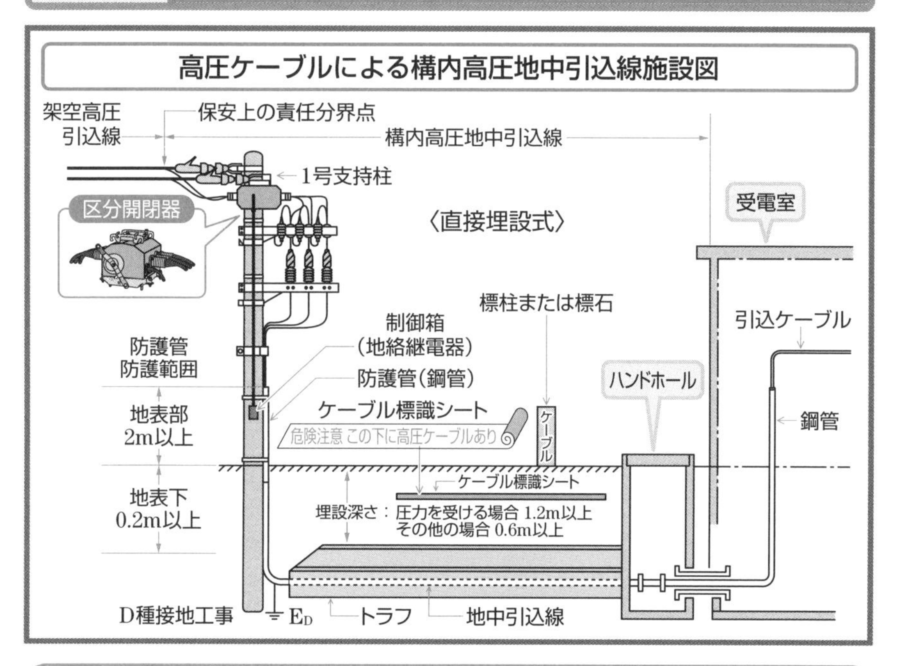

構内高圧地中引込線には管路式・暗きょ式・直接埋設式がある

★高圧ケーブルによる構内高圧地中引込線のケーブル埋設方法を、次に記します。

管路式：高圧ケーブルを重量物の圧力に耐える地中に埋設した管路に布設し、受電室に引き込むために、地表面下にハンドホールを施設します。

暗きょ式：地下に高圧ケーブルを埋設でき、重量物の圧力に耐える空間（暗きょ）を設け、その中に耐熱措置を施した高圧ケーブルを埋設します。

直接埋設式：高圧ケーブルを堅ろうなトラフに納めて地中に直接埋設し、埋設深さは重量物の圧力を受ける場合は1.2m以上、その他では0.6m以上とします。

構内高圧地中引込線のケーブル埋設箇所には、電圧を表示した耐久性のあるケーブル標識シートをケーブルの直上の地中に概ね2mの間隔で連続して埋設するか、耐久性のある標識（標柱・標石）を必要な地点に設置します。

構内高圧地中引込線において、ケーブルの立下り、立上りの地上露出部分は、損傷のおそれがない位置に施設し、これを堅ろうな管で防護し、その防護範囲は地表上2m以上、地表下0.2m以上とします。

〈MEMO〉

第16章

自家用高圧受電設備

16-1　自家用高圧受電設備とは

16-2　開放式高圧受電設備

16-3　キュービクル式高圧受電設備

176 自家用高圧受電設備の種類

開放式高圧受電設備

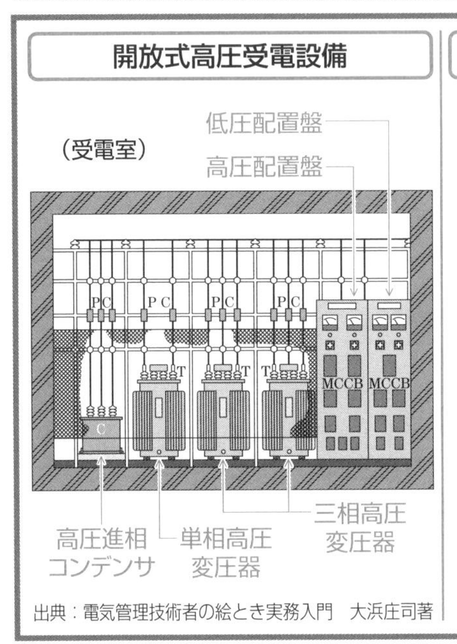

出典：電気管理技術者の絵とき実務入門　大浜庄司著

キュービクル式高圧受電設備

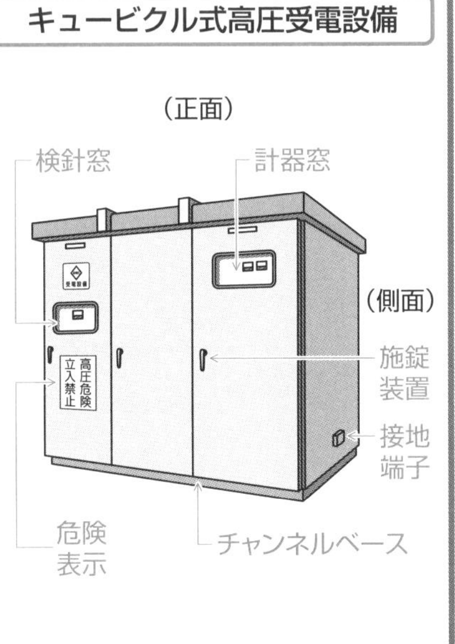

自家用高圧受電設備には開放式とキュービクル式がある

★一般送配電事業者の送配電線路から、需要家がその構内で電力を受電し、その電圧を変成する設備を施設する場合、この設備を**自家用受電設備**といいます。

自家用受電設備には、施設場所により**屋外形受電設備**と**屋内形受電設備**があり、また受電電圧により**特別高圧受電設備**と高圧受電設備があります。

自家用高圧受電設備とは、一般送配電事業者の高圧配電線路から高圧引込線を通して高圧6600Vを受電し、これを低圧100V、200Vに変成（降圧）して、構内の動力幹線、電灯幹線（200項参照）に給電する電気設備をいいます。

★自家用高圧受電設備には、その構成機器の設置形態により、**開放式高圧受電設備**と**キュービクル式高圧受電設備**があり、開放式は設置面積を広く必要とするので、キュービクル式が多く用いられています。

自家用高圧受電設備は、一般送配電事業者の高圧配電線路から高圧引込線にて受電し、断路器、遮断器、高圧交流負荷開閉器、避雷器、高圧変圧器、保護装置、高圧進相コンデンサなどの機器（第17章参照）から構成されています。

177 開放式高圧受電設備の主回路結線

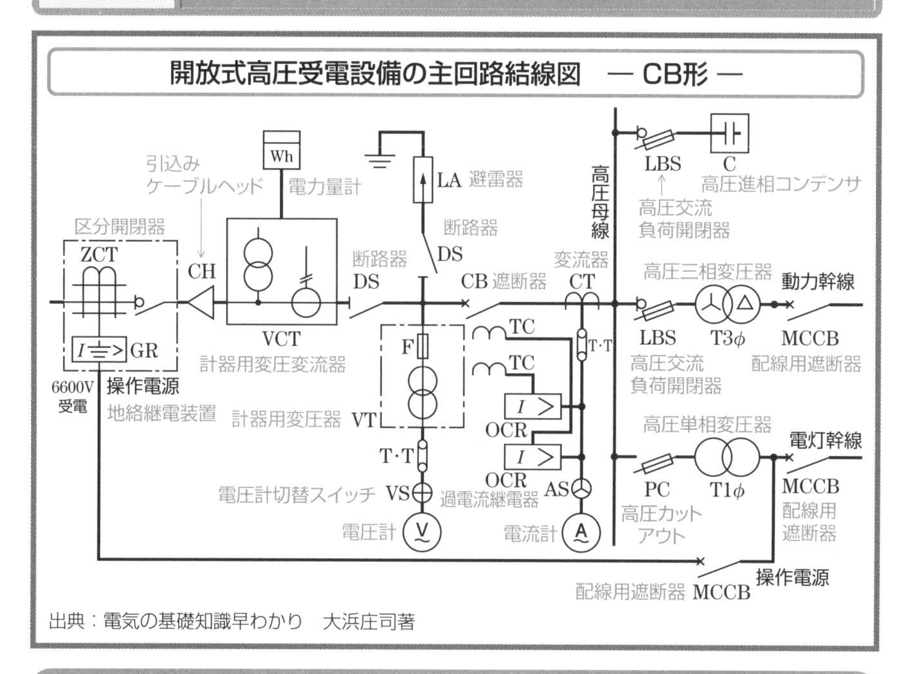

開放式高圧受電設備の主回路を構成する機器 —CB形—

★**開放式高圧受電設備**とは、構成する機器を受電室（次項参照）に設置する方式をいい、責任分界点には、零相変流器ZCTを組み込んだ区分開閉器を設けます。

計器用変圧変流器VCTは、高圧を低圧に変成して電力量計Whに給電します。

断路器DSは、保守点検時の安全を確保するため遮断器CBの電源側に設けます。

避雷器LAは、断路器DSの直後から分岐し避雷器専用の断路器を設けます。

主遮断装置である**遮断器**CBは、過電流継電器OCRおよび地絡継電器GRまたは地絡継電装置（GR付き）と組み合わせて設けるとよいでしょう。

★高圧変圧器Tの一次側開閉器は、遮断器CB、高圧交流負荷開閉器LBSを用い、変圧器容量が300kVA以下なら高圧カットアウトPCでもよいとされています。

高圧進相コンデンサCの開閉器は、コンデンサ電流を開閉できる高圧交流負荷開閉器LBSとします。

高圧変圧器二次側の動力幹線、電灯幹線には、そこを流れる短絡電流を遮断し、過電流から配線を保護する配線用遮断器MCCBを設けます。

178 受電室の機器配置

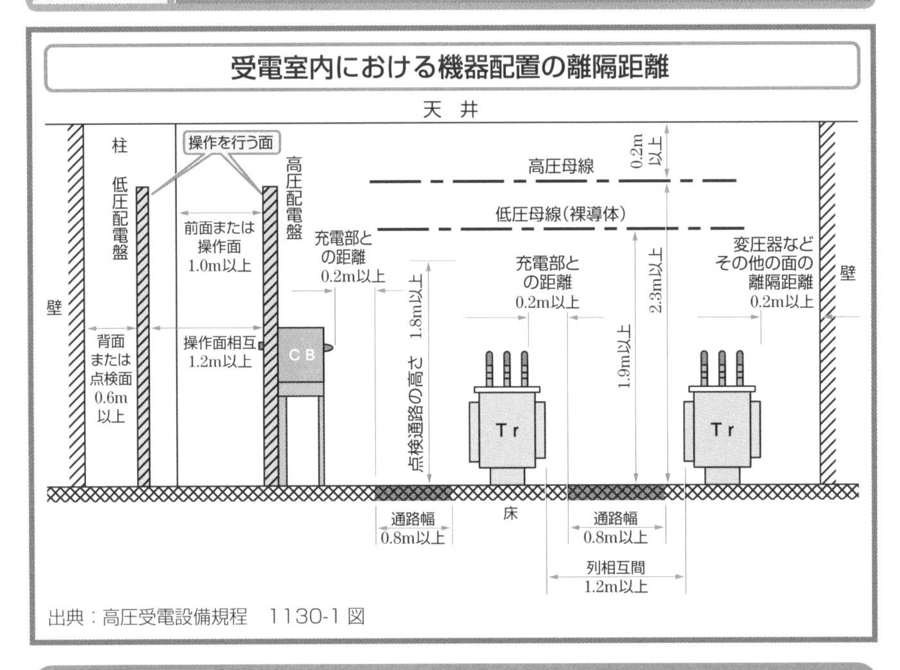

受電室の保守面から見た機器配置

★**受電室**とは、**電気室**ともいい、受変電設備を施設する屋内の場所をいいます。

受電室は、防火構造または耐火構造であって、不燃材料でつくった壁、柱、床および天井で区画され、窓および出入口には、防火窓、防火戸を設けます。

高圧配電盤、低圧配電盤は、保守点検に必要な空間および防火上有効な空間として、前面・操作面1.0m以上、背面・点検面0.6m以上、これらを２列以上設ける場合は列相互間1.2m以上の保有距離を設けます。

保守点検に必要な通路は、幅0.8m以上、高さ1.8m以上とし、変圧器などの充電部とは、0.2m以上の保有距離を確保します。

露出した充電部は、取扱者が日常点検などを行う場合に、容易に触れるおそれがないように離隔距離0.2m以上を保つか、防護カバーを設けます。

受電室は、取扱者以外の者が立ち入らないような構造とし、出入口または扉には施錠装置を施設し、見やすいところに「**高圧危険**」および「**関係者以外立入禁止**」などの表示をします。

179 キュービクル式高圧受電設備の種類

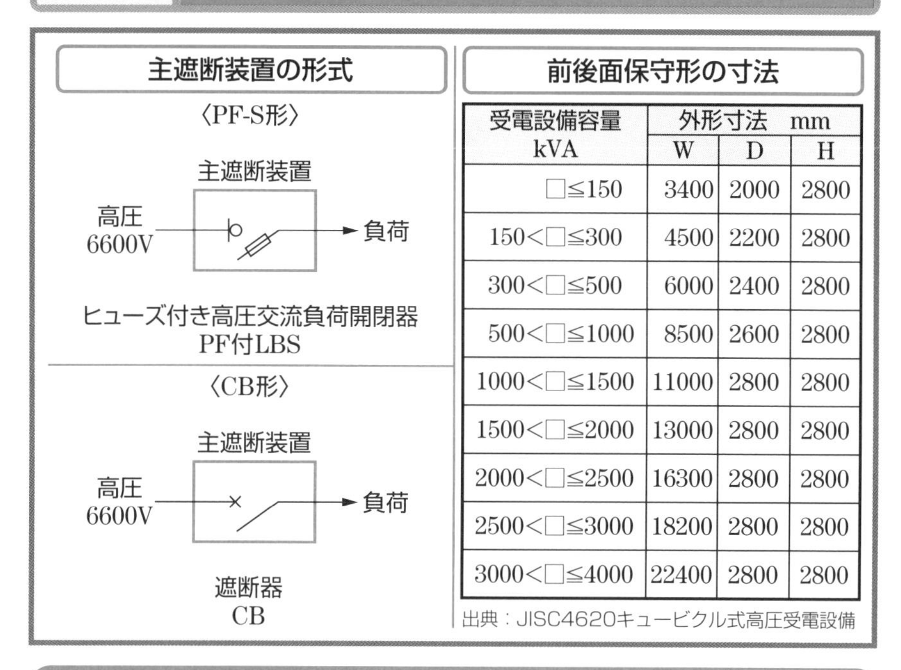

受電設備容量 kVA	外形寸法 mm		
	W	D	H
□≦150	3400	2000	2800
150<□≦300	4500	2200	2800
300<□≦500	6000	2400	2800
500<□≦1000	8500	2600	2800
1000<□≦1500	11000	2800	2800
1500<□≦2000	13000	2800	2800
2000<□≦2500	16300	2800	2800
2500<□≦3000	18200	2800	2800
3000<□≦4000	22400	2800	2800

出典：JISC4620キュービクル式高圧受電設備

種類 —PF-S形・CB形、前面保守形・前後面保守形、屋外形・屋内形—

★**キュービクル式高圧受電設備**とは、高圧配電線路から公称電圧6600Vで受電し、受電・変圧するための機器一式を金属箱に収めた設備をいいます。

キュービクル式高圧受電設備には、主遮断装置の形式により、**高圧限流ヒューズ・高圧交流負荷開閉器形**（PF-S形：次項参照）と**遮断器形**（CB形：181項参照）があり、保守形態による形状により、**前面保守形**（薄形）と**前後面保守形**があり、そして設置場所の相違により、**屋外形**と**屋内形**があります。

主遮断装置は、キュービクルの受電用遮断装置として用い、電路に過負荷電流、短絡電流が流れると自動的に電路を遮断する機能をもつ装置です。

前面保守形（薄形）とは、機器の操作、保守・点検、交換などの作業を行うための外箱の外部開閉部をキュービクルの前面に設けた構造で、奥行が1000mm以下の構造の設備をいいます。

前後面保守形は、機器の操作、保守・点検、交換などの作業を行うための外箱の外面開閉部をキュービクルの前面および後面の両方に設けた構造の設備です。

180 キュービクル式PF-S形高圧受電設備

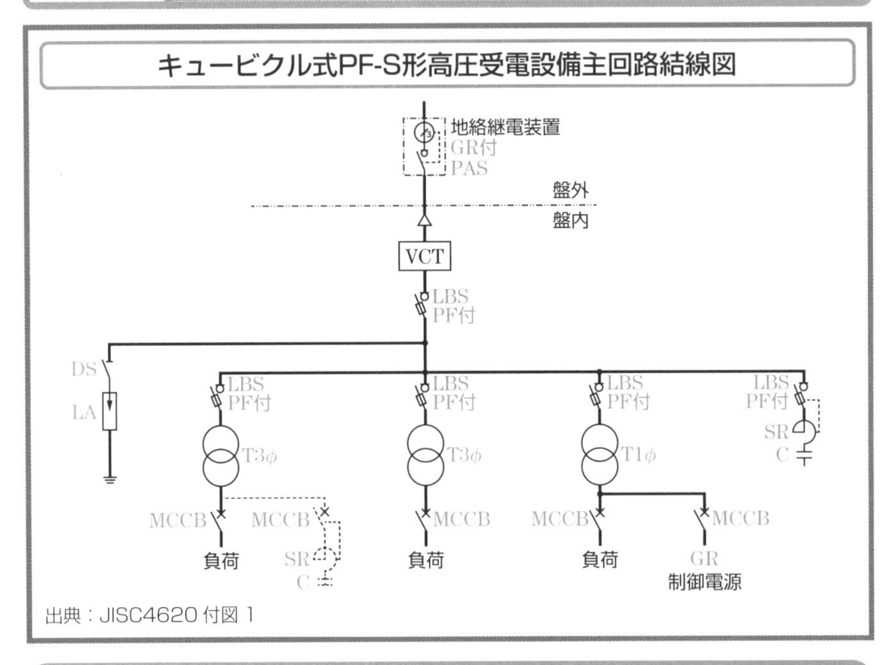

PF-S形は主遮断装置に高圧限流ヒューズ・高圧交流負荷開閉器を用いる

★**高圧限流ヒューズ・高圧交流負荷開閉器形高圧受電設備のPF-S形**高圧受電設備は、主遮断装置として高圧限流ヒューズPFと高圧交流負荷開閉器LBSとを組み合わせて用いる形式のキュービクルをいいます。

高圧限流ヒューズPFとは、**電力ヒューズ**（PF：Power Fuse）ともいい、高圧回路の短絡や過電流など定格以上の電流が流れると溶断し回路を保護します。

★キュービクル式PF-S形高圧受電設備の受電設備容量は、300kVA以下です。

受電設備容量とは、受電電圧で使用する変圧器、電動機、高圧引出し部分などの合計容量（kVA）をいい、高圧進相コンデンサCは受電設備容量に含みません。

キュービクル式PF-S形高圧受電設備の高圧交流負荷開閉器LBSで高圧露出部がある場合には、前面に透明な隔壁を設け、赤字で危険表示をし、高圧交流負荷開閉器LBSの相間および側面に絶縁バリアを設けます。

また、PF-S形の扉を開いた状態で高圧充電露出部がある場合には、日常操作において容易に触れないように絶縁性保護カバーを取り付けるなどして保護します。

181 キュービクル式CB形高圧受電設備

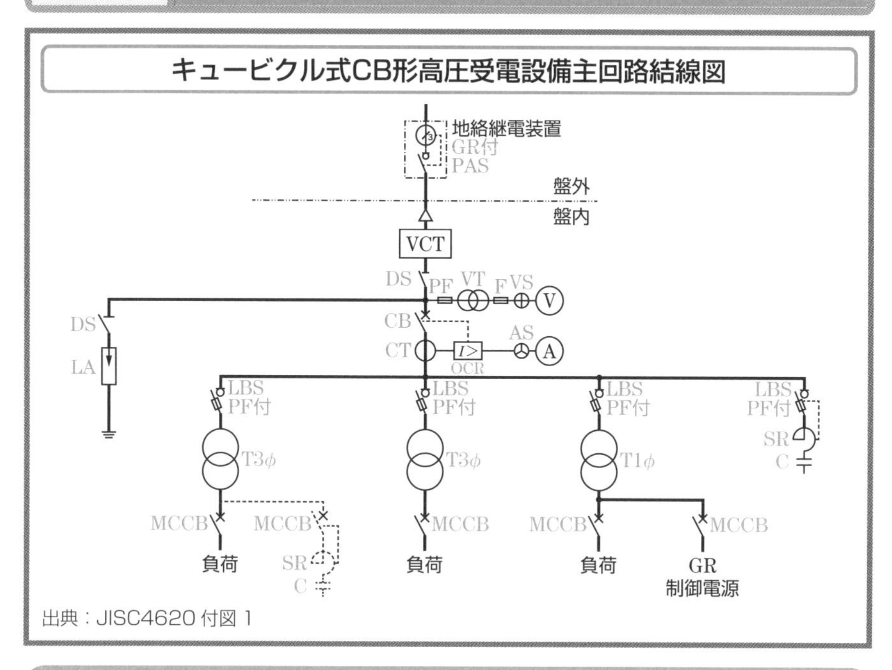

CB形は主遮断装置に遮断器を用いる

★**遮断器形高圧受電設備のCB形高圧受電設備**とは、主遮断装置として遮断器CBを用いる形式のキュービクルをいいます。

キュービクル式CB形高圧受電設備のキュービクル引込用ケーブル電源側に地絡継電装置を設けた場合の主回路結線図を上に示します。

キュービクル式CB形高圧受電設備は、主遮断装置として遮断器CBを使用し、過電流継電器OCRおよび地絡継電装置（GR付き）と組み合わせて、過電流保護、地絡保護を行うことから、177項に記した開放式高圧受電設備の機器一式を金属箱に収めたものといえます。

★キュービクル式CB形高圧受電設備の受電設備容量は、4000kVA以下です。

キュービクル式PF-S形高圧受電設備の受電設備容量が300kVA以下ですから、300kVA以上のキュービクル高圧受電設備は、CB形ということになります。

キュービクル式CB形高圧受電設備は、開放式に比べて設置面積が少ないので、多く採用されています。

〈MEMO〉

第17章 自家用高圧受電設備を構成する機器

182 断路器・遮断器・高圧交流負荷開閉器

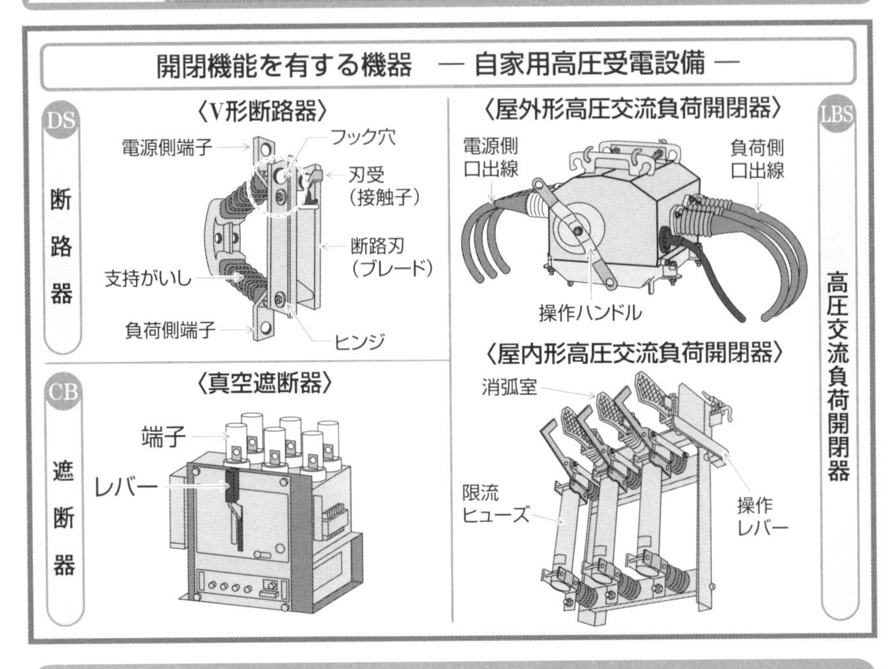

断路器・遮断器・高圧交流負荷開閉器のしくみ

★自家用高圧受電設備を構成する機器を機能別に分類すると、開閉機能、過電圧抑制機能、力率改善機能、変成機能、保護機能、計測機能などを有する機器などに区分されます。そのうちの開閉機能を有する機器から順次、説明します。

★**断路器**DSは、定格電圧において、単に充電された高圧電路を開閉するために用いられ、負荷電流を遮断する機能はありません。断路器の通電部は固定の刃受と可動の断路刃（ブレード）からなり、断路刃をフック棒で操作し開閉します。

★**遮断器**CBは、平常状態の高圧電路の開閉はもとより、異常状態の電路、特に短絡状態の電路の遮断ができます。電路の遮断を高真空中で行う真空遮断器VCBが多く使用され、手動式ではレバーを操作し電路の開閉を行います。

★**高圧交流負荷開閉器**LBSは、平常状態での所定電流を開閉・通電し、高圧電路の短絡状態での異常電流を規定の時間通電できます。屋外形は零相変流器を内蔵し、屋内形は限流ヒューズ部で短絡電流を遮断し、高圧交流負荷開閉器部で負荷電流を開閉するヒューズ付き高圧交流負荷開閉器が多く用いられています。

183 高圧カットアウト・配線用遮断器・避雷器・高圧進相コンデンサ

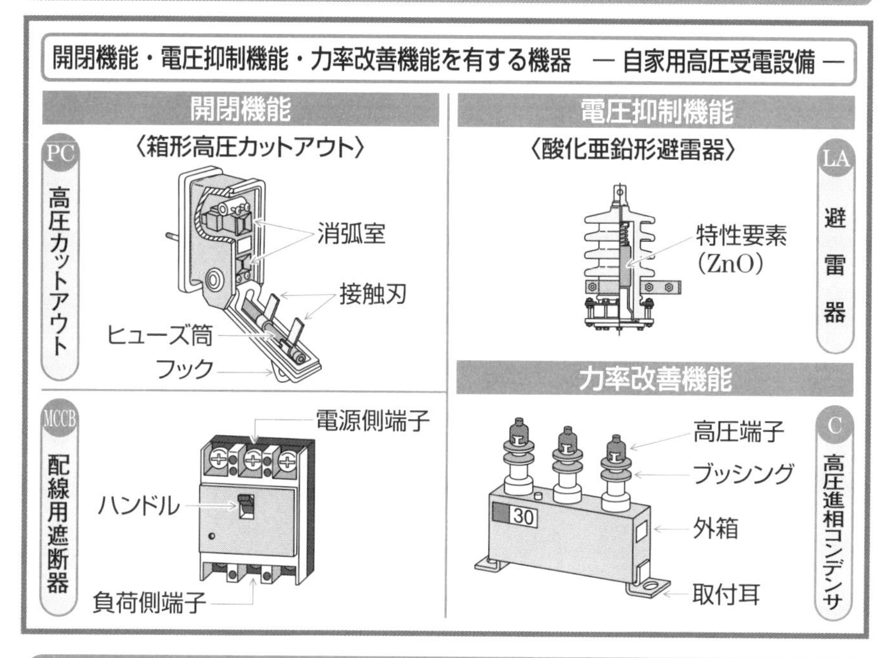

高圧カットアウト・配線用遮断器、避雷器、高圧進相コンデンサのしくみ

★**高圧カットアウト**PCは、絶縁耐力の高い材料でつくられた開閉器で、内部にヒューズを装着できる小形単極の開閉器です。

箱形高圧カットアウトは、ふたの内側に操作棒で取外し可能なヒューズ筒が装着されており、ふたの前面のフックを操作棒で開閉します。

★**配線用遮断器**MCCBは、開閉機構、引外し機構などを絶縁物の容器内に一体に組み立てた、大気中で電路の開閉を行う遮断器で、過負荷および短絡時には、内蔵する引外し機構により自動的に回路を遮断します。

★**避雷器**LAには、保護特性に優れた酸化亜鉛ZnOを特性要素とした酸化亜鉛形避雷器が多く用いられています。特性要素は、雷電圧による放電の際、大電流を通過させて端子間電圧を抑制し、放電後の続流を阻止する作用をします。

★**高圧進相コンデンサ**Cは、コンデンサ素子を静電容量に応じて直並列に接続し、鉄製の外箱に収め絶縁油を含浸し密封し外装します。コンデンサ素子は、たとえばコンデンサ紙とアルミ箔の電極を反物状に巻き上げたコンデンサ最小の構成単位です。

184 高圧変圧器・計器用変圧器・変流器

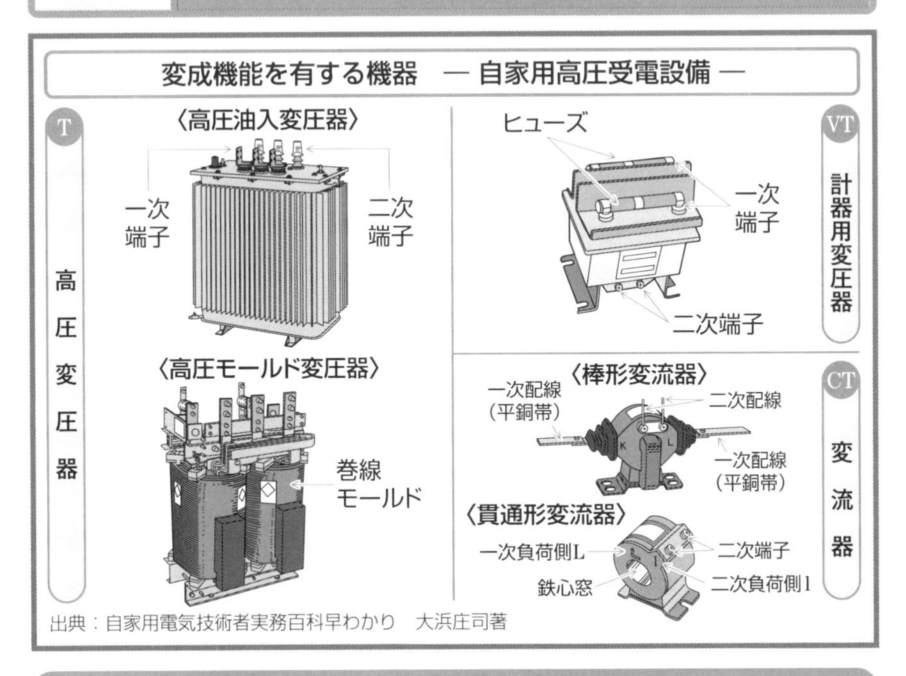

出典：自家用電気技術者実務百科早わかり　大浜庄司著

高圧変圧器・計器用変圧器・変流器のしくみ

★**変圧器**Tは、鉄心と巻線を有し、交流電力を受けて電磁誘導作用により、同一周波数で、入力とは異なる交流の電圧に変成する機能を有する静止誘導機器です。

高圧変圧器には三相用の**高圧三相変圧器**と単相用の**高圧単相変圧器**があり、また油入変圧器とモールド変圧器があります。**油入変圧器**は鉄心と巻線を絶縁油の中に収め電気的な絶縁と冷却を行い、**モールド変圧器**は巻線を樹脂でモールドし難燃性であるので、病院や地下街などにおける火災予防を重視する設備に用いられます。

★高圧回路の電圧、電流を直接、計器や保護継電器に加えると取扱ううえで危険ですので、高圧回路の電圧、電流をこれに比例した低電圧、小電流に変換して供給することも**変成機能**といい、これには計器用変圧器、変流器などがあります。

計器用変圧器VTは、一次巻線、二次巻線および鉄心からなる一種の変圧器で、巻線を樹脂でモールドしたものが多く用いられています。

変流器CTには、二次巻線を施した鉄心窓にケーブルなどの一次導体を挿入する貫通形と一次導体を棒形導体として巻き込んだ棒形などがあります。

185 過電流継電器・地絡継電器・電力量計・電圧計・電流計

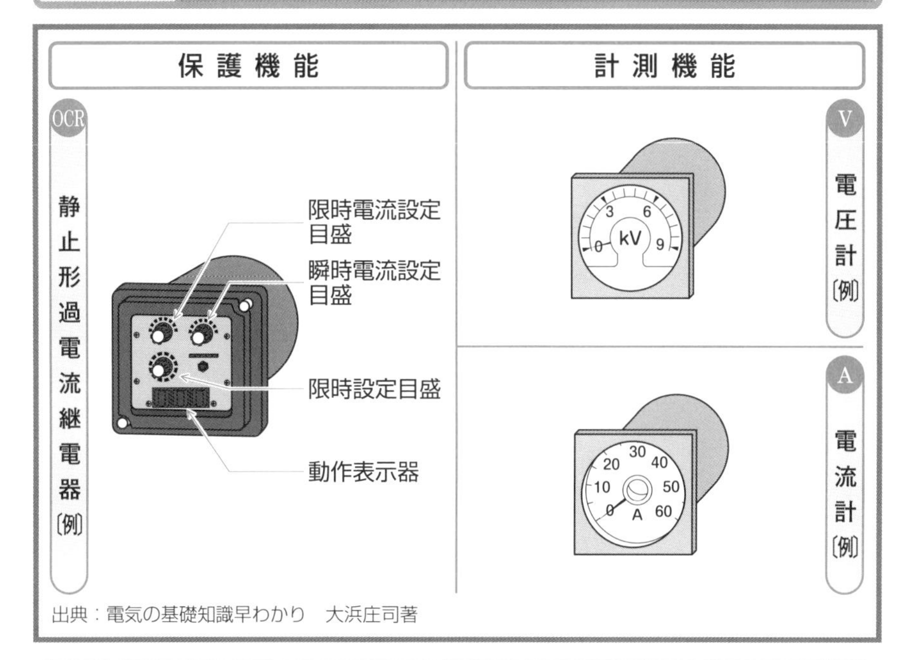

出典：電気の基礎知識早わかり　大浜庄司著

過電流継電器・地絡継電器、電力量計・電圧計・電流計のしくみ

★**過電流継電器**OCRは、電路の過負荷や短絡による過電流、短絡電流を変流器CTで小電流に変換し、その変換電流が設定値を超えると動作します。

変流器CTの一次側に過電流・短絡電流が流れると二次側に接続された過電流継電器が動作し遮断器の引外しコイルTCに電流が流れ、電路の遮断動作をします。

★**地絡継電器**GRは零相変流器ZCTと組み合せて、零相変流器の設置点より負荷側に地絡事故が発生して地絡電流が設定値以上流れると動作します。零相変流器は一次側に地絡電流が流れると二次側に起電力が誘起（199項参照）して地絡継電器を動作させ、遮断器の引外しコイルTCに電流を流して、電路の遮断動作をします。

★**電力量計**Whは電力を積算し計量する電気計器で電力の売買に用いられます。

一般に電力量計は交流電力のうち有効電力を積算計量するものを設置しますが、無効電力を積算計量する無効電力量計もあります。

電力量計は電子式が多くあり、住宅などではスマートメーターが用いられています。

★**電圧計**Vは電路の電圧を、**電流計**Aは電路の電流を測定する電気計器です。

186 自家用高圧受電設備機器の開閉機能

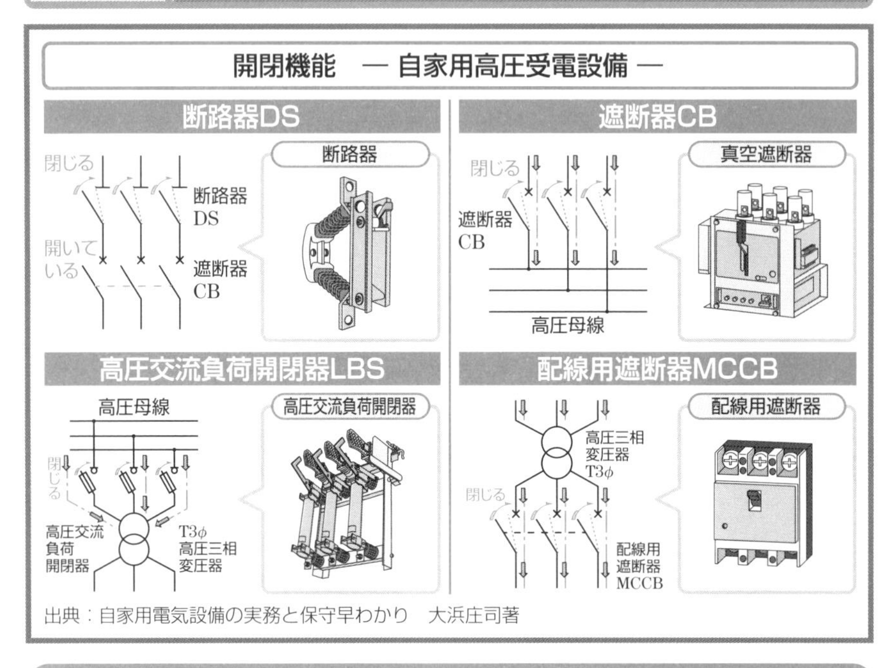

開閉機能 ―高圧電路・低圧電路を開閉する―

★**断路器**DSは、CB形高圧受電設備では、保守点検時の安全を確保するため、遮断器CBの電源側に設けられます。

断路器DSは、設備の保守点検の際は開放しておき、万一誤って遮断器CBが投入されていても、感電などの事故を生じないようにします。

★**遮断器**CBは、CB形の高圧受電設備では、主遮断装置として用いられます。

遮断器CBは、過電流継電器OCR、地絡継電器GRと組み合わせて過電流、短絡・地絡などの異常電流による事故を検出し、自動的に電路を遮断し保護します。

★**高圧交流負荷開閉器**LBSの屋外形は、責任分界点の区分開閉器として内蔵する零相変流器ZCTにより、構内の地絡事故を検出し自動的に電路を開路することで、配電線路への波及事故を防止します。屋内形のヒューズ付き高圧交流負荷開閉器は、キュービクル式PF-S形高圧受電設備（180項参照）の主遮断装置として、また高圧変圧器の一次側開閉器、高圧進相コンデンサの開閉器として用いられます。

★**配線用遮断器**MCCBは、動力幹線、電灯幹線の開閉器に用いられています。

187 自家用高圧受動設備機器の変成機能

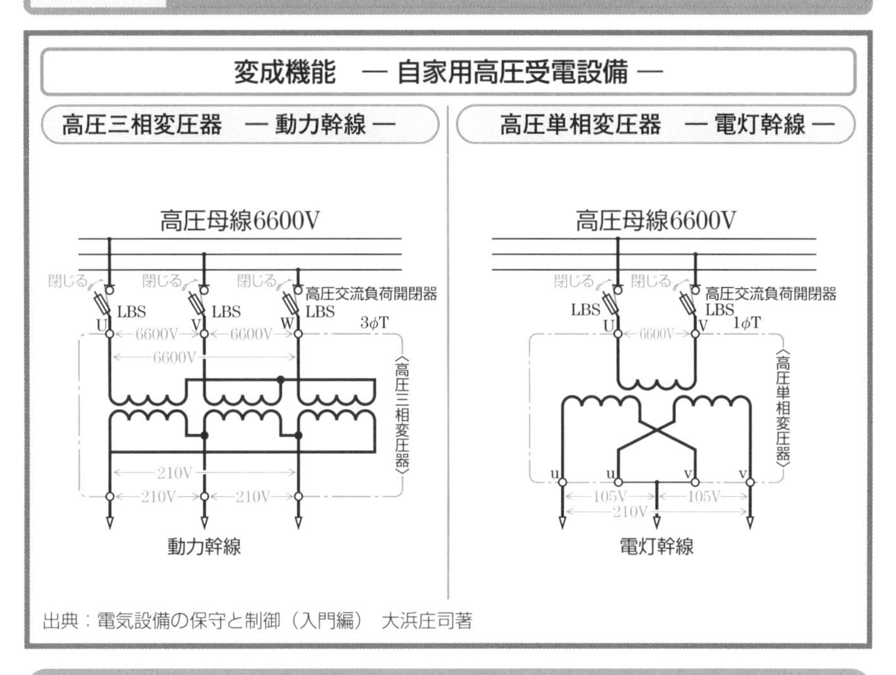

変成機能 —高圧を低圧に、大電流を小電流に変換する—

★**高圧三相変圧器**3φTの一次側に、高圧配電線路から受電した6600Vを、一次側開閉器（例：ヒューズ付き高圧交流負荷開閉器LBS）を閉じて加えると、変圧器二次側に低圧三相210Vが変成機能により生じ、動力幹線として、配線用遮断器MCCBを経由し、負荷に給電されます（177項参照）。

★**高圧単相変圧器**1φTの一次側に、高圧配電線路から受電した6600Vを、一次側開閉器（例：ヒューズ付き高圧交流負荷開閉器LBS）を閉じて加えると、変圧器二次側に低圧単相210V・105V（例：単相３線式）が変成機能により生じ、電灯幹線として、配線用遮断器MCCBを経由し、負荷に給電されます（177項参照）。

★**計器用変圧器**VTは、一次側に高圧6600Vを加えると、巻数比に比例した低圧110Vが変成機能により生じ、二次側に接続した計器や保護継電器に給電されます（次項参照）。

★**変流器**CTは、一次側に定格一次電流が流れると、二次側に定格電流（例：1A・5A）が生じ、二次側に接続した計器や保護継電器に給電されます（次項参照）。

188 自家用高圧受電設備機器の計測機能

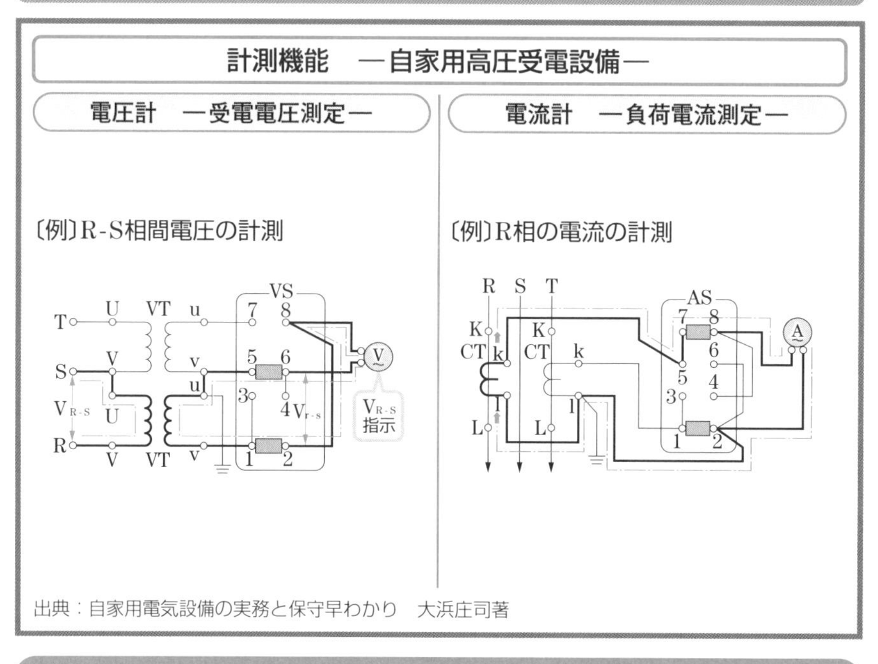

計測機能 ―電力量・受電電圧・負荷電流を測定する―

★**電力量計**Whは、計器用変圧変流器VCTと組み合わせて、構内で使用する電力量を計測し、これにより小売電気事業者に電気料金を支払います。

★三相３線式回路において、計器用変圧器VT２個をV結線とし、二次側に電圧計切替スイッチVSを接続して１個の電圧計Vにより受電電圧を測定します。

たとえば、R―S相間の線間電圧（受電電圧）を測定するときは、電圧計切替スイッチVSのダイヤルをR―Sに合わせると、電圧計切替スイッチVSの端子5と6、1と2が接続され、電圧計Vには変圧されたR―S間の線間電圧$V_{R\text{-}S}$が加わります。

★三相３線式回路において、変流器CT２個をV結線とし、二次側に電流計切替スイッチASを接続して１個の電流計Aにより負荷電流を測定します。

たとえば、R相の負荷電流を測定するときは、電流計切替スイッチASのダイヤルをRに合わせると、電流計切替スイッチASの端子7と8、1と2が接続され、電流計Aには変流されたR相の負荷電流が流れます。

189 自家用高圧受電設備機器の過電圧抑制機能・力率改善機能

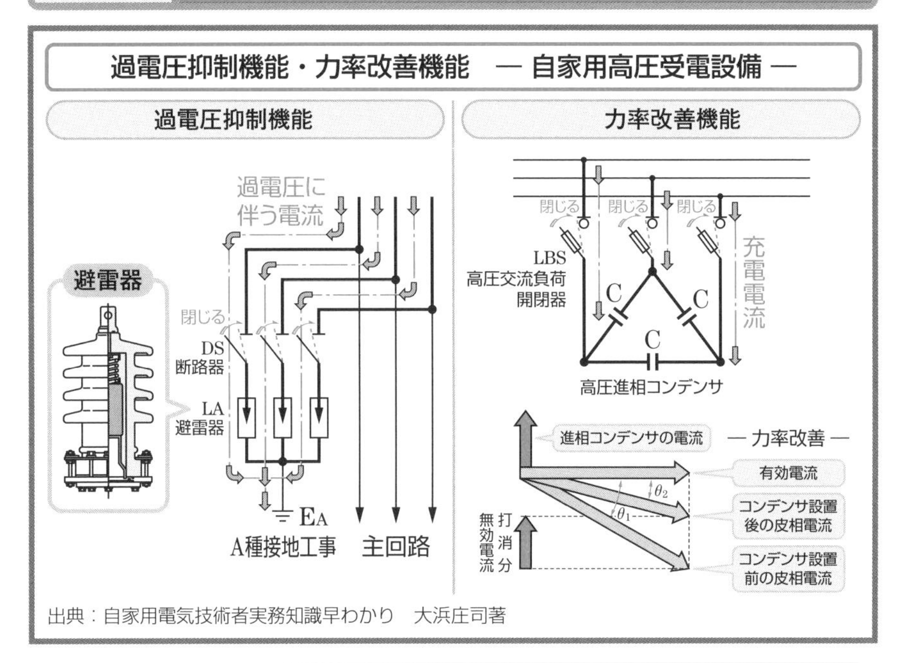

過電圧抑制機能 —避雷器—・力率改善機能 —高圧進相コンデンサ—

★**避雷器**LAは、雷および回路の開閉などに起因する衝撃過電圧に伴う電流を大地へ分流することによって、過電圧を制限して、自家用高圧受電設備の絶縁を保護し、続流を短時間に遮断して、電路の正規状態を乱すことなく、原状に自復します。

続流とは放電が終了した後、電路から引き続き避雷器に流れる電流をいいます。

避雷器LAは、変電所から直接地中線で受電する場合、または襲雷ひん度の少ない地域で受電容量が500kW未満の需要家は、施設しなくてもよいとされています。

★**高圧進相コンデンサ**Cは、自家用高圧受電設備の遅れ無効電力を補償して、力率を100%に近づけるために設置し、この機能を**力率改善**といいます。

自家用高圧受電設備の負荷は、電動機、変圧器などのコイルでその無効電流は遅れ電流なので、進み電流をもつコンデンサを接続すると、遅れ電流が打ち消されて有効電流に近づきます。そのため電源からの供給電力（皮相電力、233項参照）のうち有効に仕事をする電力（有効電力）の割合である力率が改善され、配電線路の損失が低減するので電気料金の基本料金が割引されます（力率料金制度という）。

〈MEMO〉

第18章 接地工事

190 電路、電気設備・機器は接地工事を施す

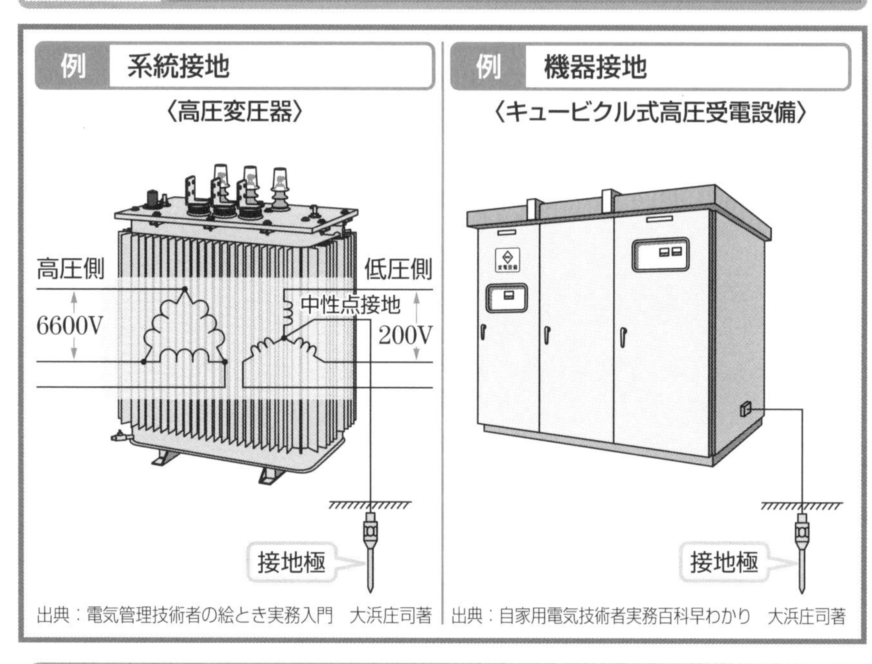

接地工事には系統接地と機器接地がある

★電路および電気設備、機器を大地に接続する接地工事には、電源側を接地する系統接地と負荷側を接地する機器接地とがあります。

系統接地とは、高圧変圧器の高圧巻線と低圧巻線との間の絶縁が破壊して、高圧側と低圧側が接触（これを**混触**という）することによる変圧器低圧側の電位上昇の危険を防止するために、高圧変圧器の低圧側に施す接地工事をいいます。

系統接地を施すことにより、高圧変圧器に混触が生じ、高圧電圧が低圧電路に侵入して、対地電位が上昇し、これにより低圧側に接続された電気設備、機器が絶縁破壊を生じ、その放電による火災が発生するのを防止することができます。

★**機器接地**とは、電路に施設する電気設備、機器の金属製の台および外箱に施す接地工事をいいます。

機器接地を施すことにより、電気設備、機器の絶縁劣化などで漏電が生じても、漏電電流を大地に放電することができるので、人が漏電箇所に接触しても人に流れる電流が少なくなることから感電事故を防止することができます。

191 系統接地はB種接地工事を施す

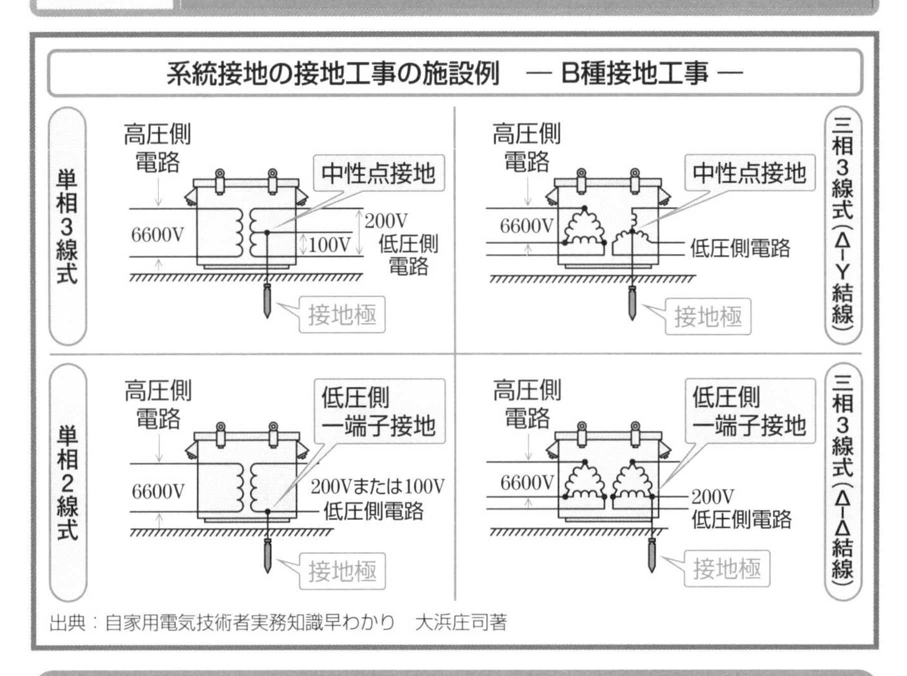

出典：自家用電気技術者実務知識早わかり　大浜庄司著

系統接地（B種接地工事）の接地抵抗値の求め方

★**系統接地**は、**B種接地工事**として、高圧電路と低圧電路を結合する変圧器の低圧側の中性点に施します。

低圧電路の使用電圧が、300V以下の場合において、当該接地工事が中性点に施設し難い場合は、変圧器の低圧側の任意の一端に施設することができます。

★B種接地工事の接地抵抗値は、高圧電路と低圧電路とが混触したときに、低圧電路の電位上昇が原則として、150V以下になるようにします。

接地抵抗値は、変圧器高圧側1線地絡電流で150を除した値以下とします。

$$\frac{\mathbf{150}}{\textbf{変圧器高圧側1線地絡電流}} \text{〔Ω〕以下}$$

★変圧器の混触により低圧電路の電位上昇が150Vを超える場合の接地抵抗値

- 高圧電路を1秒を超え2秒以内に自動的に遮断する装置を設ける場合

$$\frac{\mathbf{300}}{\textbf{変圧器高圧側1線地絡電流}} \text{〔Ω〕以下}$$

- 高圧電路を1秒以内に自動的に遮断する装置を設ける場合

$$\frac{\mathbf{600}}{\textbf{変圧器高圧側1線地絡電流}} \text{〔Ω〕以下}$$

192 機器接地はA種・C種・D種接地工事を施す

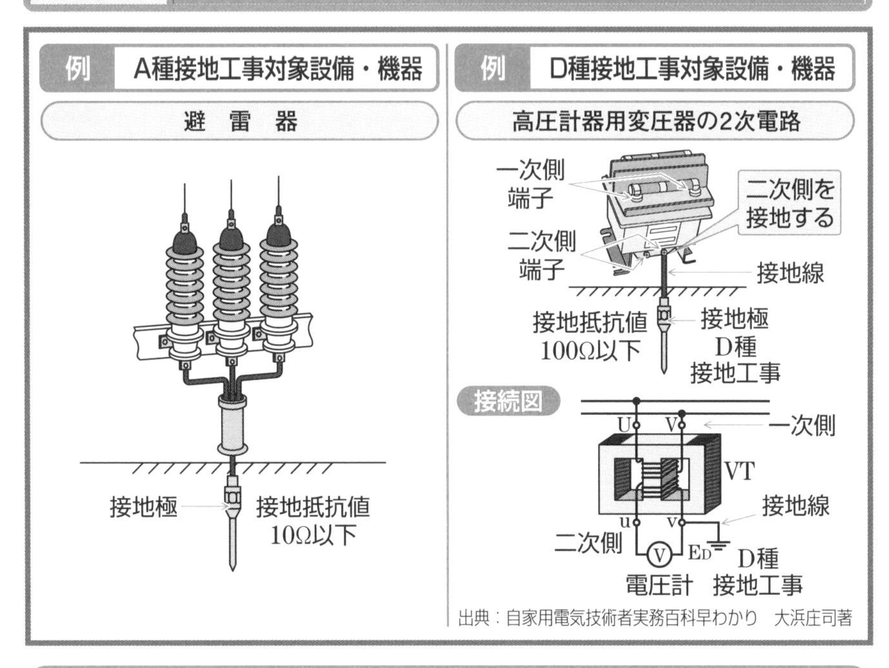

機器接地（A種・C種・D種接地工事）の接地抵抗値

★機器接地には、電気設備、機器の使用電圧の区分に応じて、A種接地工事、C種接地工事、D種接地工事があります。

A種接地工事は、高圧に施設し高圧が侵入するおそれがあり、危険の程度が大きいものに適用され、接地抵抗値は10Ω以下とします。

C種接地工事は、300Vを超える低圧に施設し、危険の程度は大きいが、大地に生ずる電位傾度などが比較的小さいものに適用され、接地抵抗値は10Ω以下とします。低圧電路に電流動作形で定格感度電流100mA以下、動作時間0.5秒以下の漏電遮断器を施設する場合は、接地抵抗値を500Ω以下（内線規程1350節）とします。

D種接地工事は、300V以下の低圧に施設し、危険の程度が比較的小さいものに適用され、接地抵抗値は100Ω以下とします。低圧電路に電流動作形で定格感度電流100mA以下、動作時間0.5秒以下の漏電遮断器を施設する場合は、接地抵抗値を500Ω以下（内線規程1350節）とします。変流器（高圧）の２次電路、高圧計器用変圧器の２次電路には、D種接地工事を施します（電技解釈第28条）。

193 A種・B種接地工事の接地線の施設

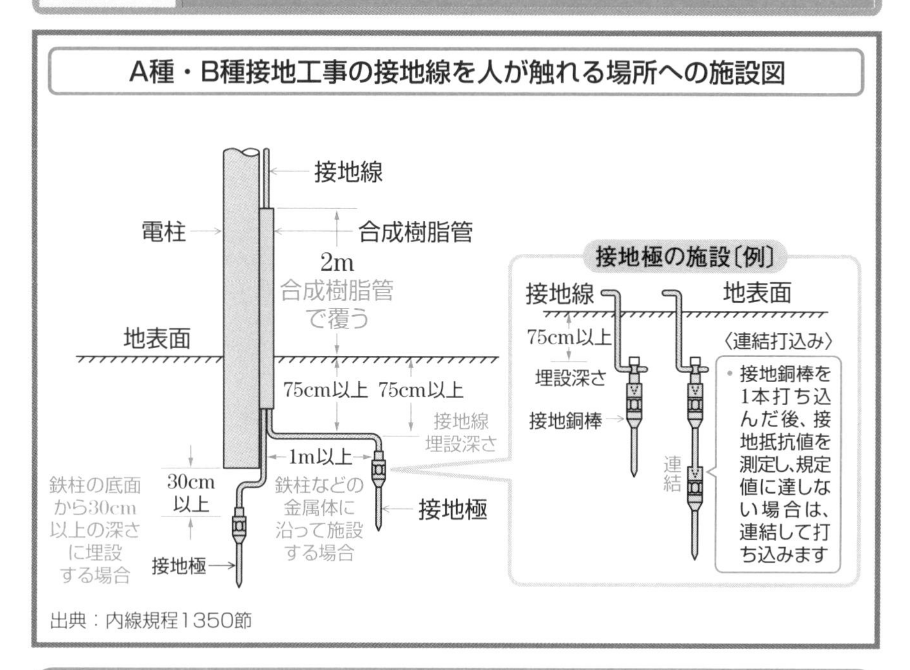

A種・B種接地工事の接地線を人が触れる場所に施設する仕方

★A種接地工事、B種接地工事の接地線を受電室、電気室など以外で、電柱、屋側その他、人が触れるおそれがある場所に施設する場合は、次のようにします。

接地線は、地下75cm以上の深さに埋設します。

接地線の地表面下75cmから地表上2mまでの部分には、合成樹脂管またはこれと同等以上の絶縁耐力および強度のあるもので覆い外傷を防止します。

接地線を人が触れるおそれがある場所で鉄柱のような金属体に沿って接地極を施設する場合は、その鉄柱の底面から30cm以上の深さに埋設するものを除き、接地極をその鉄柱の側面から1m以上離して施設します。

★接地極は、なるべく水気のあるところ、ガス、酸などのため腐食するおそれのない場所を選び、地中に埋設または打ち込みます。

接地極に銅板を使用する場合は、厚さ0.7mm以上、大きさ900cm^2（片面）以上のものとします。また銅棒、銅溶覆鋼棒を使用する場合は、直径8mm以上、長さ0.9m以上のものとします。

〈MEMO〉

第19章

低圧引込線・引込口装置

194 低圧需要家に給電する低圧引込線

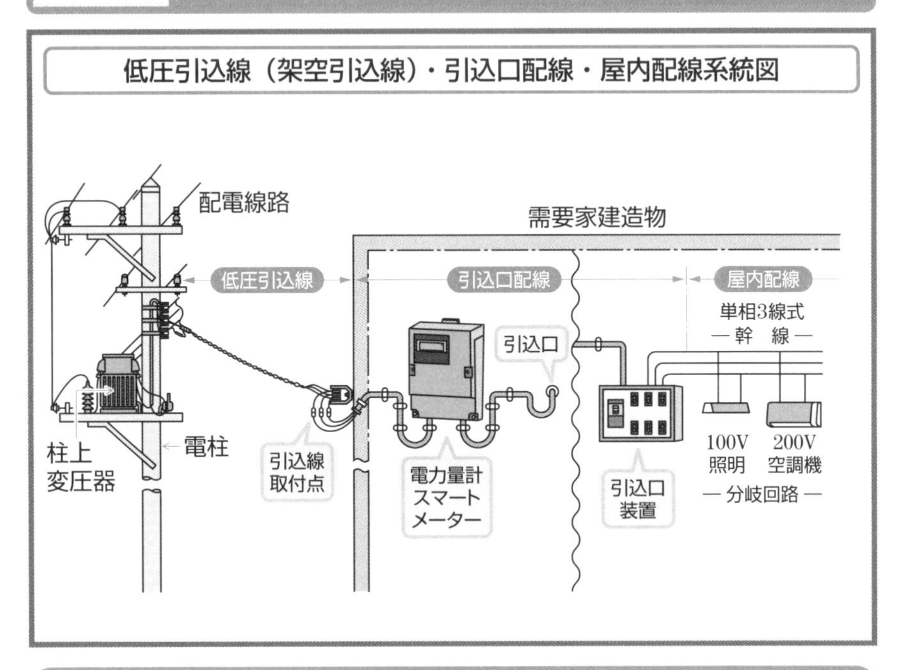

低圧引込線から引込口配線を経て屋内配線により電力を供給する

★一般送配電事業者の高圧配電線路から送られる高圧6600Vの電力は、柱上変圧器で100V、200Vの低圧に変成され低圧引込線で低圧需要家に給電されます。

低圧引込線とは、柱上変圧器または低圧配電線路から分岐して、低圧需要家の建造物または補助支持物に取り付けてある引込線取付点までの配線をいいます。

引込線取付点とは、需要場所の造営物または補助支持物に低圧架空引込線（次項参照）を取り付ける電線取付点のうち、最も電源に近い箇所をいいます。

★引込線取付点から引込口装置（198項参照）までの配線を、**引込口配線**（196項参照）といいます。

引込口装置から需要家の建造物内の負荷機器までの配線を**屋内配線**といいます。

★低圧需要家には、住宅（店舗、事務所を含む）、小規模ビル・工場があります。

住宅では、３本の電線による引込線で引き込み、100Vと200Vの二つの電圧を、100Vは照明器具に、200Vはルームエアコンなどに使用できる単相３線式配線方式（191項図参照）が多く用いられています。

195 低圧引込線の施設

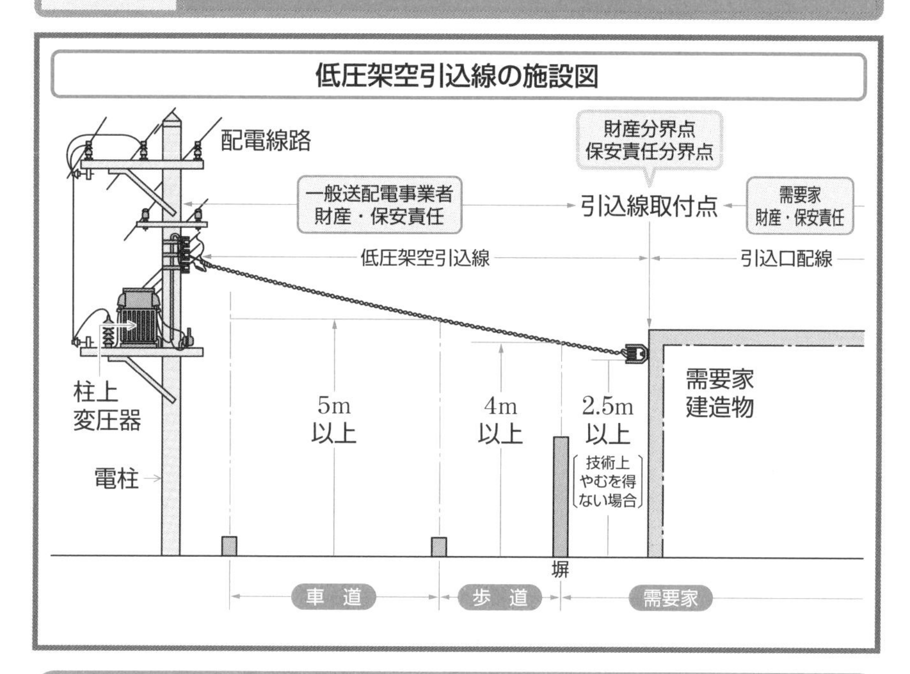

引込線取付点は財産分界点・保安上の責任分界点である

★柱上変圧器または低圧配電線路から、低圧需要家（例：住宅）への引込線は、原則として架空引込線によるものとします（地中引込線とすることもある）。

低圧架空引込線とは、低圧配電線路の支持物から他の支持物を経ないで、低圧需要場所の引込線取付点に至る架空電線をいいます。

引込線取付点は、一般送配電事業者の設備と低圧需要家の設備との財産分界点、保安上の責任分界点となります。

低圧架空引込線は、一般送配電事業者が施設し保安上の責任があり、引込線取付点から引込口配線、屋内配線は低圧需要家が施設し保安上の責任があります。

★低圧架空引込線の取付点の高さは、次の値以上とします。

- 道路（歩道を除く）を横断する場合は路面上5.0m以上とします。
- 鉄道または軌道を横断する場合は、レール面上5.5m以上とします。
- 横断歩道橋の上に施設する場合は、横断歩道橋の路面上3.0m以上とします。
- 上記以外の場合は、地表面上4.0（やむ得ない場合は2.5）m以上とします。

196 引込口配線の施設

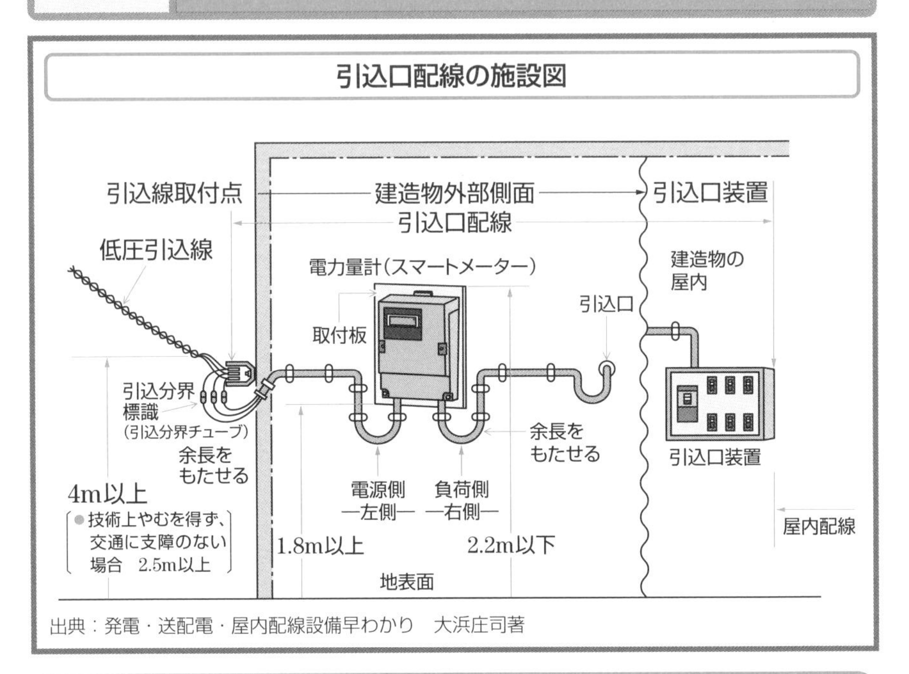

引込口配線には電力量計（スマートメーター）を取り付ける

★**引込口配線**とは、引込線取付点から引込口装置（例：住宅用分電盤）までの配線をいいます。

引込口とは、屋外または屋側から電路が家屋の外壁を貫通する部分をいいます。

引込口配線には、電線の途中に接続点を設けず、引込線取付点において低圧引込線と接続するため、電線に余長をもたせ、引込線取付点における低圧引込線との接続点には、その引込口配線側に標識（例：引込分界チューブ）を取り付けます。

★電力量計（スマートメーター：次項参照）は、引込線取付点と引込口との間の屋外に取付け、雨線外の場合は箱に収めるか、雨よけを設け保護します。

電力量計の取付け高さは、地表上1.8m以上、2.2m以下とします。

電力量計取付けには、厚さ2cm以上の大きさの難燃・耐候性のある合成樹脂製の取付板を使用し、造営材に堅固に取り付けます。

電力量計に引き下げる配線は、左側を電源側、右側を負荷側とし、電力量計の周りの配線は、保守面を考慮して余長をもたせます。

197 スマートメーターは通信機能をもつ電力量計である

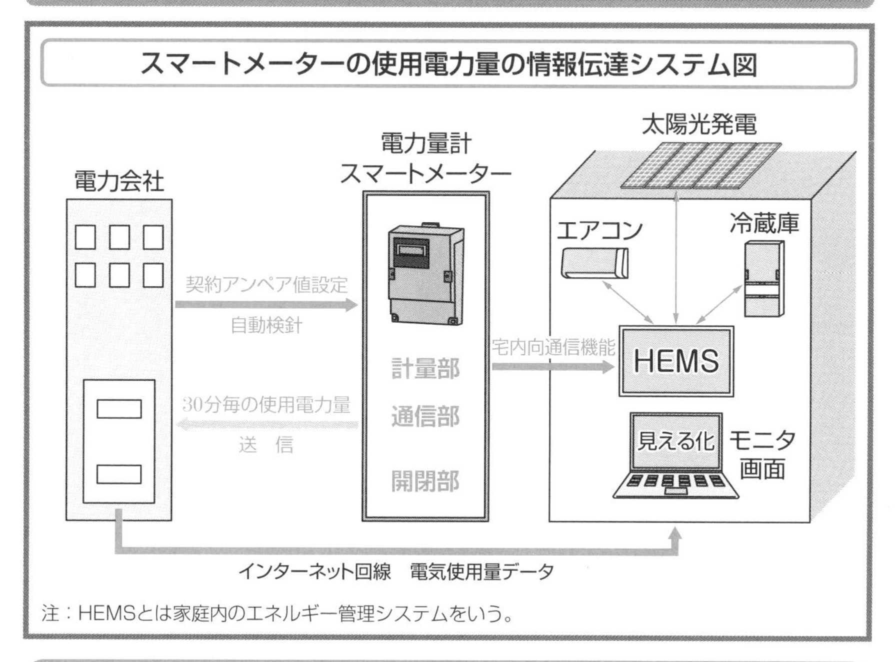

注：HEMSとは家庭内のエネルギー管理システムをいう。

スマートメーターは30分ごとに需要家の電力使用量を計測する

★**スマートメーター**（Smart Meter）とは、需要家の電力使用量をデジタルで計量する通信機能を有する電力量計をいいます。

スマートメーターは、電力使用量を計測する計量部と計量データを伝送する通信部、そして電力供給の入・切を行う開閉部から構成されます。

契約アンペア値に応じて電気料金の基本料金が設定されるアンペア制を採用している地域では、スマートメーターに内蔵している電流制限機能により、通信機能を活用して遠方から契約アンペア値を設定できます。

スマートメーターは、30分ごとに需要家の電力使用量を計測し、通信回線を利用して電力会社に送信することから、遠隔での自動検針が可能です。

★需要家がHEMS対応の家電製品を導入すれば、スマートメーターには、宅内向け通信機能が搭載されているので、30分ごとに電力使用量のデータが送られてくるため、スマホ、テレビなどで使用電力量を見ることで省エネが可能となります。

HEMSとは、家庭内のエネルギー管理システムをいいます。

198 引込口装置には住宅用分電盤を用いる

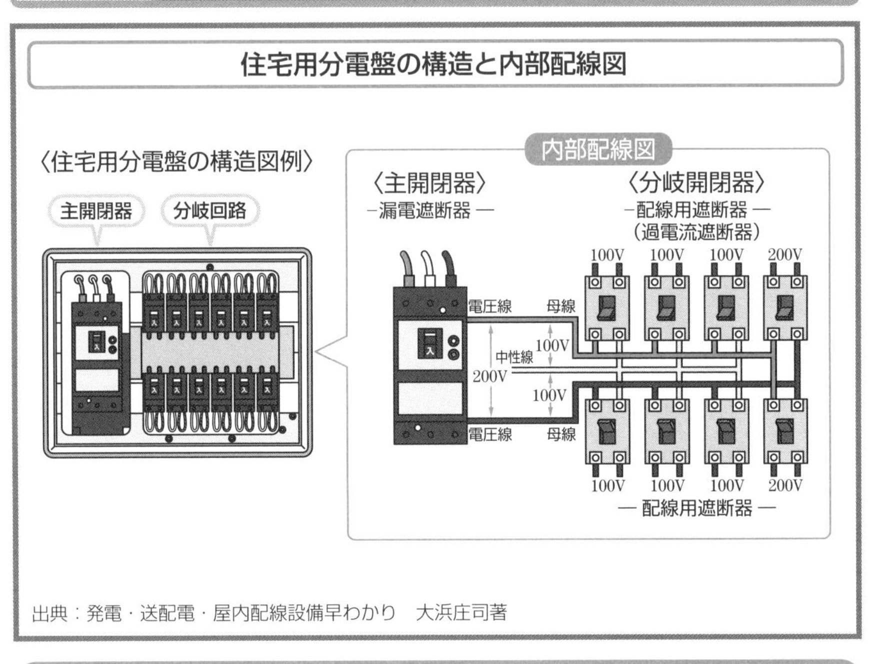

出典：発電・送配電・屋内配線設備早わかり　大浜庄司著

引込口装置としての住宅用分電盤のしくみ

★低圧引込線からの電力は、引込口配線の電力量計を通って、屋内の引込口装置に送られ、ここから屋内配線により各電気器具に配られます。

引込口装置とは、引込口以後の電路に取り付ける電源側から見た最初の開閉器および過電流遮断器の組合せをいいます。

引込口装置としては、単相２線式100V（191項図参照）、単相３線式100/200Vの電路には、JISC8328に規定される住宅用分電盤が使用されます。

住宅用分電盤とは、キャビネットの内部に主開閉器（例：漏電遮断器：次項参照）と分岐開閉器の全部または一部を集めて組み込んだ盤をいいます。

電力量計としてスマートメーターを設置する場合は、スマートメーターに電流制限機能があるので、原則としてアンペアブレーカは施設しません（地域により異なるシステムがある）。主開閉器は、漏電遮断器または配線用遮断器とします。

分岐開閉器は、母線から各分岐回路を分岐するそれぞれの部分に取り付けた過電流引外し装置付きの開閉器をいい、一般に配線用遮断器が用いられます。

199 漏電遮断器は漏電を検出し遮断する

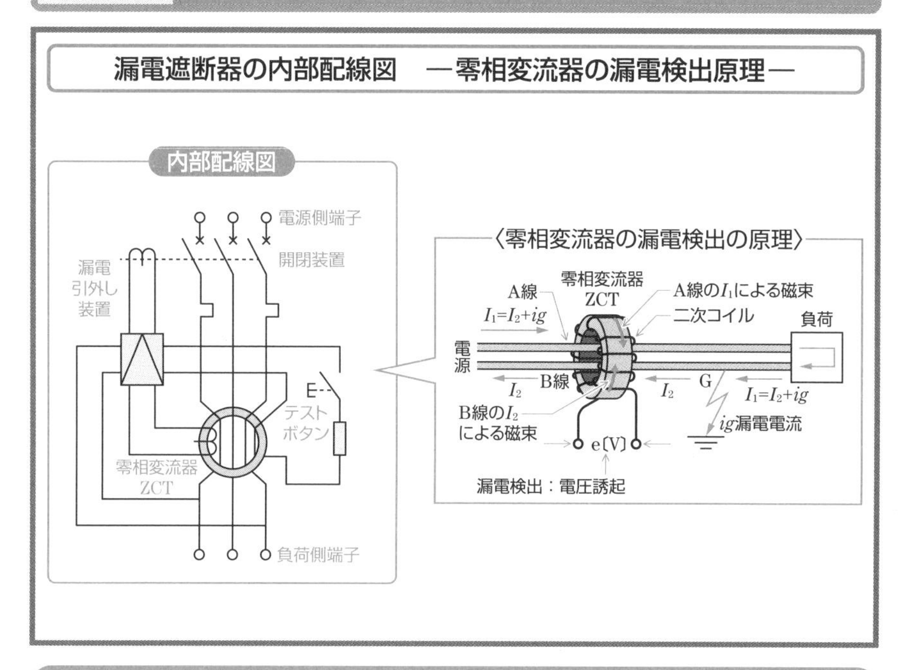

漏電遮断器は零相変流器により漏電を検出し電路を遮断する

★**漏電遮断器**は、零相変流器ZCTを内蔵し、これにより漏電電流を検出し設定値と比較し、測定値が設定値を超えたとき、接点を開路し電路を遮断します。

漏電遮断器は通常の使用条件の下での電流を投入、遮断することができます。

住宅用分電盤には、高感度（定格感度電流30mA）・高速（動作時間0.1秒以内）形の漏電遮断器を用い、単相３線中性線欠相保護付とします。

単相３線中性線欠相保護は、中性線が欠相すると負荷機器に過電圧が加わることを防止するために電圧の不平衡を検出し、回路を遮断して保護します。

★漏電遮断器に内蔵する零相変流器が漏電を検出する原理を記します。

零相変流器の負荷側で漏電すると、漏電電流igが流れるので、A線の電流I_1は、B線の電流I_2に漏電電流igを加えた値$I_1=I_2+ig$となります。

零相変流器貫通部の磁束はA線とB線のI_2の大きさは同じですが、方向が反対なので磁束は互いに打ち消され漏電電流igに相当する磁束が残り、この磁束と二次コイルと鎖交し電磁誘導作用により端子に電圧eが誘起することで漏電を検出します。

〈MEMO〉

第20章

低圧屋内幹線と分岐回路

20-1　低圧屋内幹線

20-2　低圧屋内分岐回路

200 低圧屋内配線には幹線と分岐回路がある

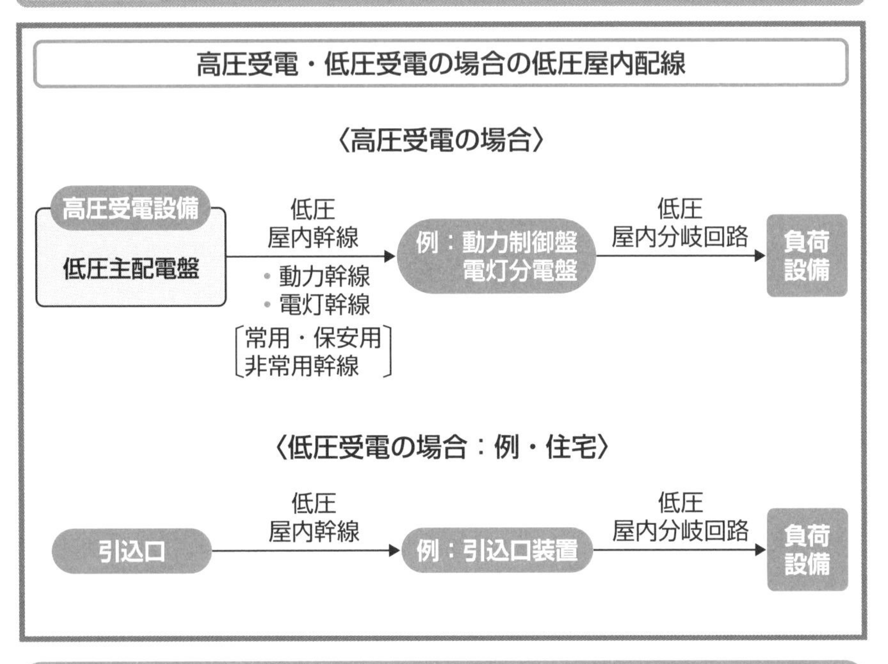

低圧屋内幹線には動力幹線と電灯幹線がある

★建造物内に設置されている空調設備、給排水設備、電動機設備（第25章）、照明設備（第26章）などの負荷設備には、低圧屋内配線により給電されます。

低圧屋内配線には、低圧屋内幹線と低圧屋内分岐回路があります。

高圧受電の場合、**低圧屋内幹線**とは受電室やキュービクルの低圧主配電盤から、需要場所の動力制御盤、電灯分電盤に至る電源側をいい、負荷設備側を**低圧屋内分岐回路**（204項参照）といい、ここから各負荷設備に給電されます。

低圧受電の場合、**低圧屋内幹線**とは、引込口から分岐過電流遮断器（例：引込口装置）に至る電源側をいい、負荷設備側を**低圧屋内分岐回路**といいます。

★低圧屋内幹線には、その使用目的により動力幹線と電灯幹線があります。

動力幹線は空調設備、給排水設備などに、**電灯幹線**は照明設備などに給電します。

動力幹線・電灯幹線とも、低圧配電線路から常時給電される常用幹線と、停電時に電気設備の機能を維持する保安用幹線、そして火災時に消防設備に電力を供給する非常用幹線などがあります。

201 低圧屋内幹線には過電流遮断器を施設する

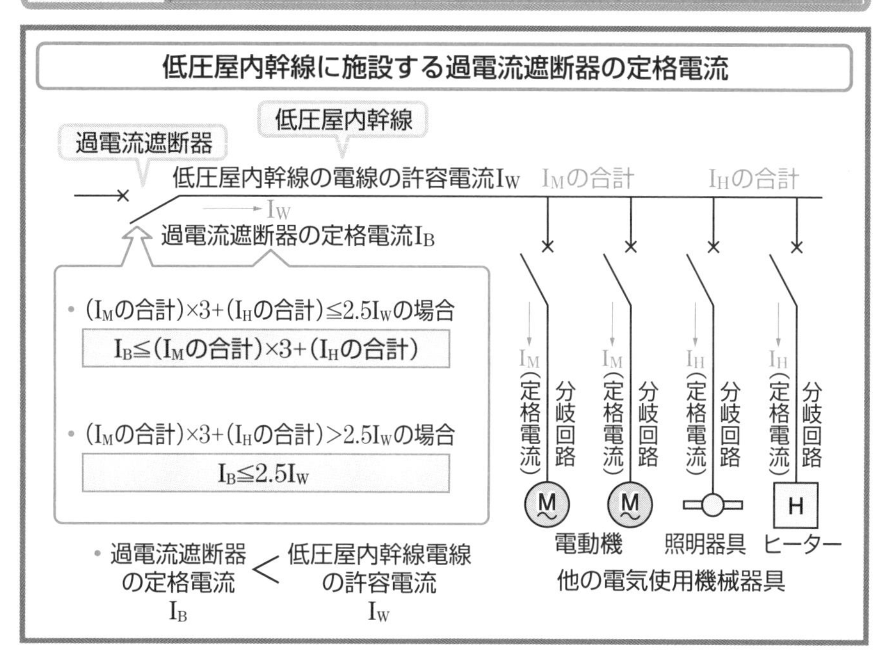

電動機負荷を含む低圧屋内幹線に施設する過電流遮断器の定格電流の求め方

★低圧屋内幹線には、その電線を保護するために、電源側に過電流遮断器を施設します。

低圧屋内幹線に施設する過電流遮断器は、その低圧屋内幹線の電線の許容電流I_W以下の定格電流I_Bのものとします。

過電流遮断器とは、過負荷電流および短絡電流を自動遮断する機能をもった開閉器具をいい、一般に配線用遮断器が用いられます。

★低圧屋内幹線に電動機などが接続される場合の過電流遮断器の定格電流I_Bは、次のいずれかによることができます。

・電動機の定格電流I_Mの合計の3倍に、他の電気使用機械器具の定格電流I_Hの合計を加えた値以下とします。

・上記の規定による値、つまり（I_Mの合計）×3+（I_Hの合計）が、当該低圧屋内幹線の電線の許容電流I_Wを2.5倍した値を超える場合での、過電流遮断器の定格電流I_Bは、その許容電流を2.5倍した値以下とします。

202 低圧屋内幹線を分岐する場合の過電流遮断器の施設

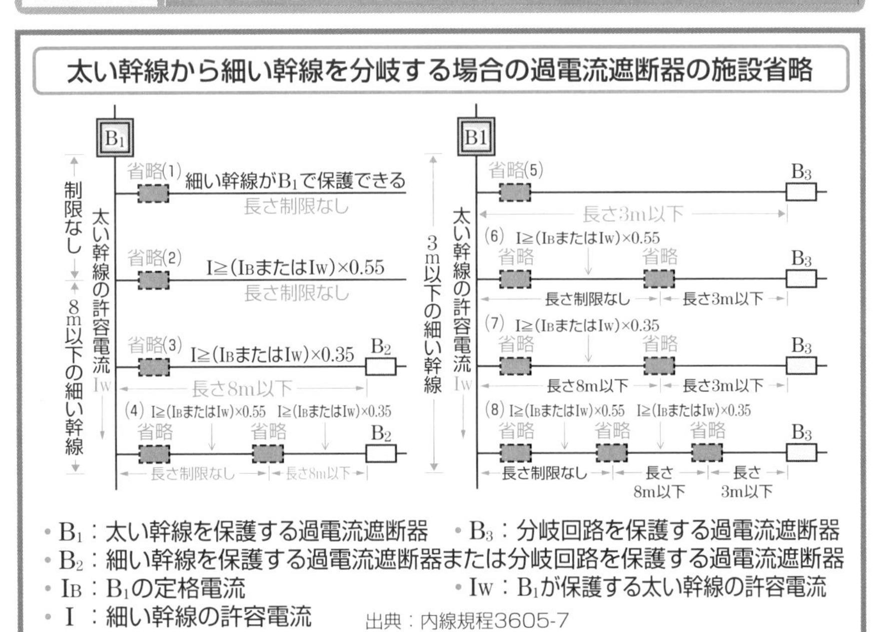

太い低圧幹線から細い幹線を分岐する場合の過電流遮断器の施設の仕方

★低圧幹線（太い幹線）から細い電線を使用する他の低圧幹線を接続する場合は、その接続箇所に細い幹線を短絡電流から保護するために、過電流遮断器を施設するのを原則とします。次の場合は接続箇所に施設する過電流遮断器を省略できます。

(1) 細い幹線が太い幹線に接続している過電流遮断器B_1で保護できる場合

(2) 細い幹線の許容電流Iが、太い幹線の過電流遮断器の定格電流I_Bまたは太い幹線の電線の許容電流I_Wの55%以上の場合

(3) 長さ8m以下の細い幹線の許容電流Iが、太い幹線の過電流遮断器の定格電流I_Bまたは太い幹線の電線の許容電流I_Wの35%以上の場合

(4) (2) の細い幹線に (3) の長さ8m以下の細い幹線を接続する場合

(5) 3m以下の細い幹線を接続する場合

(6) (2) の細い幹線に長さ3m以下の細い幹線を接続する場合

(7) (3) の長さ8m以下の幹線に長さ3m以下の細い幹線を接続する場合

(8) (2) に (3) を接続し、さらに長さ3m以下の幹線を接続した場合

203 低圧屋内幹線の電線の許容電流

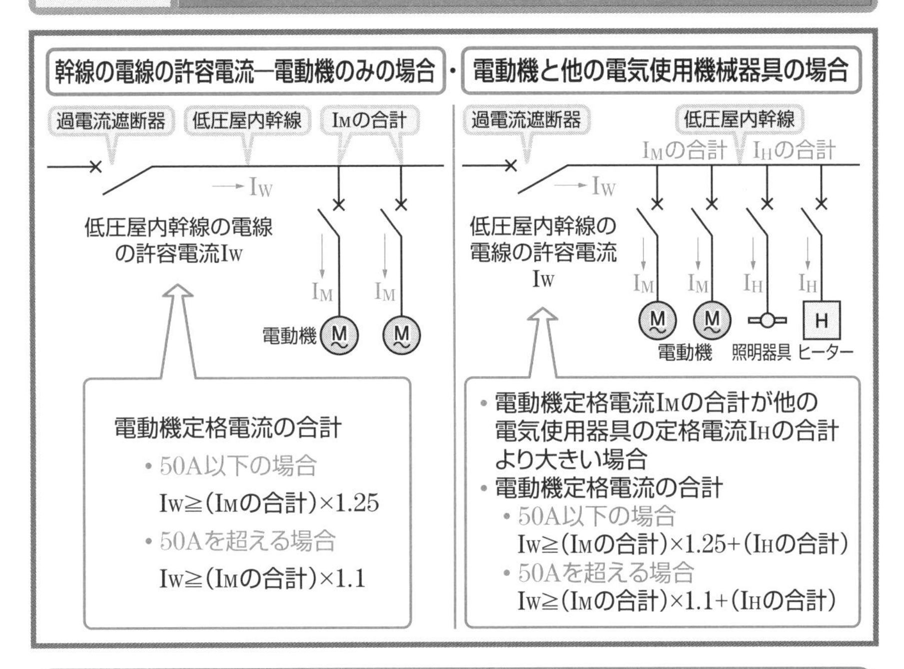

電動機負荷を含む低圧屋内幹線の電線の許容電流の求め方

★低圧屋内幹線の電線は、低圧屋内幹線の各部分ごとに供給される電気使用機械器具の定格電流の合計以上の許容電流のある太さの電線を使用します。

★低圧屋内幹線の負荷として電動機のみに電力を供給する場合の低圧屋内幹線の電線は、次の値以上の許容電流のある太さの電線を使用します。

・低圧屋内幹線に接続する電動機の定格電流の合計が50A以下の場合は、その定格電流の合計の1.25倍、50Aを超える場合は1.1倍とします。

ただし、低圧屋内幹線の負荷として、電動機と他の電気使用機械器具が併用されており、電動機の定格電流の合計が、他の使用機械器具の定格電流の合計より大きい場合、低圧屋内幹線の電線には、他の使用機械器具の定格電流の合計に、次の値を加えた値以上の許容電流のある太さの電線を使用します。

・低圧屋内幹線に接続する電動機の定格電流の合計が50A以下の場合は、その定格電流の合計の1.25倍、その合計が50Aを超える場合は1.1倍とします。

200V三相誘導電動機の定格電流は、定格1kW当たり4Aとします。

204 分岐回路は低圧屋内幹線から分岐する

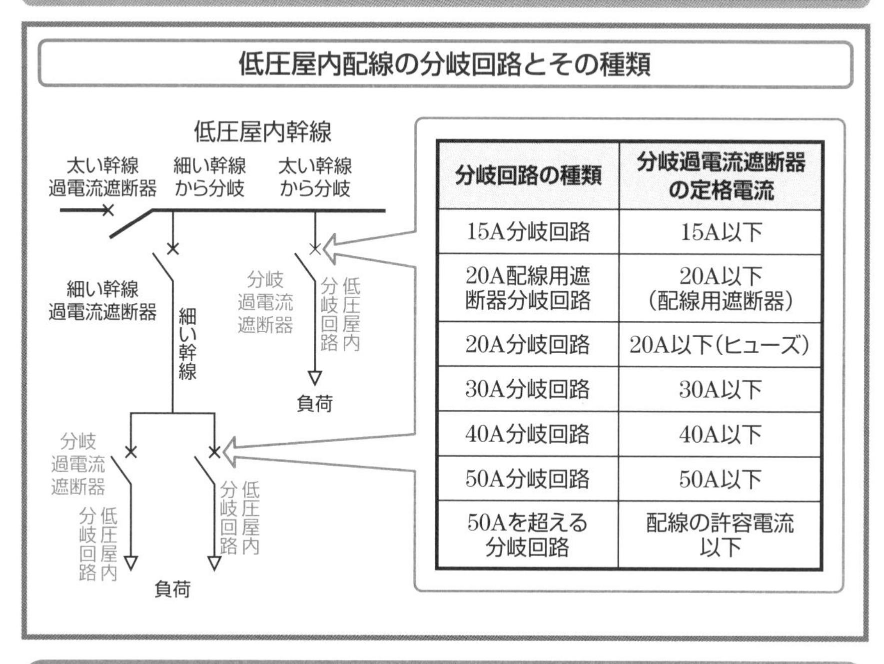

分岐回路の種類	分岐過電流遮断器の定格電流
15A分岐回路	15A以下
20A配線用遮断器分岐回路	20A以下（配線用遮断器）
20A分岐回路	20A以下（ヒューズ）
30A分岐回路	30A以下
40A分岐回路	40A以下
50A分岐回路	50A以下
50Aを超える分岐回路	配線の許容電流以下

分岐過電流遮断器の定格電流により分岐回路には種類がある

★**低圧屋内分岐回路**とは、低圧屋内幹線から分岐し、分岐過電流遮断器を経て、負荷に至る間の配線をいいます。

分岐過電流遮断器とは、低圧屋内分岐回路ごとに施設するものであって、その分岐回路を過負荷電流、短絡電流から保護する過電流遮断器をいい、一般に配線用遮断器が用いられています。

低圧屋内配線における分岐回路には、低圧屋内幹線（太い幹線：201項参照）から直接分岐して分岐過電流遮断器を経て負荷に至る間の配線があります。

また低圧屋内幹線（太い幹線）から分岐して細い電線を使用する低圧屋内幹線（細い幹線）からさらに分岐して分岐過電流遮断器を経て負荷に至る配線もあります。

★低圧屋内配線の分岐回路の種類には、分岐回路を保護する分岐過電流遮断器の定格電流に応じて、15A分岐回路、20A分岐回路、30A分岐回路、40A分岐回路、50A分岐回路、50Aを超える分岐回路があります。

低圧屋内配線の負荷は上記分岐回路の種類の区分に従って施設されます。

205 低圧屋内配線の分岐回路には過電流遮断器を施設する

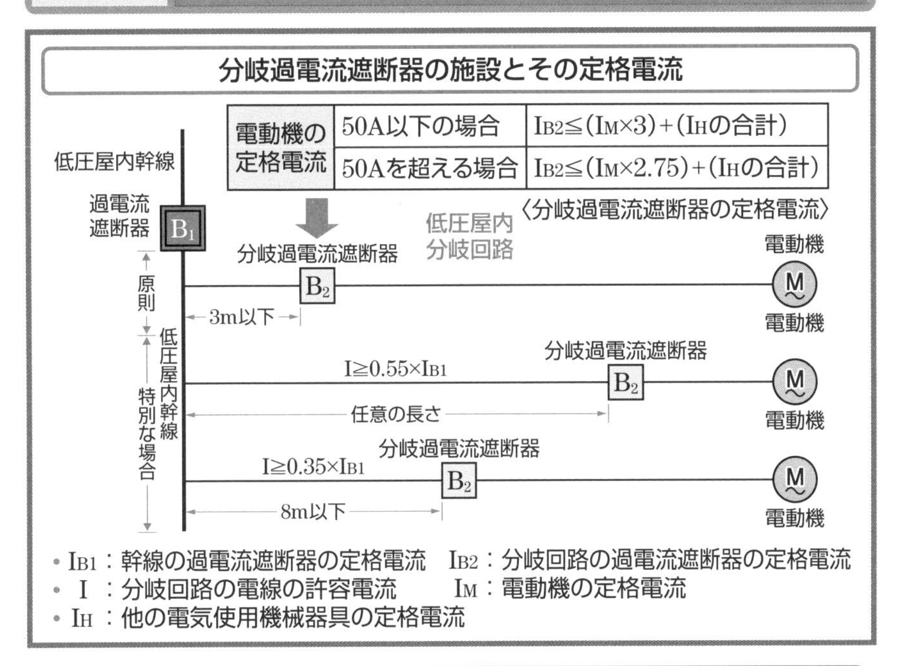

電動機負荷を含む分岐回路の過電流遮断器の設置位置とその定格電流の求め方

★低圧屋内分岐回路には、低圧屋内幹線との分岐点から電線の長さが3m以下の箇所に、過電流遮断器を施設することを原則とします。

低圧屋内分岐回路の電線の許容電流Iが、その電線に接続する低圧屋内幹線を保護する過電流遮断器B_1の定格電流I_{B1}の55%以上である場合は、過電流遮断器を任意の長さの箇所に施設できます。

低圧屋内分岐回路の電線の許容電流Iが、その電線に接続する低圧屋内幹線を保護する過電流遮断器B_1の定格電流I_{B1}の35%以上である場合は、分岐点から電線の長さが、8m以下の箇所に過電流遮断器を施設できます。

電動機に電気を供給する分岐回路は、上記に従って電動機１台ごとに専用の分岐回路を設けて、過電流遮断器を施設します。

★電動機の分岐回路に施設する過電流遮断器の定格電流I_{B2}は、電動機定格電流I_Mが50A以下なら、電動機定格電流I_Mの３倍に、また50Aを超えるならば、2.75倍に、他の電気使用機械器具の定格電流I_Hの合計を加えた値以下とします。

〈MEMO〉

第21章 低圧屋内配線工事

206 低圧屋内配線工事の種類と施設場所

低圧屋内配線工事施設場所と使用電圧区分と配線方法

施設場所の区分		使用電圧の区分	工事の種類											
			がいし引き工事	合成樹脂管工事	金属管工事	金属可とう電線管工事	金属線ぴ工事	金属ダクト工事	バスダクト工事	ケーブル工事	フロアダクト工事	セルラダクト工事	ライティングダクト工事	平形保護層工事
展開した場所	乾燥した場所	300V以下	●	●	●	●	●	●	●	●			●	
		300V超過	●	●	●	●		●	●	●				
	湿気の多い場所又は水気のある場所	300V以下	●	●	●	●			●[1]	●				
		300V超過	●	●	●	●				●				
点検できる隠ぺい場所	乾燥した場所	300V以下	●	●	●	●	●	●	●	●		●	●	●
		300V超過	●	●	●	●		●	●	●				
	湿気の多い場所又は水気のある場所	−	●	●	●	●				●				
点検できない隠ぺい場所	乾燥した場所	300V以下		●	●	●				●	●[2]	●[2]		
		300V超過		●	●	●				●				
	湿気の多い場所又は水気のある場所	−		●	●	●				●				

出典：内線規程3102節　注1：屋外用ダクト、注2：コンクリート床内

低圧屋内配線工事の施設場所には展開場所と隠ぺい場所がある

★**低圧屋内配線工事**とは、屋内の低圧の電気使用場所に配線を施設することをいい、その施設場所および使用電圧の区分により、上欄の表に基づく配線方法に従って、電線を損傷するおそれのないように施設します。

展開場所とは点検できる隠ぺい場所、点検できない隠ぺい場所以外をいいます。

点検できる隠ぺい場所とは、点検口がある天井裏、二重構造の床下、戸棚または押入れなど、容易に接近し電気設備を点検できる隠ぺい場所をいいます。

点検できない隠ぺい場所とは、点検口がない天井ふところ、壁内、コンクリート床内、工作物を破壊しないと電気設備に接近し点検できない場所をいいます。

水気のある場所とは、水を扱う場所、雨線外、水滴が飛散する場所または常時水が漏出し、結露する場所をいいます。

湿気が多い場所とは、水蒸気が充満する場所または湿度が著しく高い場所をいいます。

乾燥した場所とは、水気のある場所、湿気が多い場所以外の場所をいいます。

207 合成樹脂管工事

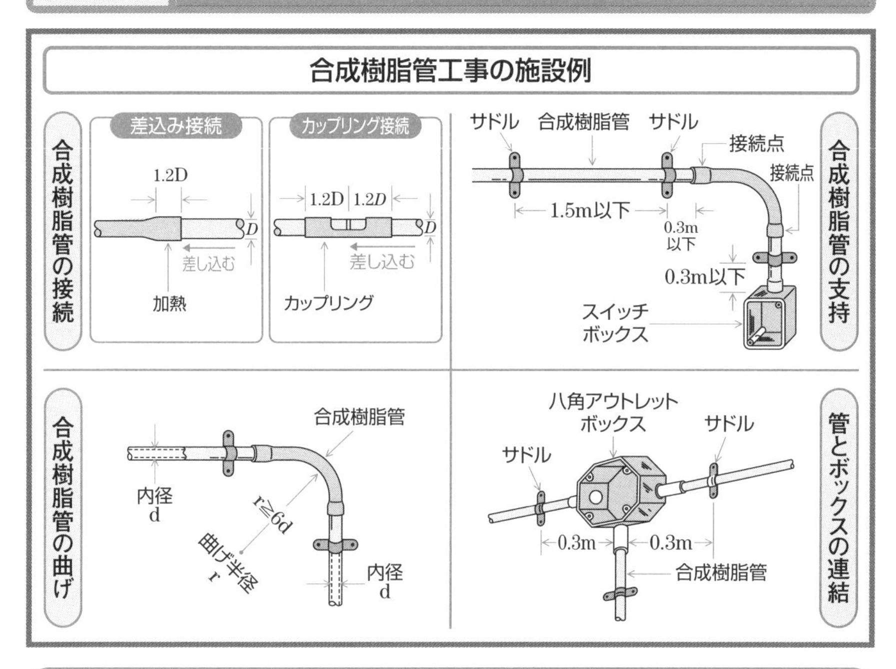

合成樹脂管工事の施設方法 ―低圧屋内配線工事―

★**合成樹脂管工事**とは電線の外傷保護のため合成樹脂管を用いる工事をいいます。

合成樹脂管とは、電気用品安全法の適用を受ける合成樹脂製電線管（硬質ビニル管）、合成樹脂製可とう管（PF管）およびCD管をいいます。

合成樹脂製電線管をサドルなどで支持する場合は、その支持点間の距離を1.5m以下とし、その支持点は、管端、管とボックスとの接続点、管相互の接続点から0.3m程度の箇所とします。

合成樹脂製可とう管の場合は、その支持点間の距離は、1m以下とします。

合成樹脂製電線管相互の接続には、一方の管を加熱して差し込む方法とカップリングによる方法があり、差し込み長さは管の外径の1.2倍以上とし、接着剤を使用する場合は、管外径の0.8倍以上とします。合成樹脂製可とう管、CD管相互の接続は、ボックスまたはカップリングにより行います。

合成樹脂製電線管を曲げる場合は、管断面が著しく変形しないようにし、その内側の曲げ半径rは、管内径dの6倍以上とします。

208 金属管工事

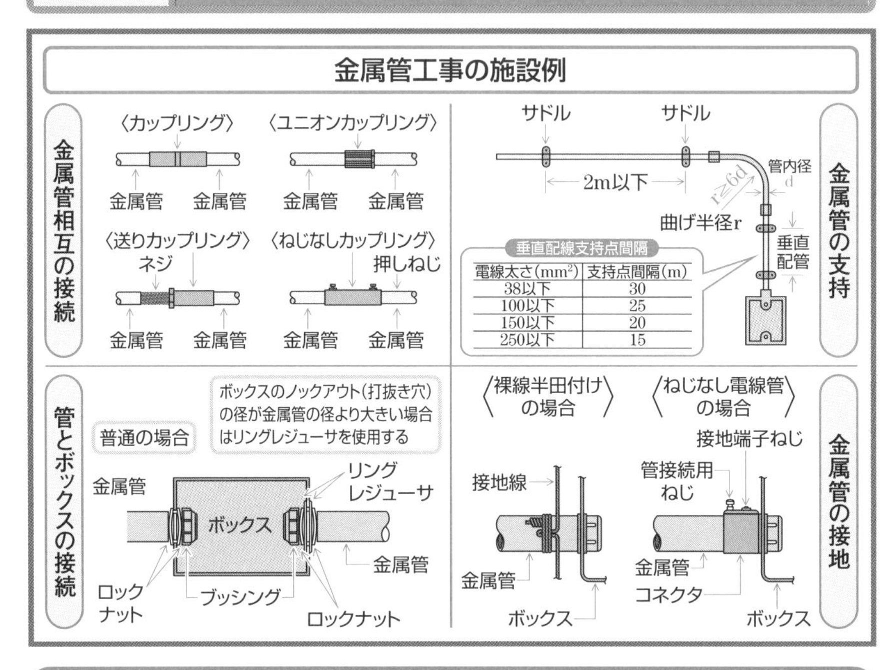

金属管工事の施設方法 ―低圧屋内配線工事―

★**金属管工事**とは、電線を外傷から保護するため金属管を用いる工事をいいます。

金属管とは、電気用品安全法の適用を受ける金属製の管をいいます。

金属管には、厚鋼電線管、薄鋼電線管、ねじなし電線管があります。

厚鋼電線管は、管の肉厚が厚く、また**薄鋼電線管**は管の肉厚が薄く、そして**ねじなし電線管**は管端にねじが切られていない電線管をいいます。

金属管は、サドルまたはハンガーを用いて支持し、支持点間隔は2m以下（垂直配管内の電線の支持点間隔は上欄右上に示す）とし造営材に確実に固定します。

金属管相互の接続はカップリングで行い、ねじ接続カップリングにはユニオンカップリング、送りカップリングがあり、ねじなしカップリングもあります。

金属管を曲げる場合は、金属管の断面が著しく変形しないように、その内側の半径rを管内径dの6倍以上とします。

金属管および附属品の接地工事は、使用電圧が300V以下の場合はD種接地工事、300Vを超える場合はC種接地工事とします。

209 ケーブル工事

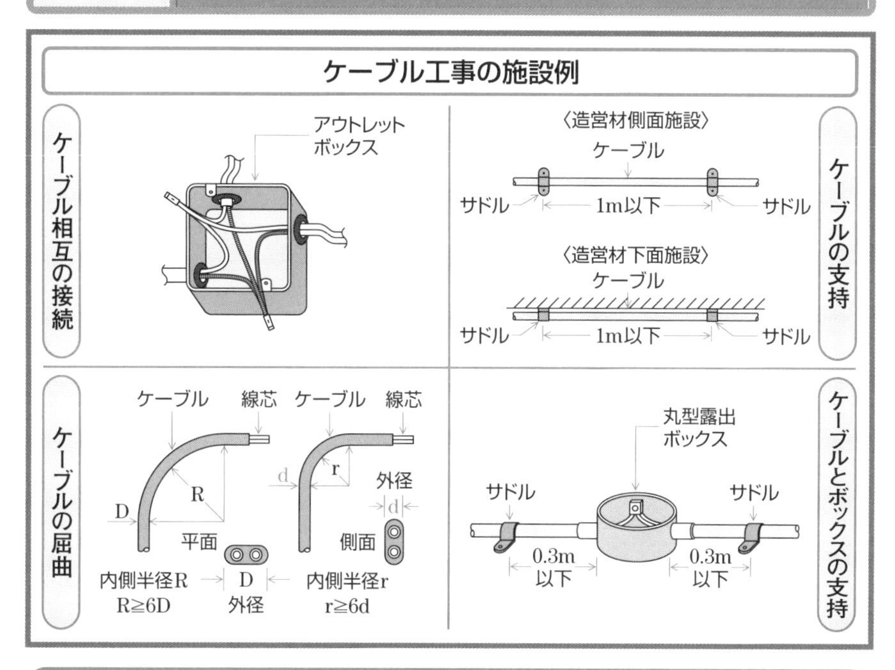

ケーブル工事の施設方法 ―低圧屋内配線工事―

★ケーブル工事として、ビニル外装ケーブル、クロロプレン外装ケーブル、ポリエチレン外装ケーブルを用いて、配線作業を行う場合について記します。

ケーブルを施設する場合の支持は、クリート、サドルまたはステーブルなどを使用し、ケーブルを損傷しないように堅ろうに固定して施設します。

ケーブル支持点間の距離としては、露出場所で造営材の側面または下面に水平に施設する場合は1m以下、その他の場合は2m以下、そしてケーブル相互、ケーブルとボックスおよび器具との接続箇所では0.3m以下とします。

ケーブル相互の接続は、キャビネット、アウトレットボックスまたはジョイントボックスなどの内部で行うか、または適当な接続箱を使用して行います。

ケーブルを曲げる場合は、被覆を損傷しないようにし多芯の場合は屈曲部の内側半径をケーブル仕上り外径の6倍以上に、また単芯の場合は8倍以上とします。

使用電圧が300V以下の場合、ラックなどの金属部分、金属製の電線箱などは、D種接地工事、300Vを超える場合はC種接地工事を施します。

210 金属ダクト工事

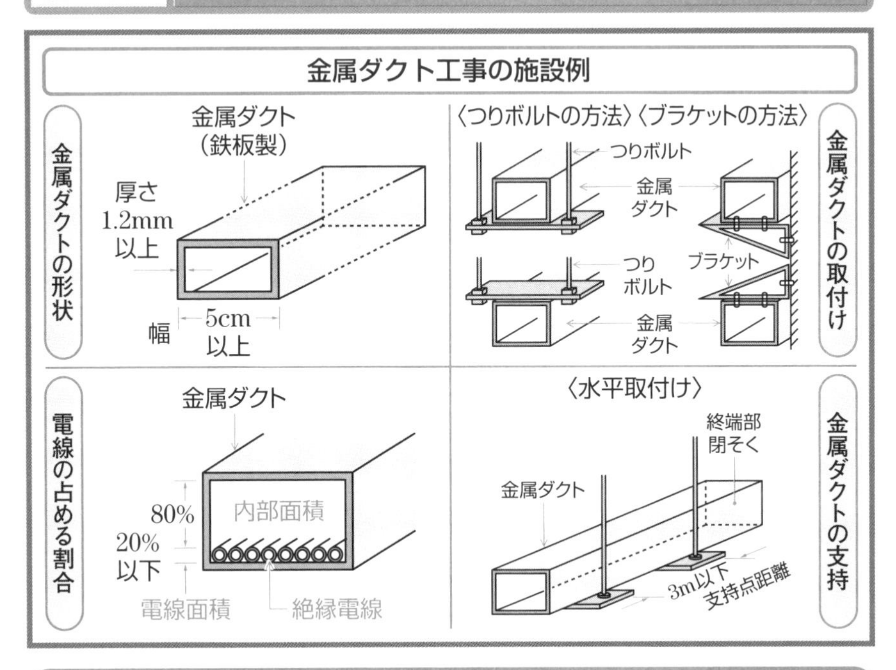

金属ダクト工事の施設方法 ―低圧屋内配線工事―

★**金属ダクト工事**とは金属製のダクトの中に電線を通し配線する作業をいいます。

金属ダクトは、幅が5cmを超え、厚さが1.2mm以上の鉄板またはこれと同等以上の金属製とし、内面に電線の被覆を損傷する突起がないものとします。

絶縁電線を同一金属ダクト内に収める場合のダクトの大きさは、電線の被覆絶縁物を含む断面積の総和が金属ダクトの内部断面積の20%以下とします。

★金属ダクトの取付けには、天井からボルトでつり下げる方法と、壁と平行の場合は壁取付けのアングルブラケットの上または下に固定する方法があります。

金属ダクトの支持点間の距離は3m以下とし、取扱者以外の者が出入できない場所に垂直取付けの場合は6m以下とし、共にダクトの終端部は閉そくします。

金属ダクト内では、電線に接続点を設けないことですが、電線を分岐する場合は、その接続点が容易に点検できれば、よしとします。

使用電圧が300V以下なら、金属ダクトにはD種接地工事を、また300Vを超える場合はC種接地工事を施します。

211 バスダクト工事

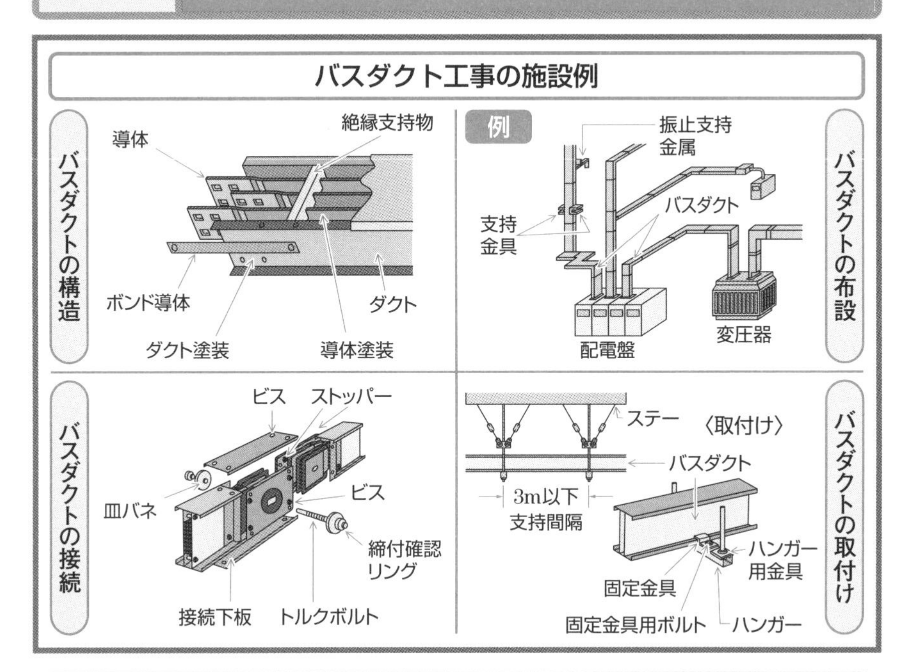

バスダクト工事の施設方法 ―低圧屋内配線工事―

★**バスダクト工事**とは、金属製のバスダクト内に適当な間隔で絶縁物により支持された裸導体または絶縁導体を収める作業をいいます。

バスダクトとは鋼板またはアルミニウム板を箱状に組み立てたものをいいます。

導体は、断面積20mm²以上の帯状または直径5mm以上の管状もしくは丸棒状の銅または断面積30mm²以上の帯状のアルミニウムを使用します。

バスダクトを水平に布設するには、天井のインサートから水平つり金具を下げ、ハンガーにバスダクトを乗せて固定金具で止めます。

バスダクトは3m以下の間隔で支持し、取扱者以外の者が出入りできないようにした場所で、垂直に取り付ける場合は、6m以下とします。

バスダクト相互は、電気的および機械的に確実に接続し、内部にじんあいが侵入しないようにし、また、終端部は閉そくします。

使用電圧が300V以下の場合は、バスダクトにD種接地工事を施し、300Vを超える場合は、C種接地工事を施します。

〈MEMO〉

第22章

自家発電設備

212 自家発電設備の種類と用途

自家発電設備には常用自家発電設備と非常用自家発電設備がある

★**自家発電設備**とは、需要家が内燃機関などを原動機として発電機を駆動し、発電した電力を自己の負荷に供給する設備をいいます。

★自家発電設備には用途により常用自家発電設備と非常用自家発電設備があります。

常用自家発電設備とは、需要負荷に必要な電力を常時供給するための発電設備をいい、商用電源と系統連系する設備と、別に独立して運転する設備があります。

非常用自家発電設備とは、常時待機停止しており、商用電源が停電したときに、始動して負荷に給電する設備をいいます。

★非常用自家発電設備には、防災用と保安・業務用があります。

防災用発電設備には、商用電源が停電したときに、消防法により消防設備に電力を供給する**非常電源**と、建築基準法により非常用照明、排煙設備、非常用エレベータ、防火戸・防火シャッターなどに電力を供給する**予備電源**があります。

保安業務用非常用自家発電設備は、商用電源が停電したときに、コンピュータ設備、通信設備、医療設備などに電力を供給してその機能が継続するようにします。

213 自家発電設備の構成

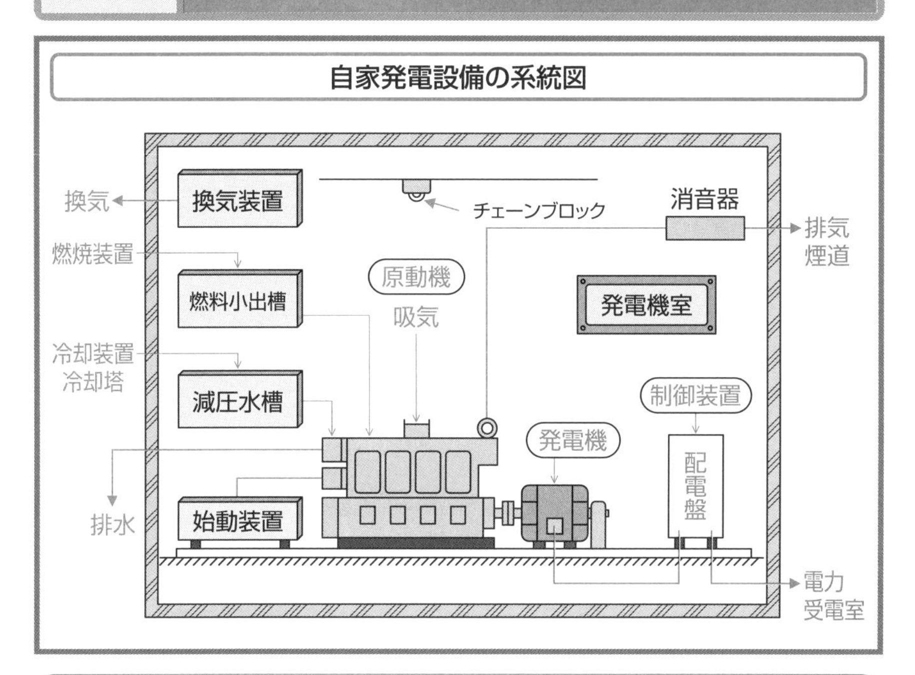

自家発電設備の構成 ―原動機・発電機・各種関連装置―

★自家発電設備は、原動機、発電機の他に、各種関連装置から構成されます。

原動機は、燃料を燃焼させて回転エネルギーを得る機器で、ディーゼルエンジン、ガスタービンエンジンなどが用いられます。

発電機は、原動機の回転力で発電し、三相同期発動機が用いられます。

燃焼装置は、燃料を原動機の燃焼室に供給する装置です。

始動装置は、原動機を始動する装置で、圧縮空気による空気始動方式と、セルモータによる電気始動方式があります。

冷却装置は、原動機を冷却する装置で、空冷式と水冷式があります。

排気装置は、原動機で燃焼した排ガスを排出する装置で、騒音対策として排気管の途中に消音器を設置します。

換気装置は、原動機の燃料室内空気を補給し、発電室の温度上昇を抑制します。

制御装置には、発電機の出力を制御する発電機盤、原動機の運転・停止を行う自動制御盤、遠方監視を行う監視盤などがあります。

214 自家発電設備の性能

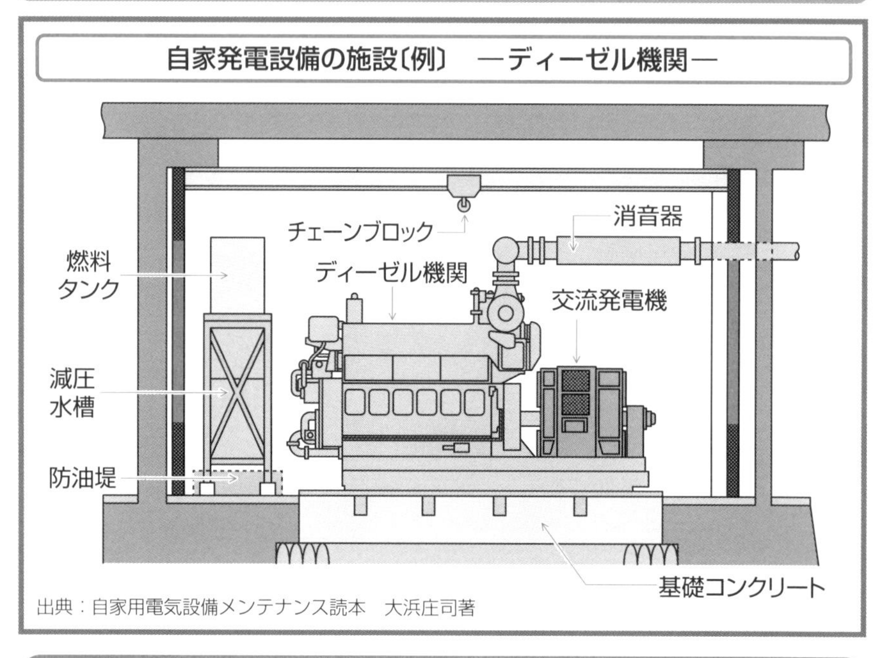

出典：自家用電気設備メンテナンス読本　大浜庄司著

非常用自家発電設備の性能 ―防災用：非常電源・予備電源―

★防災用の非常電源としての自家発電設備の性能は、消防法施行規則（消防庁告示：自家発電設備の基準）に、次のように規定されています。

・常用電源が停電した場合、自動的に電圧確立、投入および発電ができること、また電圧確立および投入までの所要時間は40秒以内であること。

・常用電源が停電した場合、自家発電設備に係る負荷回路と他の回路とを自動的に切り離すことができるものであること。

・定格負荷における連続運転可能時間以上に出力が出るものであること。

・発電機の総合電圧変動率は、定格電圧の±2.5%以内であること。

・定格負荷における連続運転可能時間に消費される燃料と同じ量以上の容量の燃料が、原動機の燃料容器に保有されるものであること。

★建築基準法施行令での予備電源としての自家発電設備の性能は、運転時間以外に具体的に規定されておらず、また消防法施行規則の非常電源を兼ねて設置される場合が多いので、非常電源の規定に準じた性能として運用されるとよいでしょう。

215 キュービクル式自家発電設備

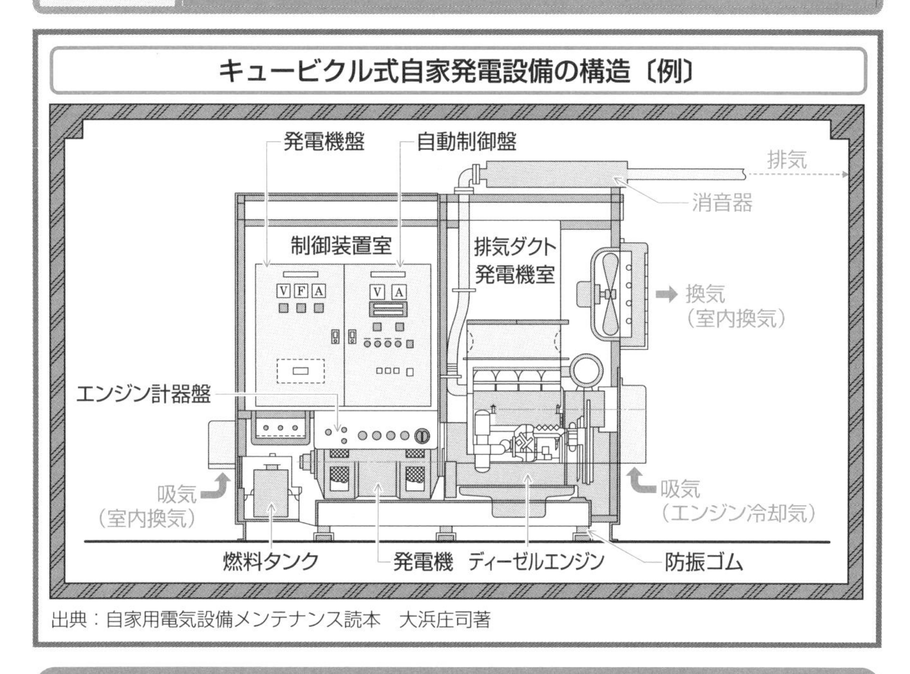

出典：自家用電気設備メンテナンス読本　大浜庄司著

キュービクル式自家発電設備の種類と構造

★防災用の非常電源としてのキュービクル式自家発電設備は、消防法施行規則（消防庁告示：自家発電設備の基準）に、次のように規定されています。

- キュービクル式自家発電設備の種類には、(a)発電機と原動機を連結した自家発電装置および附属品を外箱に収納したもの (b)自家発電装置の運転に必要な制御装置、保安装置、附属装置を外箱に収納したもの (c)上記(a)と(b)に掲げる機器を外箱に収納したものがある。
- 外箱は、消音器および屋外に通じる排気筒を容易に取り付けられ、開口部には防火戸を設け、電線引出口は金属管などを容易に接続できるものであること。
- 原動機、発電機、制御装置などは、外箱の底面から10cm以上の位置に収納し、機器、配線類は原動機から発生する熱を受けないよう断熱処理をすること。
- 原動機、発電機は防振ゴムなど振動吸収装置の上に設け、騒音に対しては遮音装置を構じたものであり、また外箱の内部が著しく高温にならないよう空気の流通が十分に行える換気装置を設けたものであること。

216 ディーゼルエンジンの動作原理

ディーゼルエンジンの４ストローク機関の動作原理

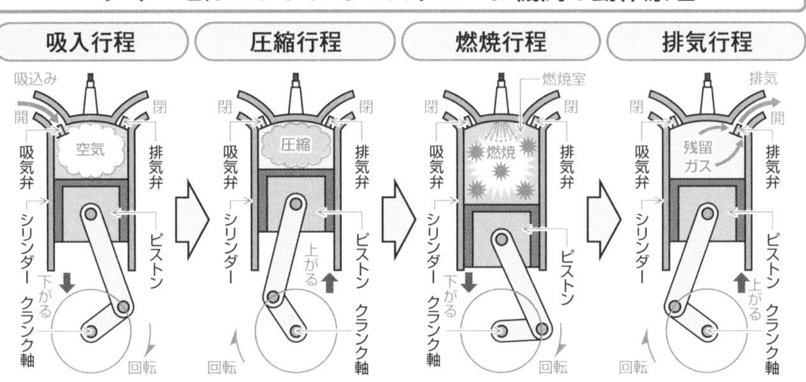

- 4ストローク機関は、燃焼室に空気と燃料を取り込み、燃料が燃焼して燃焼ガスを排出するまでの4行程の動作で、ピストンはシリンダー内を2往復し、クランク軸は2回転します（往復運動を回転運動に変換する）。
- ピストンがクランク軸の中心から最も遠くなる位置を**上死点**、最も近くなる位置を**下死点**といいます。

出典：月刊誌「設備と管理」自家発電設備とメンテナンス　大浜庄司著

4ストローク機関のディーゼルエンジンは吸入・圧縮・燃焼・排気で動作する

★非常用発電設備において、発電機に回転エネルギーを伝える原動機には、ディーゼルエンジンとガスタービンがあります。

ここでは、ディーゼルエンジンの動作原理について記します。

ディーゼルエンジンのシリンダーは、ピストン、クランクと吸気弁と排気弁からなり、４ストローク機関が多く用いられ、次の四つの行程で動作します。

吸入行程：吸気弁が開、排気弁が閉の状態でピストンが上死点から下死点に向かって下がることで、空気をシリンダー内に吸入します。

圧縮行程：吸気弁、排気弁とも閉の状態でピストンを下死点から上死点まで押し上げるとシリンダー内の空気が圧縮され、温度が上昇します。

燃焼行程：燃焼室内の高温高圧の圧縮空気に燃料を噴射すると自己発火し膨張して、その燃焼ガスの力でピストンを下死点まで押し下げます。

排気行程：吸気弁が閉、排気弁が開で、ピストンが下死点から上死点に向かう間にシリンダー内の残留ガスが排出されます。

217 同期発電機の発電原理

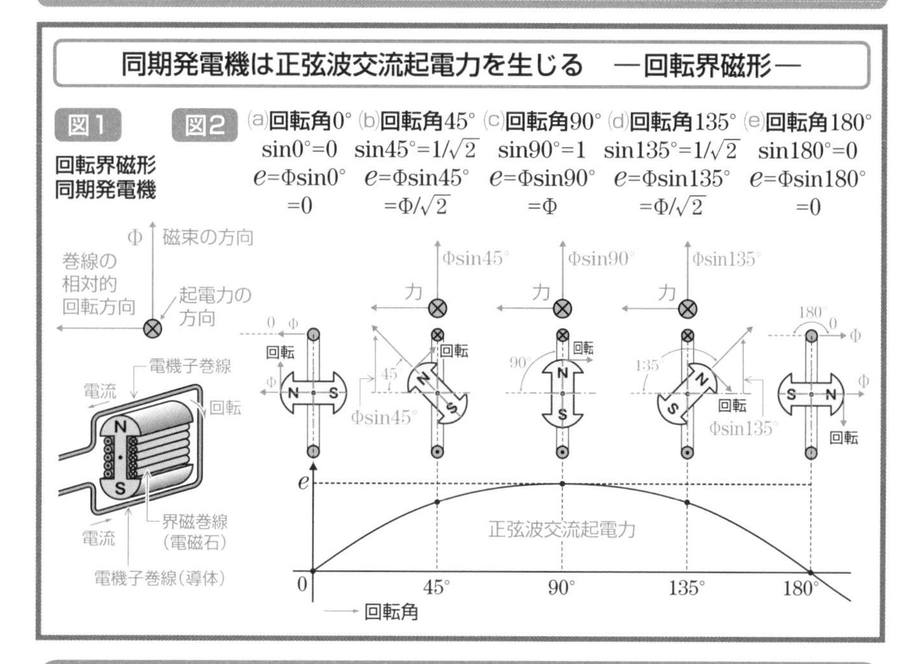

回転界磁形同期発電機の発電原理 —ファラデーの電磁誘導の法則—

★同期発電機において、起電力を発生する電機子を電機子巻線として固定子に、磁束をつくる界磁を界磁巻線として回転子とする回転界磁形について記します。

・図１のように、磁石（界磁巻線）の外側に導体（電機子巻線）を置き、磁石を時計方向に回転すると、電機子巻線は磁束を切り電磁誘導作用により、フレミングの右手の法則（46項参照）に従う起電力を発生します。この場合、右手の法則の親指は磁石と反対方向の電機子巻線の相対的回転方向（反時計方向）にします。

★図２(a)の回転角０では、電機子巻線は磁束を切らず起電力を発生しません。

・(b)の回転角45°では、磁束ΦのΦSin45°＝Φ/√2の磁束成分のみが、電機子巻線を垂直に切るので、起電力を生じます。

・(c)の回転角90°では、磁束ΦのΦSin90°＝Φとすべての磁束が、電機子巻線を垂直に切るので、発生する起電力は最大になります。　・(d)の回転角135°では、ΦSin135°＝Φ/√2の磁束成分のみが電機子巻線を垂直に切り起電力を生じます。

・(e)の回転角180°では電機子巻線は磁束を切らないので起電力を生じません。

〈MEMO〉

第23章

電池と蓄電池設備

218 電池の種類

電池には一次電池・二次電池・燃料電池がある

★**電池**は、電極となる物質と電解液との組み合わせにより、化学反応を起こして継続的に電気をつくり出すもので、一次電池、二次電池、そして外部から燃料を供給することで、電気を生み出す燃料電池（221項参照）があります。

★**一次電池**は、使い切りの電池で、マンガン乾電池、アルカリ乾電池があります。

マンガン乾電池は、中心に集電体の炭素棒があり、正極活物質に二酸化マンガン、負極活物質に亜鉛を充填し、電解液に塩化亜鉛を使用します。

アルカリ乾電池は、集電体に真ちゅう棒を使用し、正極活物質に二酸化マンガン、負極に亜鉛、電解液に苛性アルカリ（水酸化カリウムなど）を使用します。

★**二次電池**は、充電することにより、繰り返し使うことができる電池で、**蓄電池**ともいい、鉛蓄電池（220項参照）、アルカリ蓄電池などがあり、**アルカリ蓄電池**は電解液にアルカリ溶液を用いる蓄電池の総称で、例として、**ニッケル水素電池**があり、これは正極にオキシ水酸化ニッケル、負極に水素吸蔵合金、電解質に水酸化カリウムを使用します。

219 ボルタの電池の原理

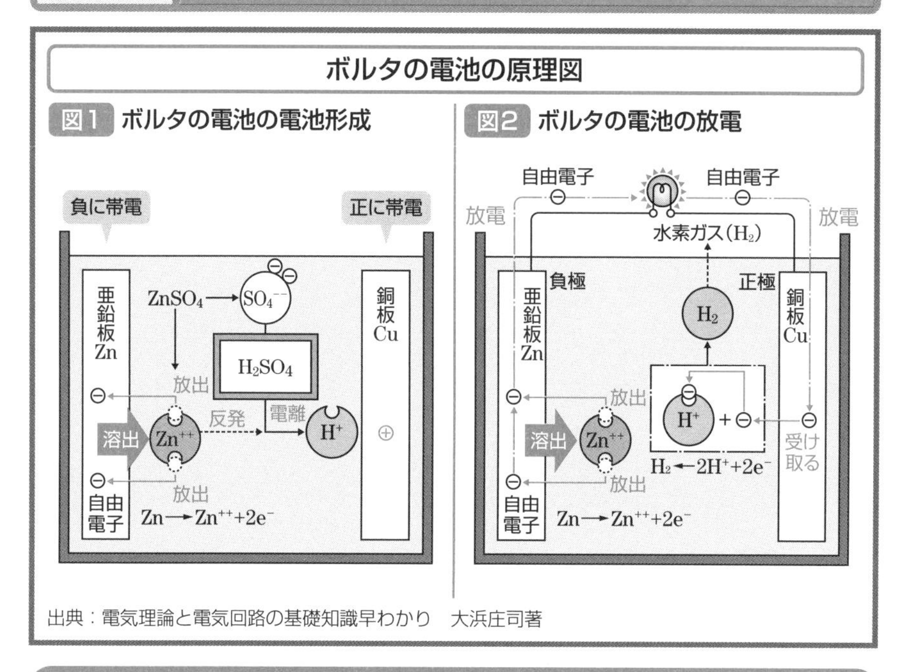

ボルタの電池は正極を銅板・負極を亜鉛板・電解液を希硫酸とする

★イタリアの科学者ボルタが発明したボルタの電池の原理を、次に記します。

ガラスの容器に希硫酸（H_2SO_4）を入れ、その中に銅板（Cu）と亜鉛板（Zn）の電極を対立させて浸すと、希硫酸は水溶液の中で、１価の水素イオン（H^+）と２価の硫酸イオン（SO_4^{--}）に電離して、電解液になります。

・亜鉛と銅では、亜鉛の方がイオン化傾向（３項参照）が大きいので、亜鉛板からは亜鉛イオンZn^{++}となって電解液の中に溶け出し、$Zn \rightarrow Zn^{++}+2e^-$の反応をして亜鉛板に自由電子$2e^-$を放出し、これにより亜鉛板は負に帯電（負極）します。

電解液の中で水素イオンH^+は、この亜鉛イオンZn^{++}に反発されて銅板に付着し、これにより銅板は正に帯電（正極）します（図１）。

この状態で、亜鉛板と銅板に導線で電球をつなぐと、亜鉛板の自由電子が導線を通って正に帯電した銅板に移動し、電流が流れ電球が点灯します（図２）。

銅板に付着している水素イオンH^+は、銅板に達した自由電子と$2H^+ + 2e^- \rightarrow H_2$の反応により結合し、水素ガス$H_2$となります。

220 鉛蓄電池の原理

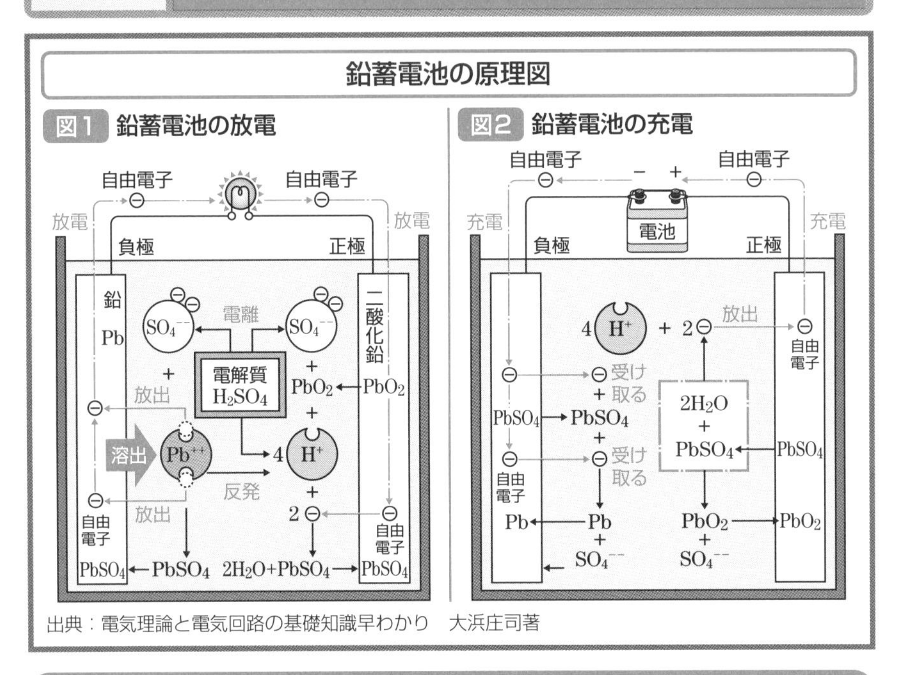

鉛蓄電池は正極を二酸化鉛・負極を鉛・電解液を希硫酸とする

★鉛蓄電池は、正極を二酸化鉛PbO_2、負極を鉛Pbとし電解液に希硫酸H_2SO_4を用います。電解液の希硫酸は水素イオンH^+と硫酸イオンSO_4^{--}に電離します。

負極では、鉛が鉛イオンPb^{++}となり電解液の中に溶け出し$Pb \rightarrow Pb^{++} + 2e^-$の反応をして、自由電子$2e^-$を負極に放出し、水素イオン$H^+$はこの鉛イオン$Pb^{++}$に反発されて二酸化鉛の正極に付着します。負極の自由電子は、放電し導体を通って正極に移動し、これにより電流が流れて、電球が点灯します（図１）。

また正極に達した自由電子と二酸化鉛PbO_2、水素イオンH^+、硫酸イオンSO_4^{--}とが$PbO_2 + 4H^+ + SO_4^{--} + 2e^- \rightarrow PbSO_4 + 2H_2O$の反応をし硫酸鉛$PbSO_4$と水になり負極は鉛イオン$Pb^{++}$と硫酸イオン$SO_4^{--}$が反応して硫酸鉛$PbSO_4$となります。

★直流電源の正側を鉛蓄電池の正極、負側を負極につないで充電します（図２）。

鉛蓄電池の負極は硫酸鉛$PbSO_4$と自由電子とで$PbSO_4 + 2e^- \rightarrow Pb + SO_4^{--}$の反応をして鉛Pbと硫酸イオン$SO_4^{--}$に電解し元の鉛に戻り、正極は硫酸鉛と水とで$PbSO_4 + 2H_2O \rightarrow PbO_2 + 4H^+ + SO_4^{--} + 2e^-$の反応をして元の二酸化鉛に戻ります。

221 燃料電池の原理

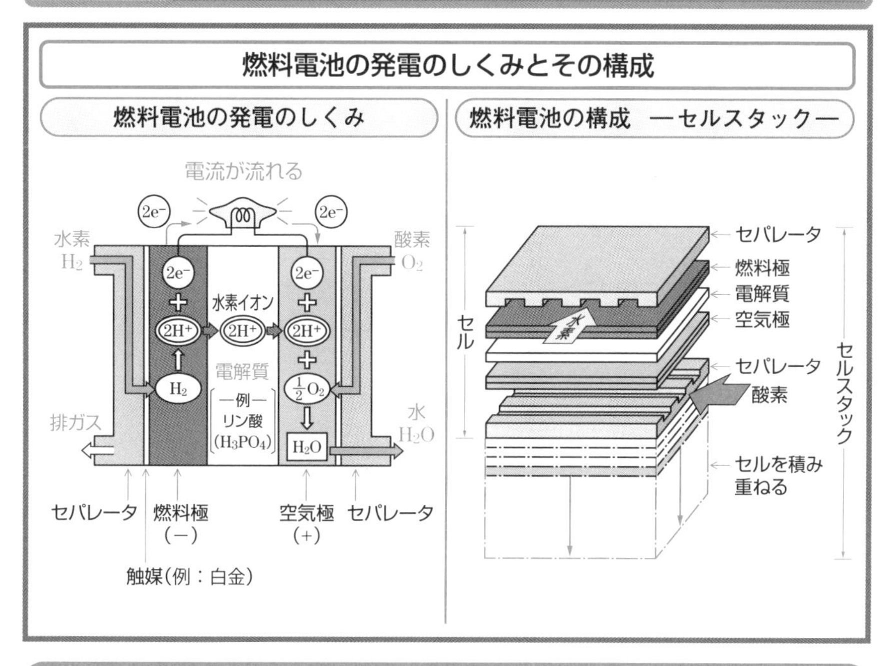

燃料電池は空気極・燃料極・電解質からなる

★**燃料電池**は、水素と酸素の電気化学的な反応により発生した電気を連続的に取り出すことができる発電装置です。

燃料電池の構成単位は、空気極（プラス電極）と燃料極（マイナス電極）が、電解質を挟んだ構造をしています。

外部から水素H_2を燃料極に供給すると、水素は燃料極に接合されている触媒（例：白金）の働きで電子e^-を切り離して、水素イオンH^+になります。

電解質はイオンしか通さない性質をもっているため、切り離された電子は、電線を通って外に出て移動することにより電流が流れ電気が発生します。

燃料極を出て電解質の中を通った水素イオンH^+は反対側の空気極に外部から送られた酸素O_2と電線を通って戻ってきた電子と反応して水H_2Oになります。

★燃料電池の構成単位であるセルを積み重ねて大きな電力を得るようにし、セパレータによりセル相互をつなぐと共に、隣り同士になる水素と酸素の通路を仕切ります。このセルを積み重ねた積層体を**セルスタック**といいます。

222 蓄電池設備の役割と機能

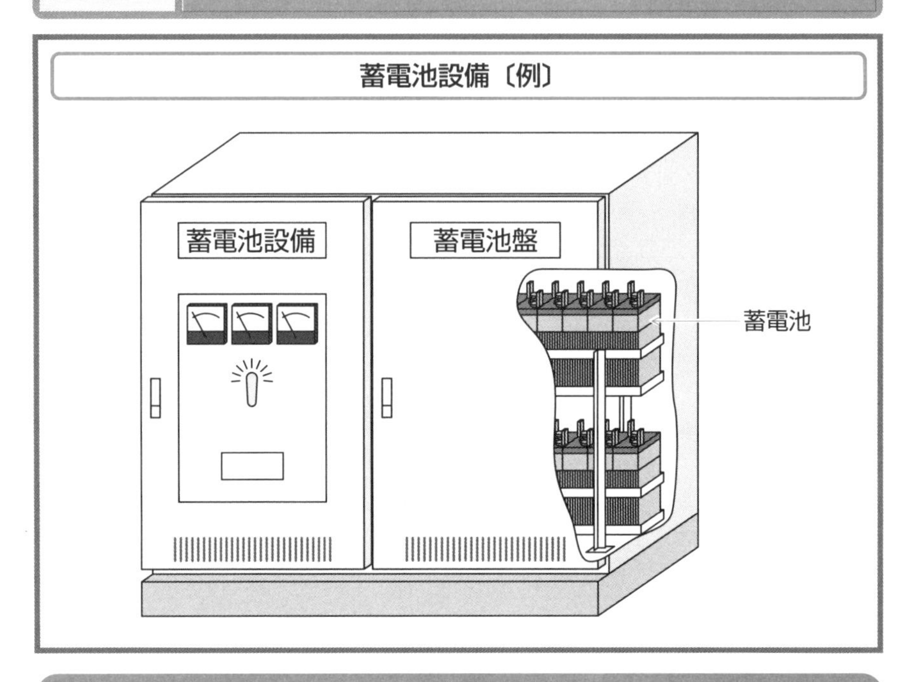

非常用電源としての蓄電池設備の役割と機能

★**蓄電池設備**は、平常時に蓄電池を充電により蓄電しておき、常用電源が停電したときに自動的に切り換わって蓄電した電力を負荷に供給し、また常用電源が復電したときは、自動的に蓄電池設備から常用電源に切り換わり負荷に給電します。

蓄電池設備は、蓄電池、充電装置、その他の装置で構成されています。

充電装置は、交流電力を蓄電池の充電に適する直流電力に変換する装置です。

★非常用電源としての蓄電池設備は、消防法施行規則（消防庁告知：蓄電池設備の基準）に、次のように規定されています。

- 直交変換装置を有する蓄電池設備にあっては、常用電源が停電してから40秒以内に電圧確立および投入が行えること。
- 常用電源が停電した場合、蓄電池設備に係る負荷回路と他の回路とを自動的に切り離すことができること。
- 蓄電池設備容量は、最低許容電圧になるまで放電した後24時間充電し、その後充電せずに消防設備の定められた使用時間以上電力を供給し有効に作動すること。

223 蓄電池の充電方式

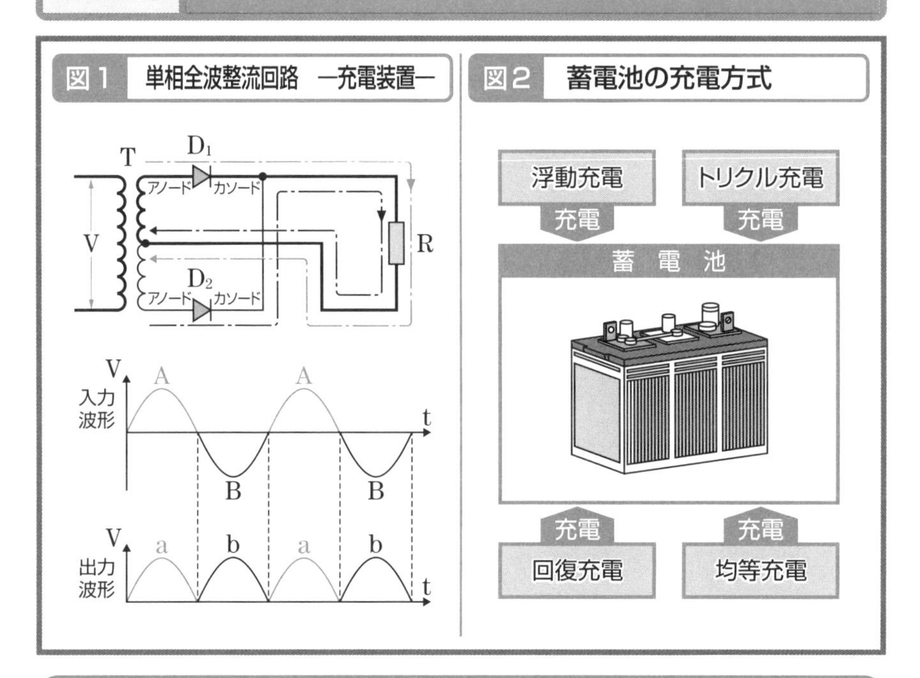

充電装置の機能と蓄電池の充電方式

★**充電装置**は、交流電力を直流電力に変換する装置で、これを**整流器**ともいい、その回路を**整流回路**といいます。

図１の単相全波整流回路の例でいうと、交流入力の波形AではダイオードD$_1$に電流が流れ出力波形aを生じ、また反転した交流入力波形BではダイオードD$_2$に電流が流れ出力波形bを生じ、これを繰り返すことで**全波整流**となります。

★充電装置における蓄電池の充電方式には、次のような方式があります（図２）。

浮動充電：充電装置に対して蓄電池と負荷を並列に接続し、一定電圧を連続的に加えて、負荷を運転させつつ蓄電池を充電することです。

トリクル充電：蓄電池の満充電での自己放電分を補うために、微少の電流を流し続けて、満充電状態を維持する充電です。

回復充電：停電などで蓄電池が放電した後、次の停電に備えて行う充電です。

均等充電：多くの蓄電池が放電、充電を繰り返した際に起きる各蓄電池の容量、電圧、比重のばらつきを補正し均一化するために定期的に行う充電です。

〈MEMO〉

第24章

インバータと無停電電源装置

224 単相半ブリッジインバータの原理

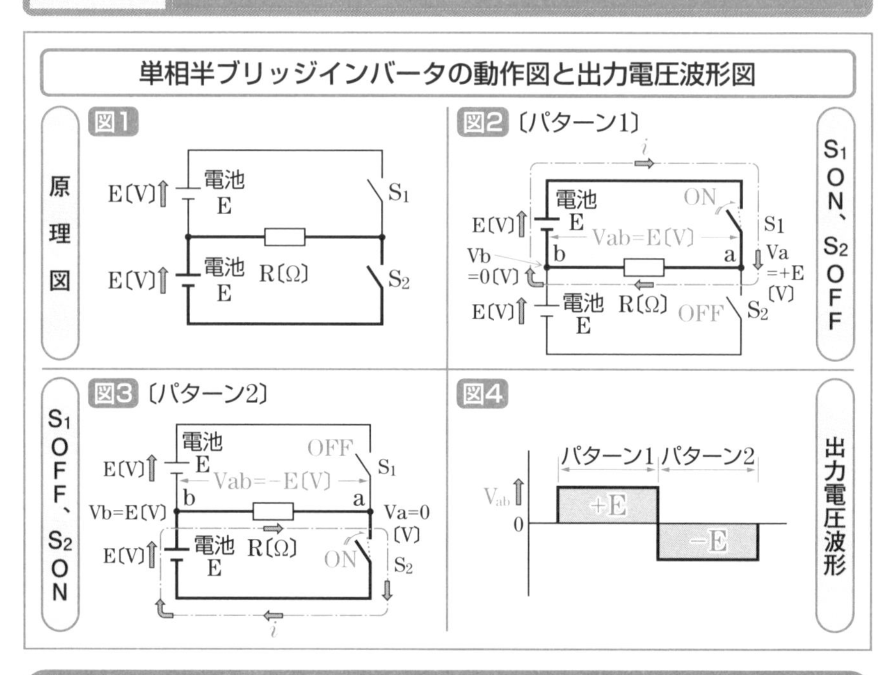

単相半ブリッジインバータの機械的スイッチによる動作原理 ―抵抗負荷の場合―

★**インバータ**とは、直流を交流に変換するための電源回路をいい、**逆変換回路**ともいいます。

図１は、機械的スイッチS_1とS_2および直流電源としての２個の電池Eによる単相半ブリッジインバータの原理図で、負荷抵抗Rを接続した場合の回路図です。

図２でスイッチS_1をON、S_2をOFFにすると、抵抗Rの端子ａは、電池のプラス側にあるので、電位V_aはE〔V〕、端子ｂは電池のマイナス側にあるので、電位は0〔V〕ですから、端子ａの端子ｂに対する電圧V_{ab}はE〔V〕となります。

図３でスイッチS_1をOFF、S_2をONにすると、抵抗Rの端子ａは電池のマイナス側にあるので、電位V_aは0〔V〕、端子ｂは電池のプラス側にあるので、電位V_bはE〔V〕ですから、端子ａの端子ｂに対する電圧V_{ab}は、V_bの方がV_aより高いので－E〔V〕となります。

スイッチS_1、S_2を切り替えることにより抵抗Rに加わる電圧V_{ab}は、図４のようにE〔V〕から－E〔V〕と、方形波交流電圧となるので**電圧形インバータ**といいます。

225 単相ブリッジインバータの原理

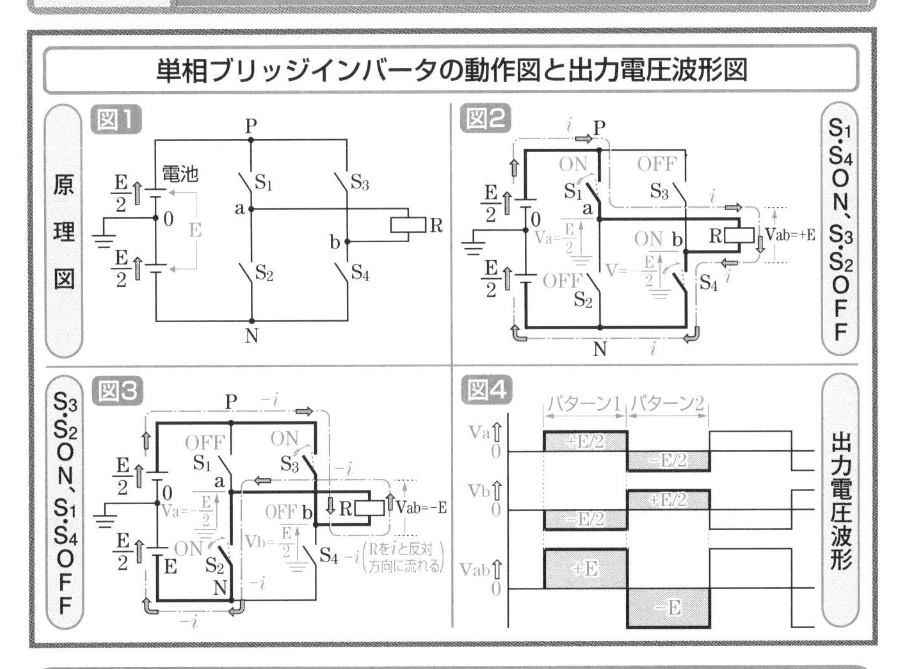

単相ブリッジインバータの機械的スイッチによる動作原理 ―抵抗負荷の場合―

★**単相ブリッジインバータ**とは、直流電源に対して2組の単相半ブリッジインバータを並列に接続して方形波の交流電圧をつくり出す回路をいいます。

・図1は、直流電源としての電池Eと4個の機械的スイッチS_1～S_4による単相ブリッジインバータに、負荷として抵抗Rを接続した場合の原理図です。

・図2のように、スイッチS_1とS_4をONし、スイッチS_3とS_2をOFFすると、抵抗Rの端子aは電池Eのプラス側にあるので、電位V_aはE/2〔V〕となり、抵Rの端子bは電池Eのマイナス側にあるので、電位V_bは－E/2〔V〕となります。

・端子aの端子bに対する電圧V_{ab}は$V_{ab}=V_a-V_b=E/2-(-E/2)=E$となり、図4のパターン1のように、電圧$V_{ab}$の方形電圧E〔V〕が得られます。

・図3のように、スイッチS_1とS_4をOFFし、S_3とS_2をONすると、抵抗Rの端子aは電池のマイナス側にあり電位V_aは－E/2〔V〕、端子bは電池のプラス側で電位V_aはE/2〔V〕ですので、電圧V_{ab}は$V_{ab}=-E/2-(E/2)=-E$〔V〕となることから、図4のパターン2のように、電圧V_{ab}の方形波電圧－E〔V〕が得られます。

226 無停電電源装置の構成

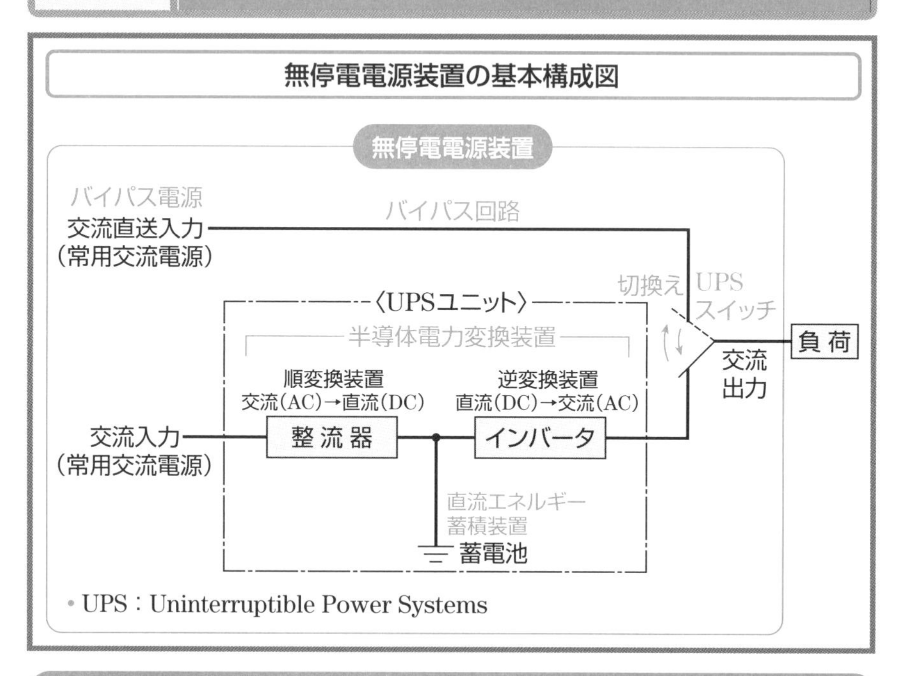

無停電電源装置は整流器・インバータ・蓄電池・UPSスイッチより構成される

★**無停電電源装置**とは、UPSともいい、半導体電力変換装置、UPSスイッチ、直流エネルギー蓄積装置を組み合わせ、常用交流入力電源が異常のときに、負荷への電力の連続供給を確保できるようにした電源装置をいいます。

半導体電力変換装置とは、半導体バルブデバイスなどにより、電力変換（順変換装置、逆変換装置）を行う装置をいいます。

順変換装置とは、**整流器**（223項参照）ともいい、交流電力を直流電力に変換する装置をいいます。

逆変換装置とは、**インバータ**（224・225項参照）ともいい、直流電力を交流電力に変換する装置をいいます。

直流エネルギー蓄積装置とは、一つまたは複数の装置（一般には蓄電池：220項参照）で構成され停電補償時間への電力供給要求値を保証する装置をいいます。

UPSスイッチとは、UPSユニットまたはバイパス出力を負荷へ接続、または負荷から切り離すために用いられるスイッチをいいます。

227 無停電電源装置の常時インバータ給電方式

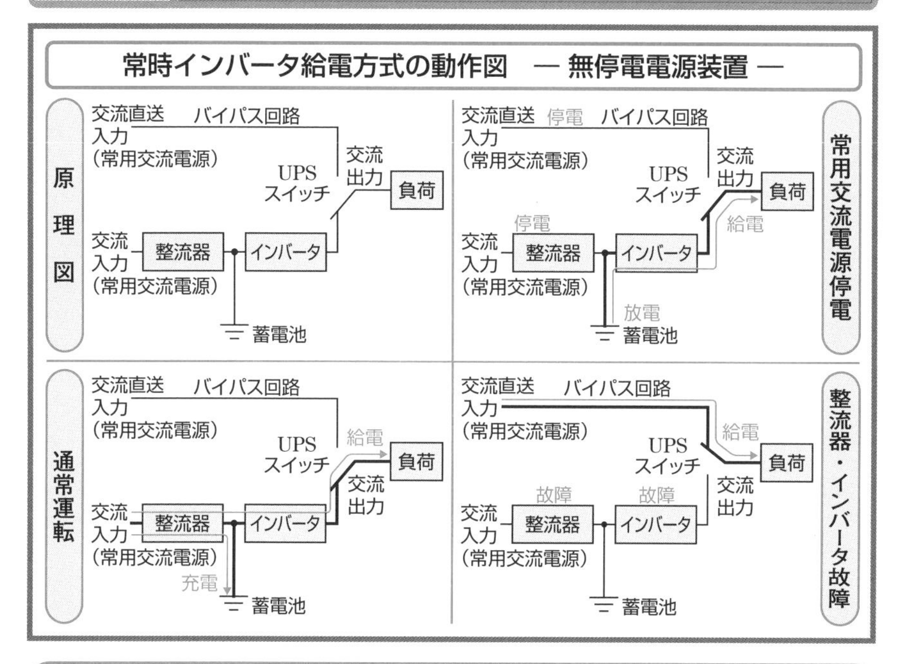

通常運転状態では整流器・インバータを介して交流電力を負荷に供給する

★無停電電源装置における**常時インバータ給電方式**は、通常運転状態において常用交流電源の交流電力が、順変換装置である整流器に入力して直流電力に変換され、直流電力は直流エネルギー蓄積装置である蓄電池を充電すると共に、逆変換装置であるインバータを介して、再度交流電力に変換されて負荷に供給されます。

★常時インバータ給電方式では、常用交流電源の停電または電圧や周波数が規定された許容範囲から外れると直流エネルギー蓄積装置である蓄電池からの直流電力が逆変換装置であるインバータに入力して交流電力に変換されて負荷に供給されます。

蓄電池から負荷への給電は、停電補償時間または常用交流電源が規定された許容範囲に回復するまでのいずれか短い時間行われます。

・**停電補償時間**とは入力電源が停電し蓄電池が負荷に連続給電できる時間です。

常時インバータ給電方式では、整流器またはインバータの故障時、過負荷、短絡時などにはバイパス運転状態に自動的に切り換わり、交流直送入力から常用交流電源の交流電力がバイパス回路を通って負荷に供給されます。

228 無停電電源装置の常時商用給電方式

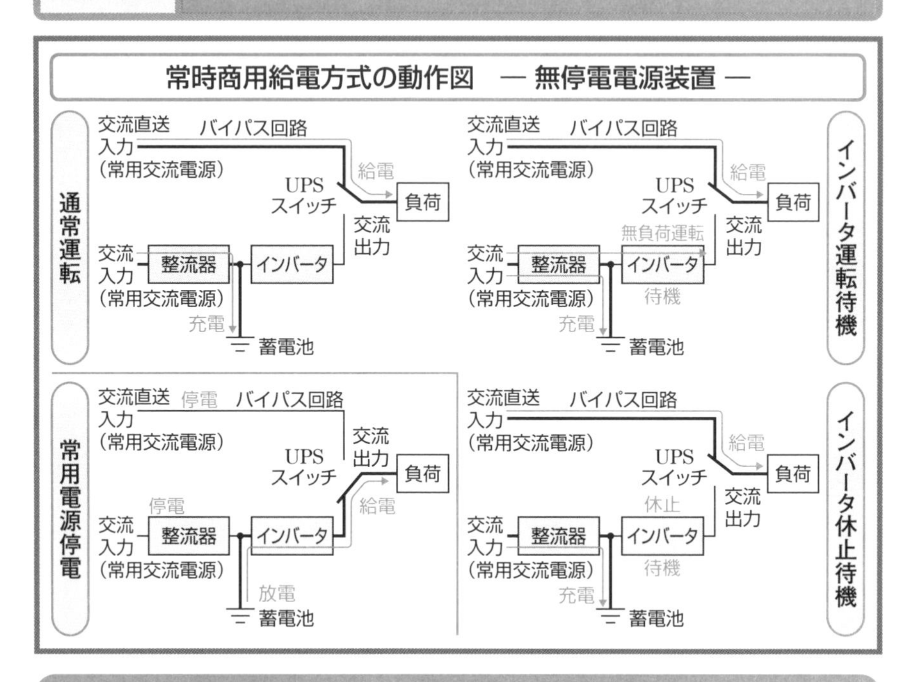

通常運転状態では常用交流電源から交流電力を負荷に供給する

★無停電電源装置における**常時商用給電方式**は、通常運転状態において交流直送入力の常用交流電源である商用電源から、バイパス回路によりUPSスイッチを経由して、負荷へ直接交流電力を供給します。

通常運転状態では、常用交流電源の交流電力を順変換装置である整流器に入力して直流電力に変換し、蓄電池を充電します。

★常時商用給電方式では、常用交流電源が停電または電圧や周波数が規定された許容範囲から外れたときは、自動的にUPSスイッチによりバイパス回路を切り離してインバータ側に切り換えて、蓄電池から直流電力をインバータに入力して交流電力に変換し、負荷に供給します。

蓄電池から負荷への給電は、停電補償時間または常用交流電源が規定された許容範囲内に戻るまでのいずれか短い時間行われます。

常時商用給電方式でのインバータの動作形態には、インバータが無負荷で運転し待機している方式と、停止して待機している方式があります。

229 無停電電源装置のいろいろな給電方式

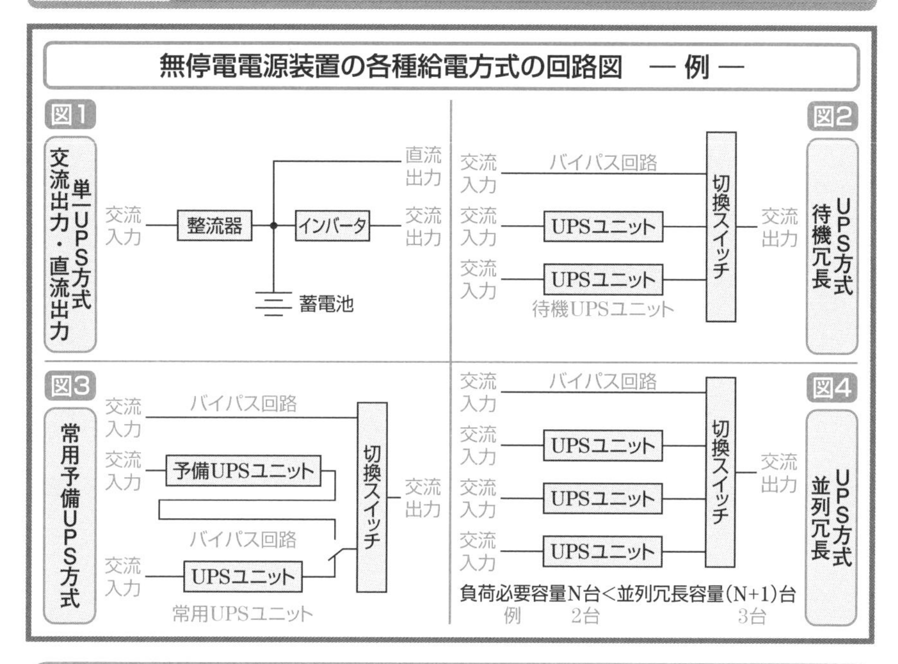

単一UPS・待機冗長UPS・常用予備UPS・並列冗長UPSの給電方式

★無停電電源装置のいろいろな給電方式について、次に記します。

交流出力・直流出力単一UPS方式：図１のように、常用交流電源の交流電力を整流器に入力し直流電力にして直流出力とし、直流電力により蓄電池を充電すると共に、インバータを介し交流電力として交流出力とします。

待機冗長UPS方式：図２のように、整流器・蓄電池・インバータからなるUPSユニットを２台並列に接続し、負荷給電中のUPSユニットが故障したら、待機UPSユニットに切り換えて、負荷に給電します。

常用予備UPS方式：常用UPSユニットのバイパス回路に予備UPSユニットの出力を接続し、常用UPSが故障時には予備UPSユニットから負荷に給電します。

並列冗長UPS方式：複数のUPSユニットを並列に接続して、交流電力を負荷に給電します。並列冗長UPSユニットの全容量は、負荷に必要な値より、少なくともUPS１台分の容量以上大きくし、１台またはそれ以上のUPSユニットが故障しても、負荷電力は残りのUPSユニットで給電します。

〈MEMO〉

第25章

電動機設備

230 電動機の構造

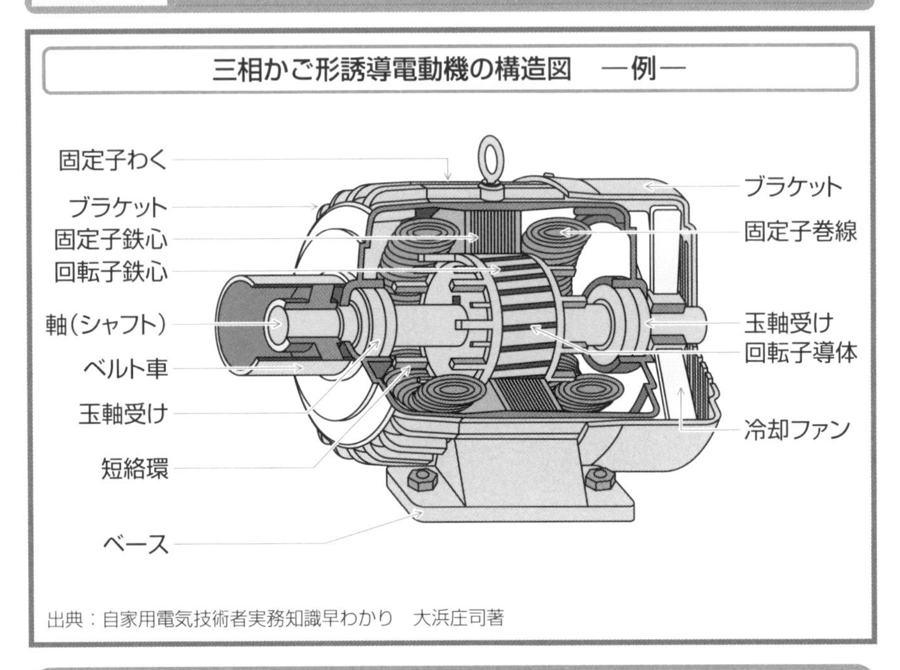

出典：自家用電気技術者実務知識早わかり　大浜庄司著

三相かご形誘導電動機の構造

★**電動機**とは**モータ**ともいい、電力を受けて機械力を発生する回転機をいいます。

電動機は、ビル・工場における設備の動力源として用いられていますが、中でも三相かご形誘導電動機が多く使用されています。

★**三相かご形誘導電動機**は、界磁巻線に三相交流の電流を流して電気的に回転する磁石（回転磁界という）をつくる固定子と、この回転する磁石（回転磁界）と回転子導体（電機子巻線）との電磁誘導作用により回る回転子から構成されています。

回転子は、回転子導体、回転子鉄心、軸そして玉軸受けからなります。

回転子導体は、回転子鉄心の外側の溝に銅の棒を打ち込み、その両側を銅の環で短絡し電機子巻線となります。これが鳥かごに似ているので**かご形**といいます。

固定子は、固定子わく、固定子巻線、固定子鉄心、ブラケットからなります。

固定子巻線は、絶縁電線を亀甲形に巻いたコイルを固定子鉄心の内側の溝に収め、界磁巻線（電気的に回転する磁石）とします。

固定子鉄心は、けい素銅板を積み重ねて成層し固定子わくに圧入します。

231 電動機の回転原理

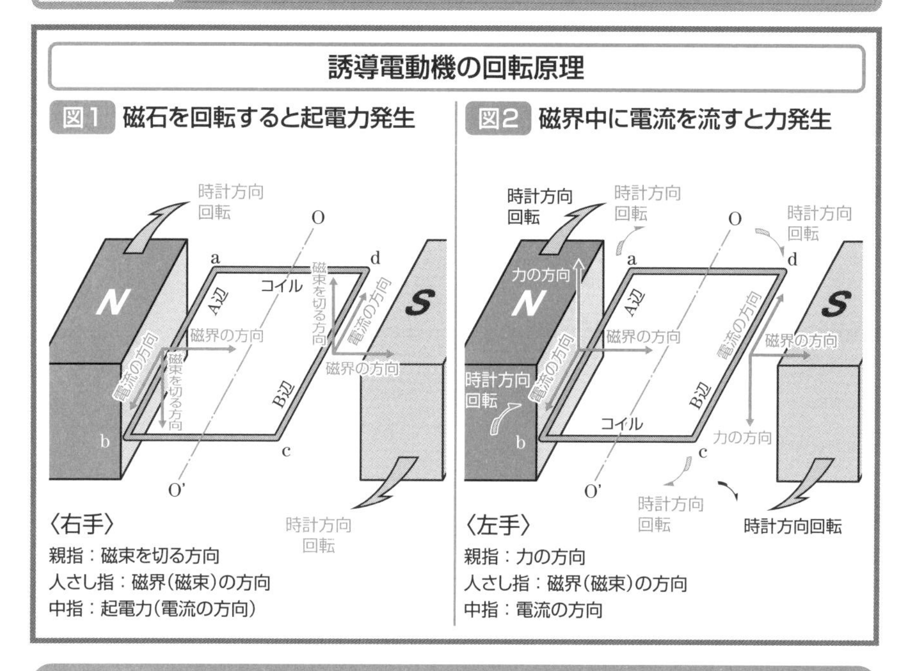

誘導電動機はフレミングの法則により回転する

★図１のように、磁石のN極とS極による磁界中にコイルをおいて、磁石を時計方向に回転させると、コイルのA辺は相対的に反時計方向（下向）に磁束を切ることになり電磁誘導作用により生じる起電力の方向はフレミングの右手の法則（46項参照）を適用すると、a端からb端の方向に起電力が誘導し電流が流れます。

同様にコイルのB辺は相対的に反時計方向（上向）に磁束を切りフレミングの右手の法則によりc端からd端の方向に起電力が誘導し電流が流れます。

図２のように、磁石のN極とS極の磁界中でコイルのA辺に電流が流れると、フレミングの左手の法則（42項参照）により時計の回転方向に力が生じます。

同様にコイルのB辺でフレミングの左手の法則を適用すると、A辺と同じ時計方向の力が生じることから、中心OO′を軸として時計方向に回転するトルクを生じます。そこでコイルは回転する磁石に追従して時計方向に回転するのです。

磁石の回転が、実際の誘導電動機の固定子巻線によって生ずる回転磁界であり、コイルが回転子（回転子導体）のかご形導体に該当します。

232 三相誘導電動機の定格

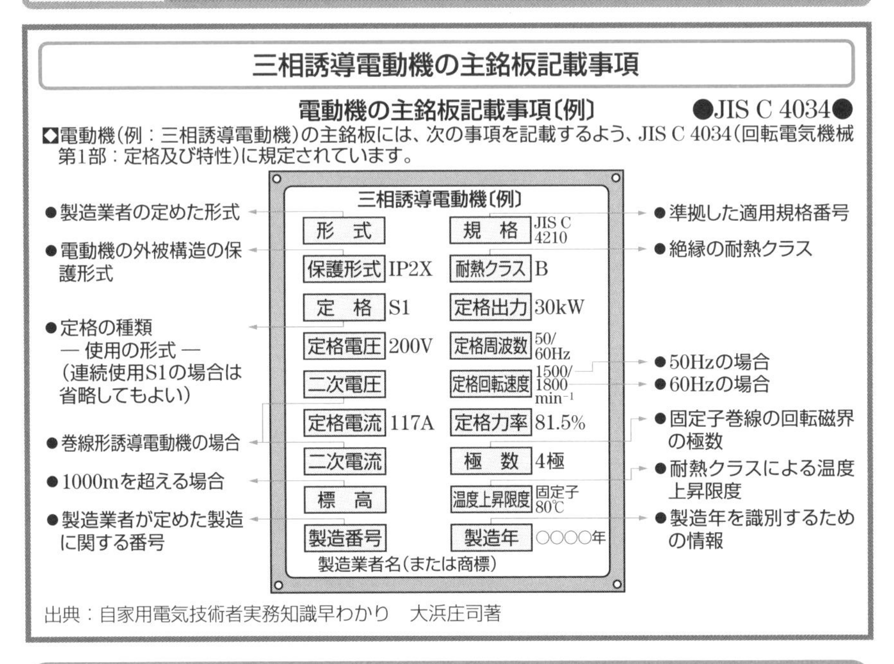

三相誘導電動機の定格と特性

★**定格**とは、三相誘導電動機に保証された使用限度をいいます。

定格出力とは、定格に対応する出力値をいい、定格電圧、定格周波数で、電動機の軸において連続して使用可能な機械出力をいいます。

定格電圧とは、定格出力における電動機の端子での線間電圧をいいます。

定格周波数とは、50Hzまたは60Hzをいいます。

同期回転速度とは電動機の固定子巻線に生ずる回転磁界の回転速度をいいます。

同期回転速度＝周波数×120／極数〔r/min〕

極数とは、固定子巻線に生ずる回転磁界の極数をいいます。

すべりとは、同期回転速度と回転子の全負荷回転速度との差の同期回転速度に対する比をいいます。

すべり＝(同期回転速度－全負荷回転速度)／同期回転速度

効率とは、有効出力（定格出力）と有効入力の比をいいます。

効率＝有効出力／有効入力

233 電動機の力率改善

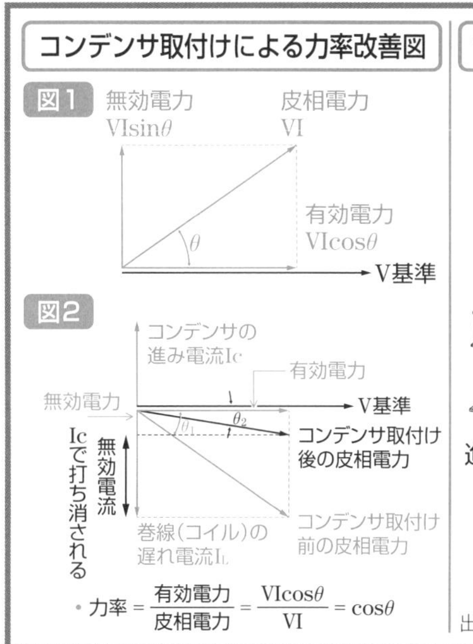

・力率 $=\dfrac{有効電力}{皮相電力}=\dfrac{VI\cos\theta}{VI}=\cos\theta$

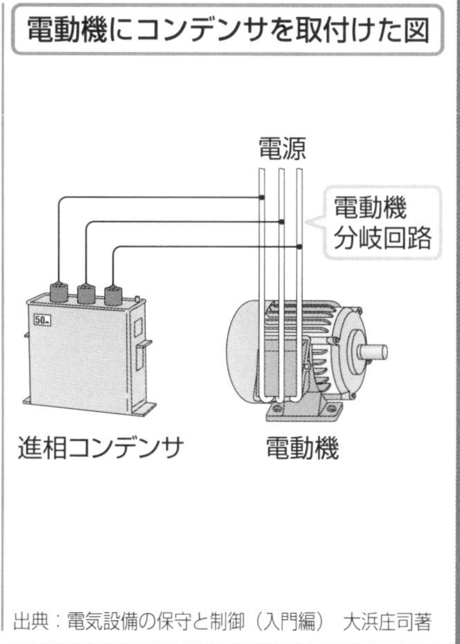

出典：電気設備の保守と制御（入門編） 大浜庄司著

電動機にコンデンサを取り付け力率を改善する

★交流回路において、図１のように電圧Vを基準に位相差θの電流Iが流れると、電圧と同相のVI$\cos\theta$の有効電力、電圧と90°の位相差のあるVI$\sin\theta$の無効電力と、VIの皮相電力になります。

皮相電力は、有効電力と無効電力のベクトル和となります。

皮相電力に対する有効電力の割合を**力率**といい、$\cos\theta$で表されます。

$\cos 0°=1$ですから、位相角θが０度に近くなるほど、皮相電力が有効電力にほぼ等しくなり、無効電力が減少します。

★電動機では巻線（コイル）には電圧に対して90°遅れた電流（68項参照）が流れ、電動機にコンデンサを並列に接続すると、電圧に対して90°進んだ電流が流れます。これにより図２のように電動機の巻線（コイル）の遅れ電流I_Lとコンデンサの進み電流I_Cが打ち消し合って、力率が$\cos\theta_1$から$\cos\theta_2$となり、位相角θが０度に近づき、皮相電力が有効電力にほぼ等しくなって、無効電力を減らすことができます。

これを電動機の**力率改善**といい、コンデンサを**進相コンデンサ**といいます。

234 電動機の据付け工事

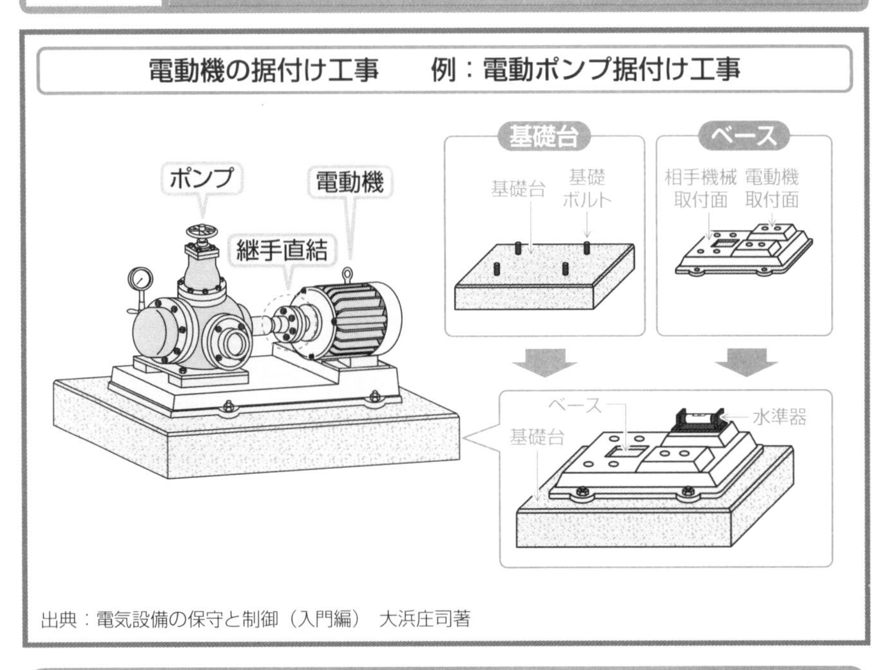

出典：電気設備の保守と制御（入門編）大浜庄司著

電動機の据付け工事の仕方

★電動機を据え付ける場合は、基礎工事を堅固にし、コンクリートで基礎台を作成し、その上にベース（床台）を取り付け、電動機を固定します。

基礎工事および取付けが悪いと、電動機や相手機械の振動が大きくなったり、据付け位置がずれたり、また軸受や軸の破損の原因となります。

基礎台は、コンクリートの型枠流し込みにより、電動機と伝動部の引張力、電動機の重量などを考慮して作成し、基礎ボルトを埋め込みます。

電動機と相手機械（例：ポンプ）を同一ベース（床台）上に設置する場合は、ベースを基礎台に埋め込まれた基礎ボルトを用いて、固定します。

ベースを基礎台に設置するに際しては、水準器をベースの電動機および相手機械の取付面に置き、水平精度が規定値にあるかを測定し確認します。

電動機と相手機械とが継手直結の場合は、両方の軸継手を利用して、直結芯出し作業（次項参照）を行い、両方の軸芯が一直線になるようにします。

継手結合とは電動機継手と相手機械継手を通しボルトで締め結合することです。

235 電動機の直結芯出し作業

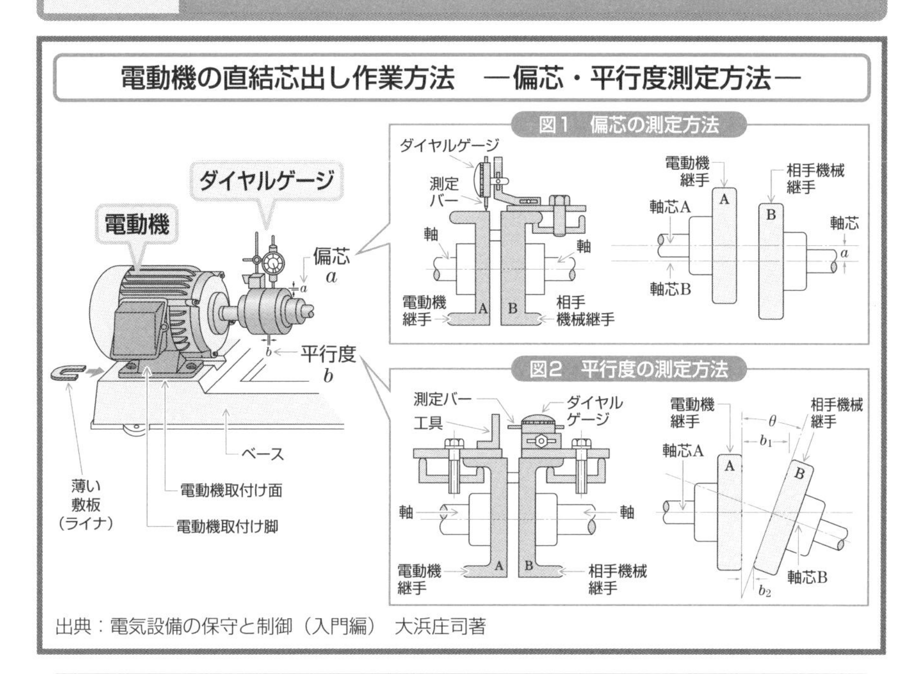

出典：電気設備の保守と制御（入門編） 大浜庄司著

電動機の直結芯出し作業の仕方 ―平行度・偏芯の測定方法―

★**電動機の直結芯出し作業**とは、電動機側の継手と相手機械側の継手を正確に対向させて、両方の軸の中心を一致させ、両継手の平行度と上下左右の中心（軸芯）を合わせることをいいます。

偏芯とは、電動機継手と相手機械継手の軸芯のくるいaをいいます。

相手機械継手Bにダイヤルゲージを取り付け、電動機継手Aの外周にゲージの測定レバーを垂直に当てて両継手を共回し測定すると、上下・左右４箇所のゲージの読みは、実際の偏芯の２倍になるので、その1/2が偏芯を示します（図１）。

平行度とは、電動機継手と相手機械継手の端面が、完全に平行でないために生ずる誤差角θをいいます（図２）。

電動機継手Aに平行度測定工具を、相手機械継手にダイヤルゲージを取り付けて共回し、上下・左右４箇所のダイヤルゲージの読みの1/2が平行度θを示します。

平行度および偏芯の調整は、電動機または相手機械の取付け脚の間に薄い敷板（ライナ）を入れて、規定された直結精度を満たすようにします。

〈MEMO〉

第26章

照明設備

236 照明に関する用語

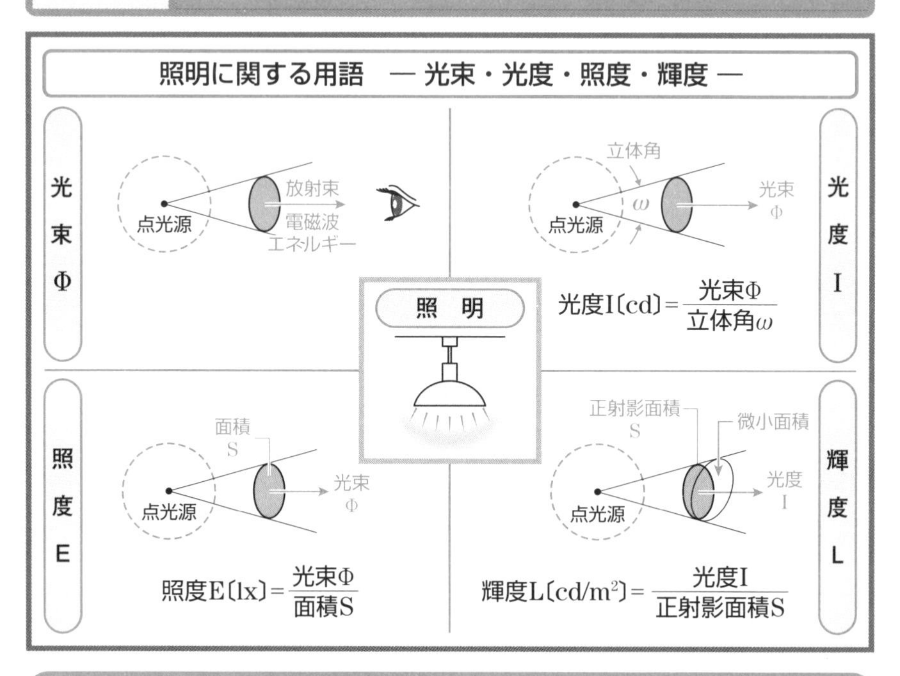

照明に関する用語の定義

★**照明**とは、光を人のために役立たせることを目的として、対象物とその周辺が見えるように照らす光の応用をいいます。

光とは、視覚系に生じる明るさおよび色の知覚、感覚をいいます。

光源とは、エネルギーの変換によって発生した光を放出する物体をいいます。

光束とは、放射束（電磁波エネルギー）を視覚によって測った量で、光の量をいいます。　記号：Φ　単位：ルーメン〔lm〕

光度とは、光源からある方向に向かう光束を、その方向への単位立体角当たりへの光束に換算した値をいいます。記号：I　単位：カンデラ〔cd〕

照度とは、与えられた微小面に入射する光束を微小面積で割った単位面積当たりの光束に換算した値をいいます。　記号：E　単位：ルクス〔lx〕

輝度とは、光の発散面上の１点から、ある与えられた方向に向かう光度を、その点を含む微小面積の与えられた方向への正射影面積で割った値をいいます。

記号：L　単位：カンデラ毎平方メートル〔cd/m^2〕

237 照明に求められる要件

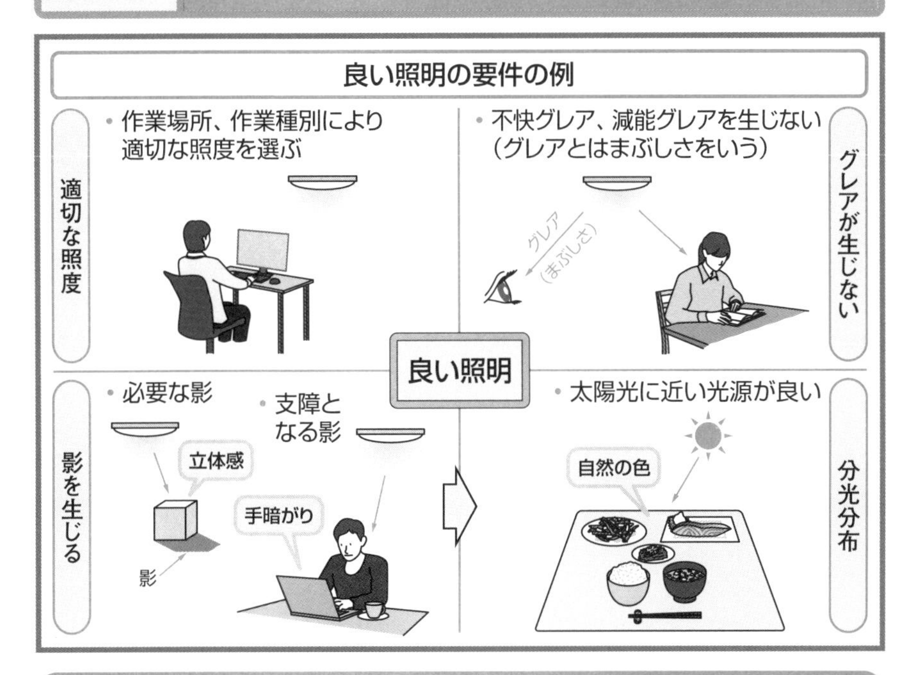

対象物が良く見えるための照明に必要な要件 —例—

★良い照明であるためには、視覚的に対象物が良く見えることですが、これには、次のような要件を考慮するとよいです。

照度は視力に影響し大きいほど物が良く見えますが、作業場所、作業種別により、適切な照度を選定すべきです。

視野内にまぶしさがあったり、輝度のむらがあると物の見え方が悪かったり、不快感を受けたり、目の疲労が激しくなるので、適切な輝度分布が必要です。

視野内に極端に輝度の高いものや強すぎる輝度対比があると、**まぶしさ**（グレア）を生じ、心理的に不快感を与える**不快グレア**と、視野の近くに高輝度の光源があると目がくらんで物が見えなくなる**減能グレア**があります。

光の当て方によって、照明対象物に影が生じ、立体感を表すには適度の陰影が必要であり、また視作業では手暗がりを生じることで、影は支障となります。

物の色が自然の色に見えるには、光源に各波長の光が含まれる太陽光に近い**分光分布**（スペクトル）の光を選ぶとよいです。

238 昼光照明と人工照明

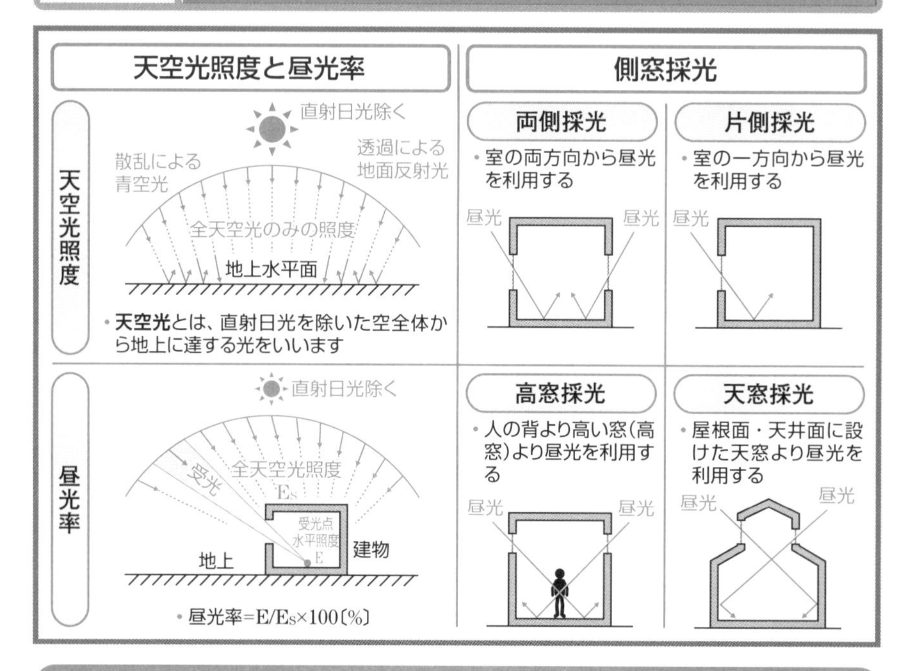

昼光照明は太陽の光を光源とする照明である —人工照明—

★照明には、昼光照明と人工照明があります。

昼光照明とは、昼間に太陽の光を光源（昼光光源）とする照明で、昼光を建物の内部に取り入れて生活や作業に適した状態にすることをいいます。

昼光率とは、室内のある点における水平照度の全天空光照度に対する割合をいい、天空からの太陽光がその点にどれだけ到達するかの割合を示します。

昼光率＝ある点の水平照度／全天空光照度×100〔%〕

全天空光照度とは、全天空状態における水平面の天空光のみの照度をいいます。

★**採光**とは、昼光を室内に取り入れて明るくすることをいいます。

側窓採光とは、外壁の窓を**側窓**といい、側窓が存在する場所により、**両側採光**、**片側採光**、**高窓採光**、**天窓採光**などがあります。

★**人工照明**とは、電気エネルギーなどを光エネルギーに変換する人工光源（次項参照）により、昼光照明が不十分な場所や夜間における視環境を確保するための照明をいいます。

239 照明器具のいろいろ

照明器具の使用例 ―例：住宅―

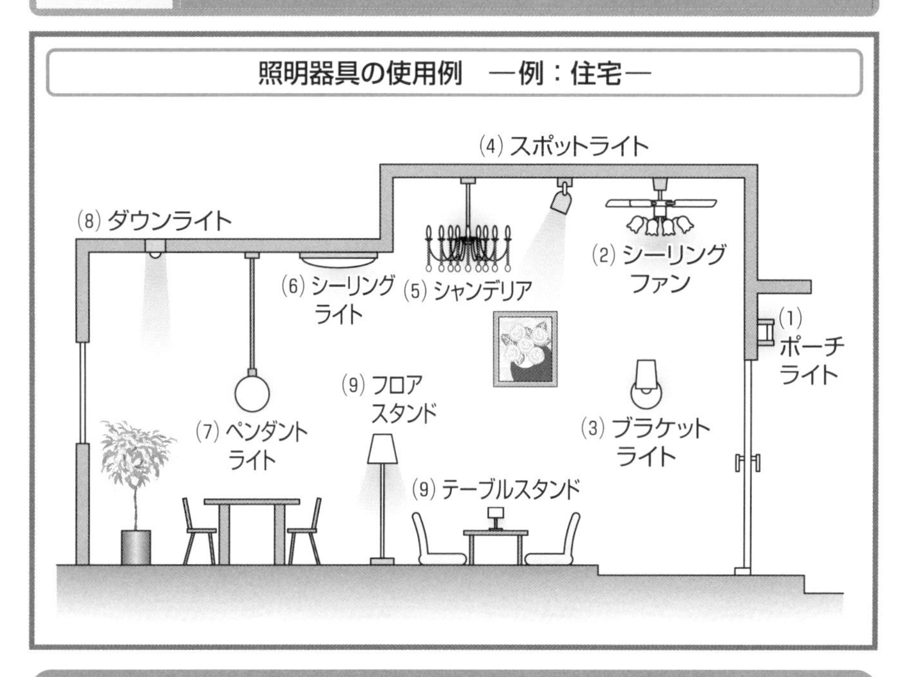

照明器具の種類とその用途 ―例：住宅の場合―

★住宅に使用されている主な照明器具の種類と、その用途の例を記します。

(1) **ポーチライト**　玄関に設置され、人感センサー付きもあります。

(2) **シーリングファン**　照明器具とファンを一体化し、部屋全体の照明と空気を対流させて温度を均一化し、高天井の吹抜け空間などに効果的です。

(3) **ブラケットライト**　壁面に取り付けられ、リビングや寝室に用いられます。

(4) **スポットライト**　額や置物などを指向性のある強い光で照らし強調します。

(5) **シャンデリア**　天井からつり下げ、多くの光源のついた多灯型の器具で、装飾性が高く、リビングや吹抜け空間に用いられます。

(6) **シーリングライト**　半円形で天井に取り付けられ、メイン照明として部屋全体を均一に照らします。

(7) **ペンダントライト**　天井からつり下げ、ダイニングなどに用いられます。

(8) **ダウンライト**　天井に埋め込まれ、部分照明として壁面や床面を照らします。

(9) **スタンド**　テーブルスタンドと床に置くフロアスタンドがあります。

240 LEDの発光原理とLED電球

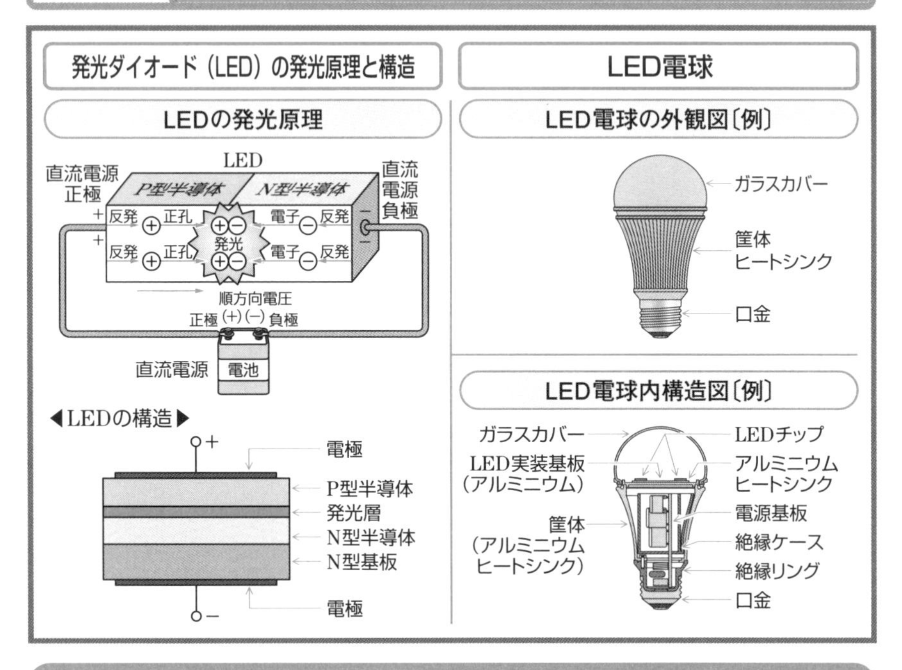

発光ダイオード（LED）の発光原理とLED電球の構造

★LEDとは、Light Emitting Diodeの略で**発光ダイオード**をいいます。

発光ダイオードは、プラスの電荷をもつ正孔⊕が多いP型半導体と、マイナスの電荷をもつ電子⊖が多いN型半導体から構成されています（110・111項参照）。

★発光ダイオード（LED）が発光する原理を次に記します。

発光ダイオードに順方向電圧（113項参照）を加えるとP型半導体内の正孔⊕は直流電源の正極と同種ですから反発されP型半導体からN型半導体の方に移動します。

N型半導体の電子⊖は直流電源の負極と同種ですから反発され、N型半導体からP型半導体に向かって移動し正孔⊕と衝突し再接合します（上欄左図参照）。

再接合すると、電子はもともともっていたエネルギーより小さなエネルギーになり、余分のエネルギーを光に変換することで発光します。

★**LED電球**は、光を発するLEDチップ、LED実装基板、電源基板、電気回路からの発熱を逃がすヒートシンク（筐体を含む）、絶縁リング、そして口金などから構成され、交流電源を直流に変換して使用します。

241 照明器具の照明方式

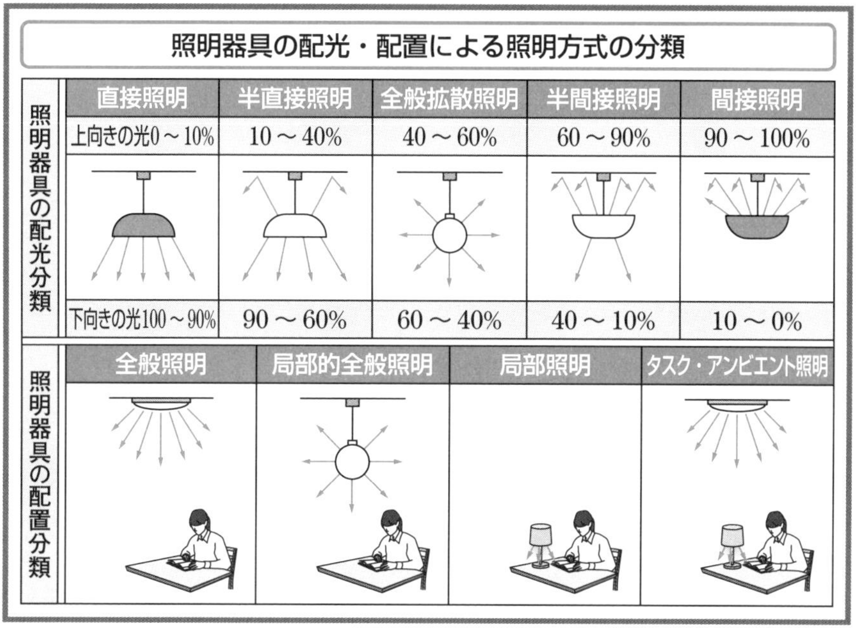

照明器具の配光・配置による照明方式の分類

照明器具の配光分類

直接照明	半直接照明	全般拡散照明	半間接照明	間接照明
上向きの光0～10%	10～40%	40～60%	60～90%	90～100%
下向きの光100～90%	90～60%	60～40%	40～10%	10～0%

照明器具の配置分類

全般照明	局部的全般照明	局部照明	タスク・アンビエント照明

照明方式には照明器具の配光・配置による分類がある

★照明方式について、照明器具の配光および配置による分類を記します。

配光とは、光源および照明器具の光度の角度に対する分布をいいます。

★照明器具の配光では、照明器具から大きさが無限と仮定した作業面に下向きに発散する光束の90～100%が直接に到達する配光をもつ照明を**直接照明**、60～90%が**半直接照明**です。

照明器具から作業面に発散する光束が下方に40～60%が直接到達する配光が**全般拡散照明**、10～40%が**半間接照明**、そして0～10%が**間接照明**です。

★照明器具の配置では、特別な局部の要求を満たすのではなく、部屋全体を照らすのが**全般照明**、全般照明によるのではなく、比較的小面積の場所や限られた場所を照らすのが**局部照明**です。

作業を行う場所などを他の領域より高照度にするのが**局部的全般照明**、作業領域（タスク）に対して専用の局部照明を設け、天井などの周辺（アンビエント）は全般照明によるのが、**タスク・アンビエント照明**です。

〈MEMO〉

第27章 スイッチとコンセント

27-1　住宅用スイッチ

27-2　住宅用コンセント

242 住宅用スイッチの種類

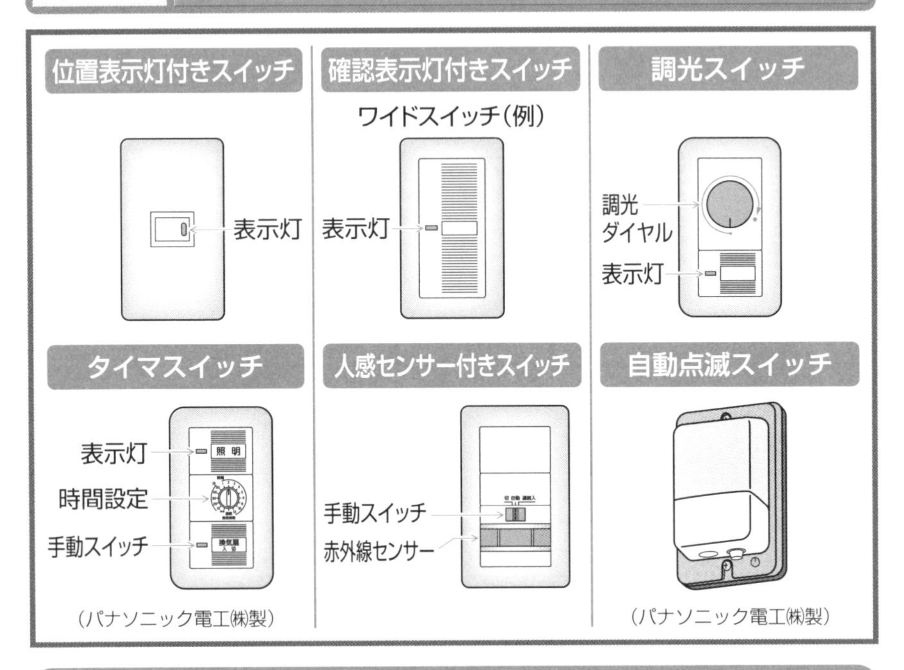

（パナソニック電工㈱製）　（パナソニック電工㈱製）

住宅用スイッチの種類とその機能 —例—

★**スイッチ**とは、電気回路の電流を開閉する器具をいいます。

位置表示灯付きスイッチは、**ホタルスイッチ**ともいい、スイッチが開いているときに内蔵の小さなランプが点灯し、暗い所でもランプの光でその位置がわかります。

確認表示灯付きスイッチは、**パイロットスイッチ**ともいい、スイッチが閉じているときに内蔵の小さなランプが点灯し、スイッチが閉じているのがわかります。

調光スイッチは、部屋を明るくしたり暗くしたり好きな明るさに光量を調整でき、その調光にはダイヤル式、スライド式、タッチパネル式などがあります。

タイマスイッチには設定時間になるとスイッチが自動的に開く**自動消灯スイッチ**と、設定時間になると自動的に閉じる**自動点灯スイッチ**があります。

人感センサー付きスイッチは、内蔵の赤外線センサーが人を感知して自動的にスイッチを閉じ、人がいなくなると自動的に開きます。

自動点滅スイッチは、周囲が暗くなれば自動的にスイッチが閉じ、明るくなれば自動的に開きます。

243 住宅用スイッチの配線の仕方

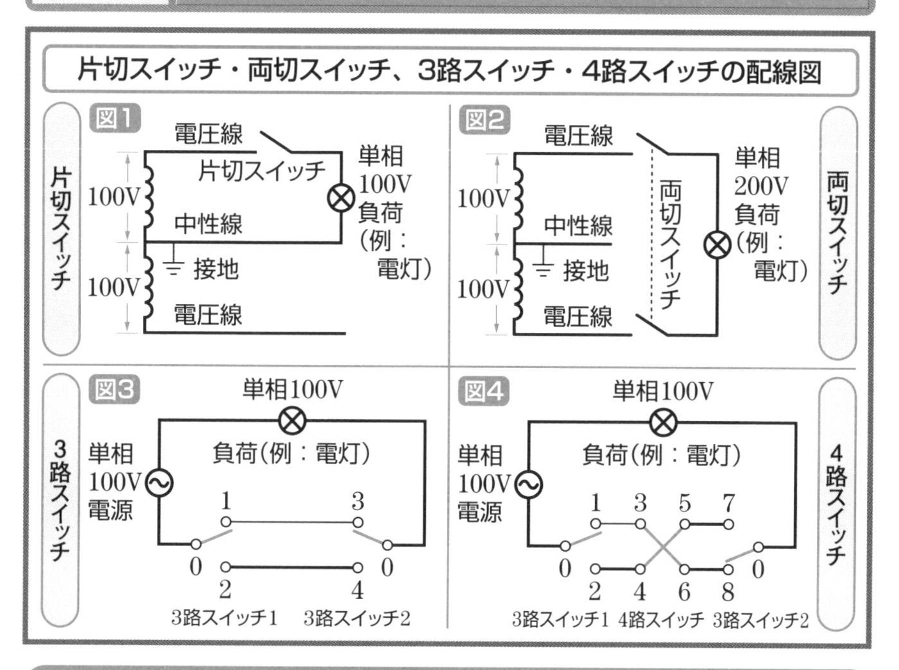

片切スイッチ・両切スイッチ、3路スイッチ・4路スイッチの配線と動作

★**片切スイッチ**は、単相100Vの電源配線のうち電圧線だけを入切するスイッチをいい、接地されている中性線は対地電圧が0Vなので切る必要はないです。

両切スイッチは、単相３線式200V回路に使用され、２本の電源配線は共に電圧100Vがかかっているので、片方を切ると負荷に電流が流れませんが、負荷には電圧がかかっているので、感電防止の面から両方の電圧線を切ります。

３路スイッチは、一つの負荷を２箇所から開閉操作をするスイッチをいいます。

図３において、３路スイッチ１を端子１に入れ３路スイッチ２を端子３に入れると負荷に電流が流れ、どちらかのスイッチを切り換えると電流は流れません。

４路スイッチは、３路スイッチと組み合わせることによって、３箇所以上の箇所から負荷（例：電灯）を開閉するスイッチをいいます。

図４において、３路スイッチ１を端子１に、４路スイッチを端子３・６に、３路スイッチ２を端子８に入れると負荷に電流が流れます。３路スイッチ１、４路スイッチ、３路スイッチ２のどれか１つを切り換えると電流は流れません。

244 住宅の用途によるスイッチの選び方

住宅の各用途に適したスイッチを選ぶ

★一般にスイッチは、ワイドスイッチを設置すると操作が容易になり、また暗がりでもスイッチの位置がわかる位置表示灯付きスイッチを用いるとよいです。

玄関外のポーチ灯には、人が近づくと点灯する人感センサー付きスイッチが、また周囲が暗くなると自動的に点灯する自動点滅スイッチも便利です。

玄関内では一定時間点灯した後自動的に切れる自動消灯スイッチがあります。

居間、応接室で出入口が複数ある場合は 3 路スイッチ、 4 路スイッチが、また好みの明るさに調整できる調光スイッチも用いるとよいでしょう。

寝室には入るとき暗いので、特に位置表示灯付きスイッチが望ましく、また出入口が 2 箇所の場合は 3 路スイッチも便利です。

浴室、トイレの換気扇は、照明に遅れてスイッチを切るため、遅れ機能付きタイマスイッチか、消し忘れ防止のために確認表示灯付きスイッチが便利です。

階段の上下、廊下の両端には、 3 路スイッチ、暗いので位置表示灯付きスイッチ、そして人が近づくと点灯する人感センサー付きスイッチも用いるとよいでしょう。

245 住宅用コンセントの種類

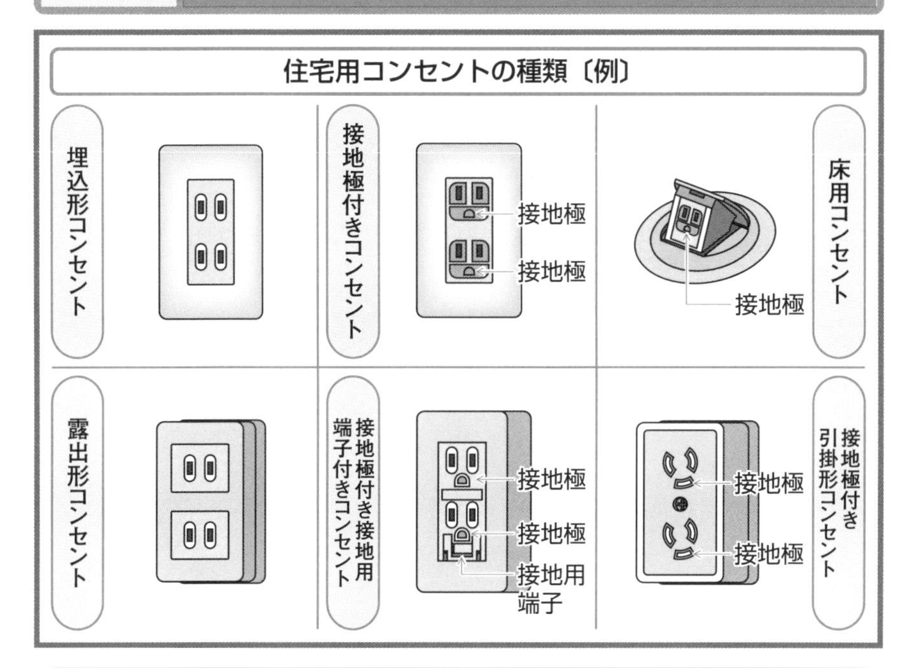

住宅用コンセントには埋込形・露出形と接地極なし・接地極ありがある

★**コンセント**とは、差込接続器のプラグ受の一種で、刃受、配線用接続端子などから構成され、造営材、機器などに固定できるものをいいます。

差込プラグとは、刃およびコード接続部から構成され、これを手にもってプラグ受（差込プラグを接続する差し込み口）に抜き差しするものをいいます。

埋込形コンセントは、壁面内などに設置されるボックスにコンセント本体を収納して埋込み施設します。

露出形コンセントは、壁面などに直接取り付けるため本体が露出しています。

引掛形コンセントは、円弧にわん曲した刃受に差込プラグを差し込み、右に回して刃受に刃を接触させて引掛け、差込プラグを左に回して抜きます。

接地極付きコンセントは、接地ピン付き差込プラグを差し込める接地極が付いたコンセントで、接地用端子付きと接地用端子なしがあります。

床用コンセントは、床に設置するコンセントで、床に収納できる収納形と、ボタン操作でコンセントが飛び出すポップアップ形があります。

246 住宅用コンセントの用途による選び方

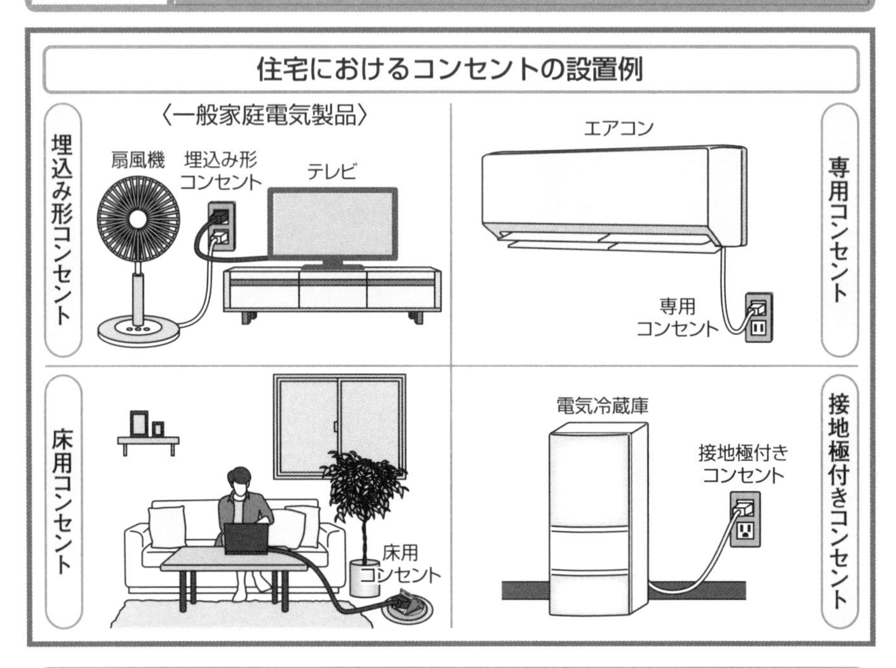

住宅用コンセントは負荷として使用する器具の用途により選ぶ

★一般に住宅用のコンセントには、埋込形が多く使用されており、露出形はコンセントを増設するときなどに用いることが多いといえます。

テレビ、扇風機など家庭用電気製品は、コンセントから電源をとっています。

電気冷蔵庫、エアコンなど電力使用容量の大きい器具のコンセントは、その容量に適した専用のコンセントを設けるとよいです。

電源が外れては困る器具には、引掛形コンセントが適しています。

住宅向け床用コンセントを床面に設置しておくとダイニングテーブルでIH調理器などを使ったり、リビングのソファでパソコンを使うときなどに便利です。

水を使用するもの、あるいは水気を帯びることで漏電のおそれがある、次の器具および用途には、接地極付きコンセントを使用します。

- 電気洗濯機、電気食器洗い機、温水洗浄式便座、電気温水器、電気冷蔵庫、電子レンジ、電気衣類乾燥機、電気冷暖房機
- 台所・厨房・洗面所・トイレ、100／200V併用、200V用のコンセント

247 住宅用コンセントの施設の仕方

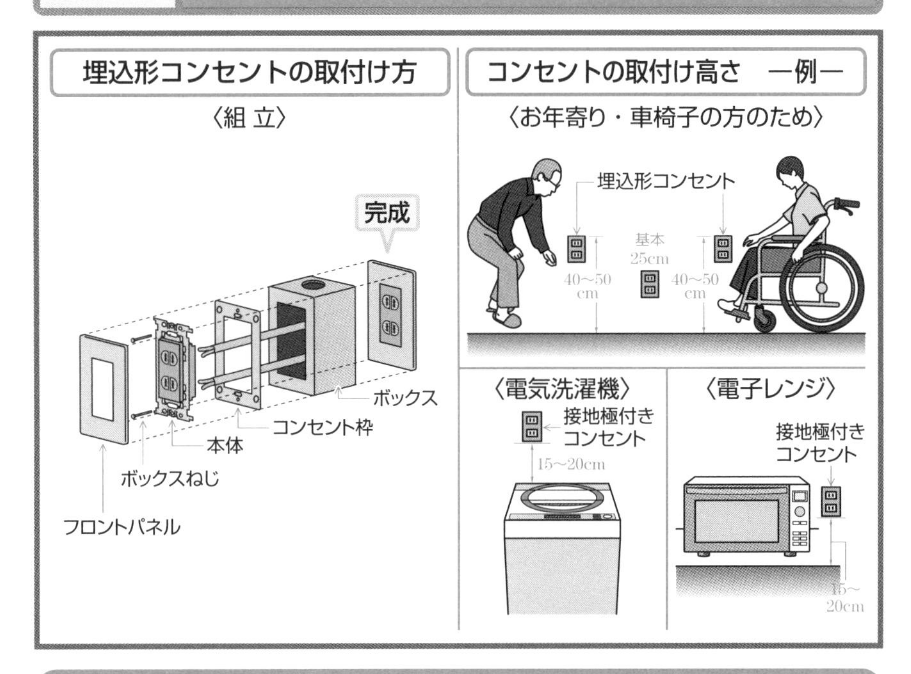

住宅用コンセントの取付け方と取付け高さ〔例〕

★一般に住宅では、埋込形コンセントを壁内に設けたボックス内に施設します。

露出形コンセントは、柱などの耐久性のある造営材に、間仕切りに支障のないように、柱心を避けた位置に取り付けるとよいです。

床用コンセントはフロアボックスまたはアウトレットボックス内に収めます。

★コンセントの取付け高さは、床から25cm程度の高さが基本とされていますが、用途によりその高さを変えるとよいでしょう。たとえば、お年寄りや車椅子の方のためには、深く腰をかがめなくてもよいように、コンセントを床から40～50cmの高さに取り付けるとよいです。

電気洗濯機では、コンセントからの漏電防止のために、電気洗濯機の15～20cm上の位置に取り付けるとよいです。

加熱系の炊飯器や電子レンジのコンセントは、設置カウンター面から15～20cmに、またジューサーやフードプロセッサーのコンセントは、キッチン正面壁に、その設置面から20～30cmの高さに取り付けるとよいです。

〈MEMO〉

第28章 防災設備

248 屋内消火栓設備

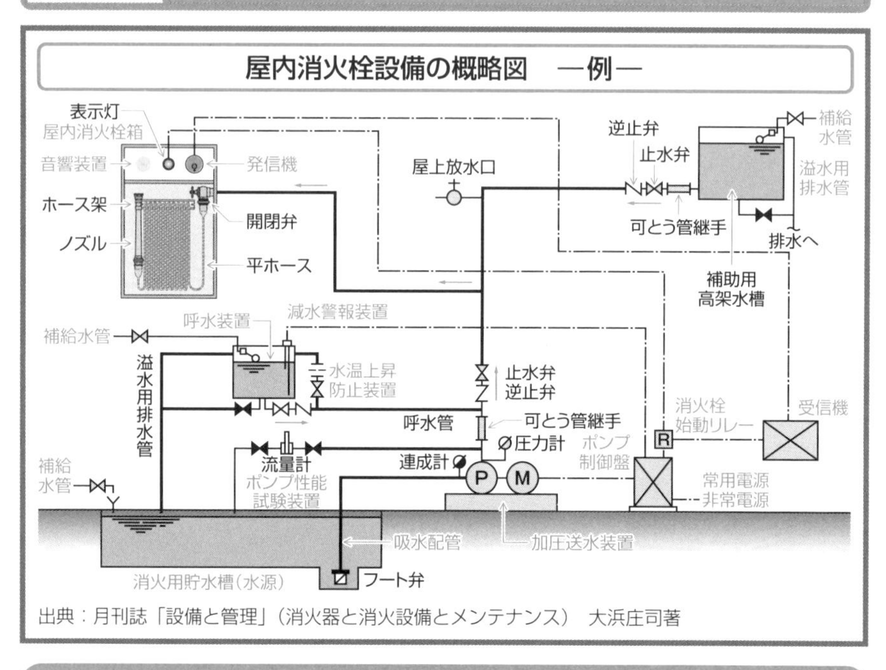

屋内消火栓設備の構成と機能

★**屋内消火栓設備**とは、初期火災から中期火災に対して、人が操作することによって消火を行う固定式の消火設備をいいます。

屋内消火栓設備は、消火用貯水槽（水源）、加圧送水装置（消火ポンプ）、呼水装置、ポンプ制御盤、補助用高架水槽、屋内消火栓箱（開閉弁、ホース、ノズル）、配管、そして電源（非常電源）などから構成されています。

ポンプ方式の**加圧送水装置**では、電動機によりポンプを駆動し、その羽根車の回転力で送水のための圧力を得ます。

呼水装置は、消火用貯水槽の水位が電動ポンプより低い位置にある場合に、ポンプおよび配管に常時水を満たします。

補助用高架水槽は、常時配管内を満たす水を供給します。

屋内消火栓箱は加圧送水装置からの加圧水をノズルを通して放水し消火します。

屋内消火栓には、放水圧力、放水量および操作方法によって、１号消火栓、易操作性１号消火栓、２号消火栓、広範囲型２号消火栓などがあります。

249 スプリンクラー設備

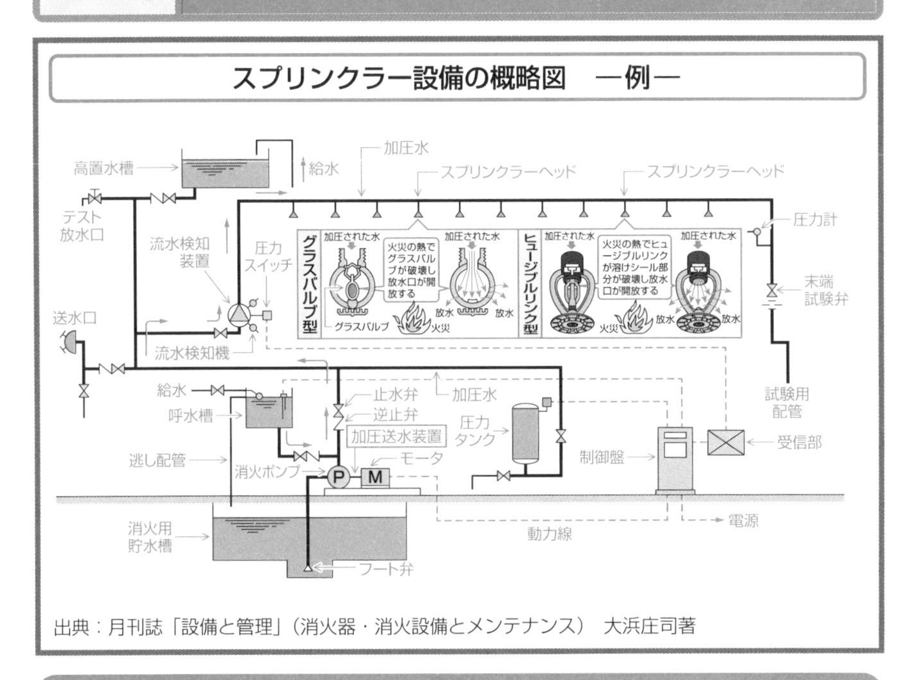

出典：月刊誌「設備と管理」（消火器・消火設備とメンテナンス） 大浜庄司著

スプリンクラーの構成とその種類 —閉鎖型・開放型・放水型—

★**スプリンクラー設備**とは、火災を検知すると建築物の天井面または屋根下部に設置したスプリンクラーヘッドから自動的に放水し消火する設備をいいます。

スプリンクラーヘッドとは配管先端に取り付けた水を放出する部分をいいます。

スプリンクラー設備は、消火用貯水槽（水源）、加圧送水装置（消火ポンプ）、呼水槽、圧力タンク、制御盤、流水検知装置、スプリンクラーヘッド、高置水槽、配管、そして電源（非常電源）などから構成されます。

★スプリンクラー設備は使用ヘッドにより閉鎖型、開放型、放水型があります。

閉鎖型はヘッドの感熱体であるヒュージブルリンクまたはグラスバルブが火災発生の熱で溶けまたは破壊し、ヘッドシール機構が分解して放水し消火します。

開放型はヘッドにシール機構がなく、火災が発生すると火災感知器と連動するか、手動始動装置によって一斉開放弁を開きヘッドから放水し消火します。

放水型は天井、側壁に放水型ヘッドと火災感知器を設け、火災発生による火災感知器の信号で遠隔操作弁を開いて放水型ヘッドから放水し消火します。

250 漏電火災警報器

例 漏電火災警報器の構成図

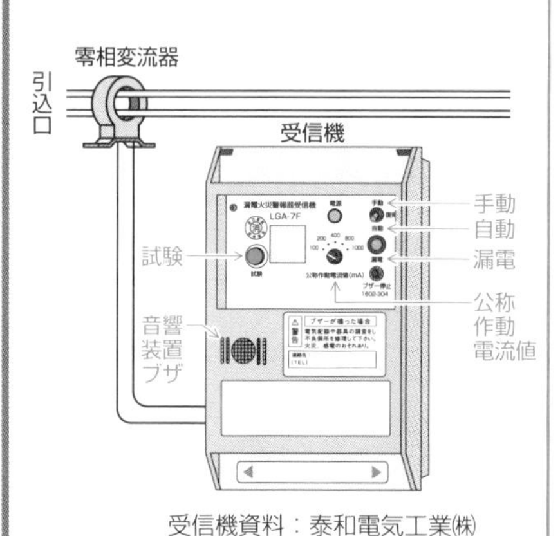

受信機資料：泰和電気工業㈱

零相変流器の地絡検出の原理

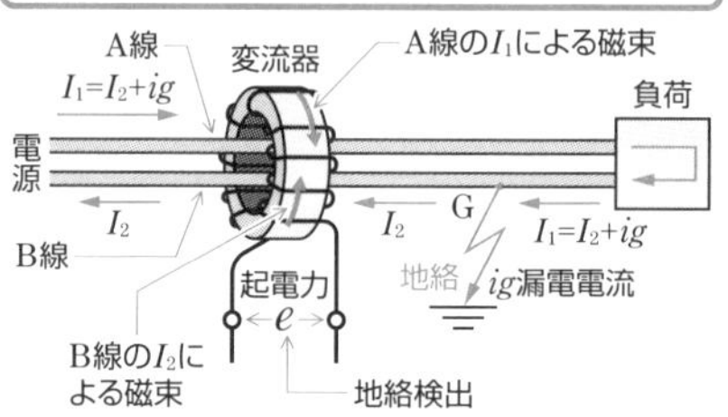

- 零相変流器の負荷側で地絡し、漏電電流i_gが流れると、A線の電流I_1(=I_2+i_g)はB線の電流I_2にi_gが加わる。電流I_1中のI_2はB線のI_2と方向が反対のため、生ずる磁束は打ち消され、i_gの磁束のみが変流器の巻線と鎖交して起電力eを生じ、地絡を検出する。

注：地絡は電路から漏れた電流が大地に流れることで、漏電状態の一種をいいます。

出典：月刊誌「設備と管理」（火災警報設備・自動火災報知設備とメンテナンス） 大浜庄司著

漏電火災警報器は漏電を検出し報知して漏電火災を防止する

★**漏電火災警報器**は、600V以下の警戒電路の漏電電流を零相変流器で検出して受信機に信号を送り、受信機はこれを受信して漏電電流が所定値を超えると音響装置を鳴動し、漏電表示灯を点灯して防火対象物内部の関係者に漏電の発生を報知し、漏電に伴う火災を防止します（漏電とは電流が本来のルートを外れて流れることをいう）。

警戒電路とは、地絡による漏電電流を検出するために、漏電火災警報器を取り付ける電路をいいます。

★漏電火災警報器は、零相変流器、受信機および音響装置で構成されています。

零相変流器は、警戒電路の漏電電流を自動的に検出し、この信号を受信機に送信します（零相変流器：動作原理は上図参照）。

受信機は、零相変流器からの信号を増幅して所定値を超えた信号に達すると、音響装置を鳴動させ、漏電表示灯を点灯します。

音響装置は、自動火災報知設備、非常警報設備などの警報ベル音などと区別するため、ブザ音を用いることが多いです。

251 非常警報設備

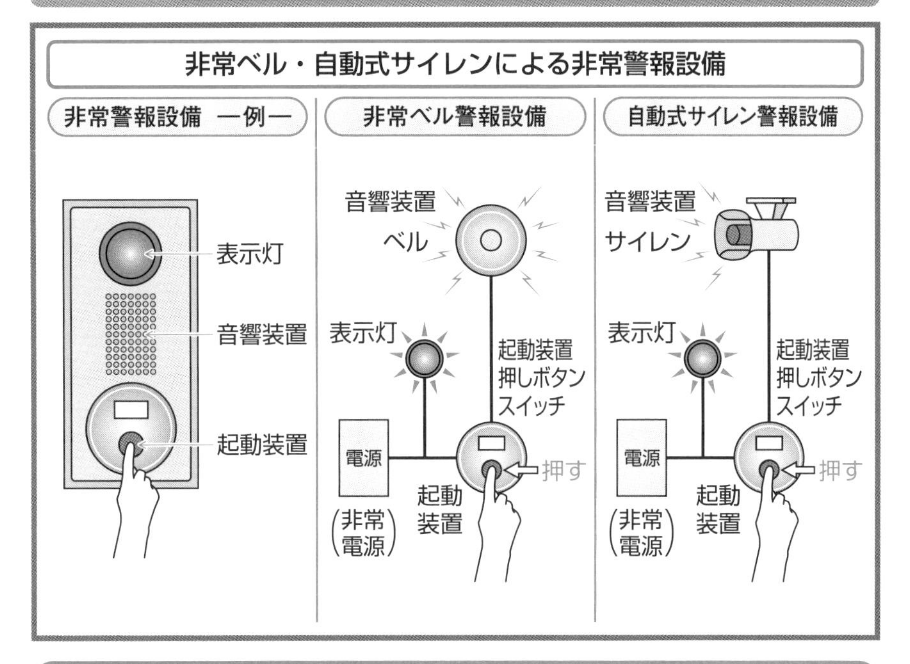

非常警報設備には非常ベル・自動式サイレンと非常放送設備がある

★**非常警報設備**とは、火災が発生したときに、非常ベル、自動式サイレン、非常放送設備などにより、防火対象物の内部にいる人に、火災が発生した旨を警報音または音声により知らせる設備をいいます。

★非常ベル、自動式サイレンは、起動装置、音響装置、表示灯、電源（非常電源）などで構成されています。

起動装置は、火災を発見した人が、押しボタンの保護板を壊して押すことにより、火災が発生した旨の火災信号を音響装置に伝送します。

音響装置は起動装置からの火災信号を受信し、自動的に警報音を鳴動します。

表示灯は、起動装置が設置されている箇所を赤色の灯火で明示します。

★**非常放送設備**は、火災を発見した人が起動装置により、非常放送設備の操作装置を自動的に入れるか、または、自動火災報知設備の火災感知器の作動による起動信号を受けることで操作装置が入ると、操作装置はあらかじめ録音された音声メッセージを放送し、また起動装置が作動した区域または階を表示します。

252 誘導灯

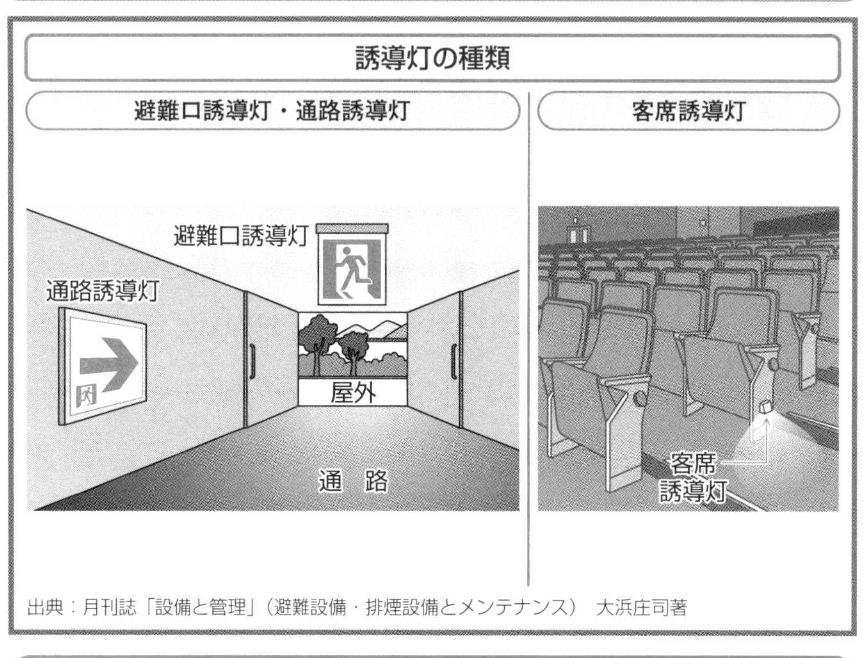

出典：月刊誌「設備と管理」（避難設備・排煙設備とメンテナンス）　大浜庄司著

誘導灯には避難口誘導灯・通路誘導灯・客席誘導灯がある

★**誘導灯**とは、火災が発生したときに防火対象物内にいる人を屋外に安全に避難誘導させるため、避難口の位置や避難の方向を明示すると共に、避難に必要な照度を与える照明器具をいいます。

誘導灯は商用電源により常時点灯しており、停電発生時には非常電源に切り換わって一定時間点灯して確実な避難誘導を可能にします。

★誘導灯には設置場所により避難口誘導灯、通路誘導灯、客席誘導灯があります。

避難口誘導灯は緑色の地に避難口を示す絵が描かれ、屋内から直接屋外に通じる出入口、直通階段の出入口、避難口に通じる通路の出入口などに設置します。

通路誘導灯は白地に避難の方向を示す矢印を緑で大きく示し、避難口の絵を小さく描き、通路において避難口がどちらの方向にあるかを明示し、階段・傾斜路では避難の方向と避難上必要な床面の照度を確保します。

客席誘導灯は、劇場、映画館などの客席に設けられ、避難に必要な通路の床面の照度を確保します。

253 非常コンセント設備

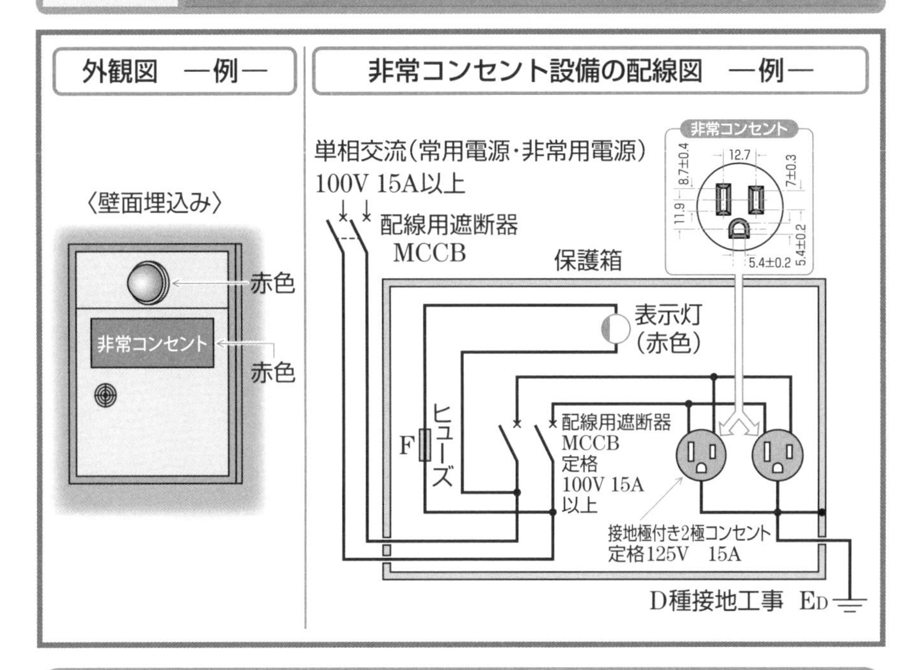

非常コンセント設備は電源・コンセント・保護箱・表示灯からなる

★**非常コンセント設備**とは、消防活動の困難性が高い高層建造物や地下街において、停電時でも電力を動力とする消防用器具や照明器具などが使用できるようにし、消防活動や救助活動を効果的に行うための設備をいいます。

非常コンセント設備は防火対象物の11階以上の各階ごと、また延べ面積が1000m^{2}以上の地下街で、階段室、非常用エレベータの乗降ロビーに設けます。

電源は単相交流100V、15A以上の電力が供給でき、非常用電源を付置します。

非常コンセントは、接地極付き２極コンセントで、定格15A、125Vとし、刃受の接地極には、D種接地工事を施します。

非常コンセントは、保護箱内に収め、箱内に設けられた配線用遮断器から並列配線により二つ接続します。

保護箱は、耐火構造の壁などに埋め込み、コンセント脱落防止のためのフックを設け、表面に赤文字で「**非常コンセント**」と表示し、上部に非常コンセント設備の設置場所を明示するため赤色の表示灯を設けD種接地工事を施します。

索　引

【数字・欧文・記号】

【和文】

あ

さ

し

す

せ

そ

大浜庄司（おおはま　しょうじ）
1934年東京都生まれ。1957年東京電機大学工学部電気工学科卒業。日本電気精器株式会社品質保証部長、TQC推進室長、理事等を歴任し、1993年退職。その間、東京電機大学電機学校講師を務める。
現在　・オーエス総合技術研究所所長
　　　・IRCA 登録プリンシパル審査員（英国）
　　　・認証機関JIA-QA センター 主任審査員

〈主な著書〉
『完全図解 電気回路』（日本実業出版社）
『図解でわかるシーケンス制御』（日本実業出版社）
『図解でわかるISO9001のすべて』（日本実業出版社）
『図解でわかるISO14001のすべて』（日本実業出版社）
『完全図解 電気理論と電気回路の基礎知識早わかり』（オーム社）
『完全図解 発電・送配電・屋内配線設備早わかり』（オーム社）
『完全図解 自家用電気設備の実務と保守早わかり』（オーム社）
『電気管理技術者の絵とき実務入門』（オーム社）
『現場技術者のための 図解 電気の基礎知識早わかり』（オーム社）
『絵とき 自家用電気技術者実務知識早わかり』（オーム社）
『絵とき 自家用電気設備メンテナンス読本』（オーム社）
『図解 シーケンス制御の考え方・読み方』（東京電機大学出版局）

一番（いちばん）やさしい・一番（いちばん）くわしい
完全図解（かんぜんずかい）　電気（でんき）の基礎（きそ）と実務（じつむ）

2021年5月1日　初 版 発 行
2023年6月1日　第2刷発行

著　者　大浜庄司

発行者　杉本淳一

発行所　株式会社日本実業出版社　東京都新宿区市谷本村町3－29 〒162－0845
編集部　☎03－3268－5651
営業部　☎03－3268－5161　振　替　00170－1－25349
https://www.njg.co.jp/

印 刷・製 本／中央精版印刷

ISBN 978－4－534－05850－8　Printed in JAPAN